看圖學 Python 人工智慧程式設計

（附範例光碟）

陳會安　編著

全華圖書股份有限公司　印行

本書範例檔案可用下列三種方式下載：

方法 1：掃描 QR Code

範例檔案-解壓縮密碼：06498007

方法 2：連結網址 https://tinyurl.com/phnutbra

方法 3：請至全華圖書 OpenTech 網路書店
（網址 https://www.opentech.com.tw），在搜尋欄位中搜尋本書，進入
書籍頁面後點選「課本程式碼範例」，即可下載範例檔案。

序

Python語言是Guido Van Rossum開發的一種通用用途（General Purpose）的程式語言，這是擁有優雅語法和高可讀性程式碼的程式語言，可以讓我們開發GUI視窗程式、Web應用程式、系統管理工作、財務分析、大數據資料分析和人工智慧等各種不同的應用程式。

人工智慧（Artificial Intelligence，AI）是讓機器變得更聰明的一種科技，可以讓機器具備和人類一樣的思考邏輯與行為模式。機器學習就是一種人工智慧，對於初學者來說，你不用自行訓練模型，一樣可以學習人工智慧程式設計，使用預訓練模型來建立各種人工智慧的相關應用。

本書是一本學習Python程式設計的入門教材，也是一本入門人工智慧程式設計的基礎教材，可以讓初學者輕鬆自行建立相關的人工智慧應用。在規劃上，本書可以作為大學、科技大學和技術學院Python程式設計，或人工智慧入門課程的教課書，適用3學分一個學期或2學分二個學期課程的上課教材。

在內容上本書不只完整說明人工智慧世代的你需要具備的Python程式設計能力，更詳細說明常見人工智慧應用的相關套件，可以讓你馬上靈活運用這些套件來建立你自己的人工智慧應用，包含：物體識別和OCR文字識別，人臉、多手勢追蹤、姿勢偵測（即時偵測出人臉、手勢和姿勢），與人臉識別（辨識出這是誰的臉），最後實際運用Python來建立剪刀、石頭、布等手勢操控Windows應用程式、AI健身教練、車牌辨識和刷臉點名/報到等專案開發。

不只如此，為了方便初學者學習基礎結構化程式設計，本書使用大量圖例和流程圖來詳細說明程式設計的觀念和語法，在流程圖部分是使用fChart流程圖直譯器，此工具不只可以繪製流程圖，更可以使用動畫執行流程圖來驗證程式邏輯的正確性，讓讀者學習使用電腦的思考模式來撰寫Python程式碼，完整訓練和提昇你的邏輯思考、抽象推理與問題解決能力。

最後，實際使用Teachable Machine網頁工具說明訓練AI模型的步驟和過程，讓你一樣可以輕鬆建立自己專屬的深度學習模型與應用。

編著本書雖力求完美，但學識與經驗不足，謬誤難免，尚祈讀者不吝指正。

陳會安於台北 hueyan@ms2.hinet.net

2022.5.30

▊ 範例檔說明

為了方便讀者學習Python人工智慧程式設計，筆者已經將本書的Python範例程式和相關檔案都收錄在書附範例檔，如下表所示：

檔案與資料夾	說明
ch01~ch10、ch12~ch16和cvzone資料夾	本書各章 Python範例程式、測試圖檔、視訊檔和預訓練模型等相關檔案
本書各章 pip安裝的套件清單 .txt	本書各章 pip安裝套件的 Python版本和命令列指令
下載本書客製化 Python套件的超連結 .txt	提供本書客製化 Python 套件的超連結路徑
課本圖片 (CH10-16)資料夾	提供本書 CH10~16 的彩色圖檔

在fChart流程圖教學工具的官方網站，可以下載配合本書使用的WinPython客製化Python套件（請在上方選【Python套件】標籤頁，可以看到本書書名和列出Python套件的下載超連結，請任選一個下載），如下所示：

- https://fchart.github.io/

因為Anaconda整合散發套件和Python套件的改版十分頻繁，為了方便讀者練習和學校上課教學所需（避免版本不相容問題），本書提供整合fChart的客製化WinPython套件的可攜式Python開發環境，只需下載執行和解壓縮後，就可以建立執行本書Python程式和Thonny整合開發環境。

在客製化WinPython套件已經安裝好Thonny和IDLE和執行本書Python程式所需的套件，為了方便啟動相關工具，更提供工作列的「fChart主選單」可以快速啟動相關工具。

▊ 版權聲明

本書範例檔案提供的共享軟體或公共軟體，其著作權皆屬原開發廠商或著作人，請於安裝後詳細閱讀各工具的授權和使用說明。在本書範例檔內含的軟體和媒體檔都為隨書贈送，僅提供本書讀者練習之用，與各軟體和媒體檔的著作權和其它利益無涉，如果使用過程中因軟體所造成的任何損失，與本書作者和出版商無關。

目錄

01 Python語言與運算思維基礎

02 寫出和認識Python程式

03 變數、運算式與運算子

13 人工智慧應用（二）：多手勢追蹤與人體姿態評估

14 AI整合實戰（一）：手勢操控、健身教練與刷臉簽到

15 人工智慧應用（二）：影像分類、物體識別與OCR文字識別

16 AI整合實戰（三）：Teachable Machine訓練模型與車牌辨識

CHAPTER **1**

Python語言與運算思維基礎

🎯 本章內容

1-1 程式與程式邏輯

電腦（Computer）是一種硬體（Hardware），在硬體執行的程式（Programs）是軟體（Software），我們需要透過程式的軟體來指示電腦做什麼事，例如：打卡、按讚和回應 LINE 等。

1-1-1 認識程式與程式設計

從太陽升起的一天開始，手機鬧鐘響起叫你起床，順手查看 LINE 或在 Facebook 按讚，上課前交作業寄送電子郵件、打一篇文章，或休閒時玩玩遊戲，想想看，你有哪一天沒有做這些事。

這些事就是在執行程式（Programs）或稱為電腦程式（Computer Programs），不要懷疑，程式早以融入你的生活，而且在日常生活中，大部分人早已經無法離開程式。

基本上，電腦程式可以描述電腦如何完成指定工作，其內容是完成指定工作的步驟，撰寫程式就是寫下這些步驟，如同作曲寫下的曲譜、設計房屋的藍圖或烹調食物的食譜。例如：描述烘焙蛋糕過程的食譜（Recipe），可以告訴我們如何製作蛋糕，如下圖所示：

事實上，我們可以將程式視為一個資料轉換器，當使用者從電腦鍵盤或滑鼠輸入資料後，執行程式就是在進行資料處理，可以將輸入資料轉換成輸出結果的資訊，如下圖所示：

上述輸出結果可能是顯示在螢幕或從印表機印出，電腦只是依照程式的指令將輸入資料進行轉換，以產生所需的輸出結果。對比烘焙蛋糕，我們依序執行食譜描述的烘焙步驟，就可以一步一步混合、攪拌和揉合水、蛋和麵粉等成份後，放入烤箱來製作出蛋糕。

　　而程式就是電腦的食譜，可以下達指令告訴電腦如何打卡、按讚、回應 LINE、收發電子郵件、打一篇文章或玩遊戲。程式設計（Programming）的主要工作，就是在建立電腦可以執行的程式，在本書是建立電腦上執行的 Python 程式，如下圖所示：

　　請注意！為了讓電腦能夠看懂程式，程式需要依據程式語言的規則、結構和語法，以指定文字或符號來撰寫程式，例如：使用 Python 語言撰寫的程式稱為 Python 程式碼（Python Code）或稱為「原始碼」（Source Code）。

1-1-2　程式邏輯的基礎

　　我們使用程式語言的目的是撰寫程式碼來建立程式，所以需要使用電腦的程式邏輯（Program Logic）來撰寫程式碼，如此電腦才能執行程式碼來解決我們的問題，因為電腦才是真正的「目標執行者」（Target Executer），負責執行你寫的程式；並不是你的大腦在執行程式。

　　讀者可能會問撰寫程式碼執行程式設計（Programming）很困難嗎？事實上，如果你能夠一步一步詳細列出活動流程、導引問路人到達目的地、走迷宮、使用自動購票機買票或從地圖上找出最短路徑，就表示你一定可以撰寫程式碼。

　　請注意！電腦一點都不聰明，不要被名稱誤導，因為電腦真正的名稱應該是「計算機」（Computer），一台計算能力非常好的計算機，並沒有思考能力，更不會舉一反三，所以，我們需要告訴電腦非常詳細的步驟和操作，絕對不能有模稜兩可的內容，而這就是電腦的程式邏輯。

　　例如：開車從高速公路北上到台北市大安森林公園，然後分別使用人類的邏輯和電腦的程式邏輯來寫出其步驟。

人類的邏輯：目標執行者是人類

因為目標執行者是人類，對於人類來說，只需檢視地圖，即可輕鬆寫下開車從高速公路北上到台北市大安森林公園的步驟，如下所示：

Step 1 中山高速公路向北開。

Step 2 下圓山交流道（建國高架橋）。

Step 3 下建國高架橋（仁愛路）。

Step 4 直行建國南路，在紅綠燈右轉仁愛路。

Step 5 左轉新生南路。

上述步驟告訴人類的話（使用人類的邏輯），這些資訊已經足以讓我們開車到達目的地。

電腦的程式邏輯：目標執行者是電腦

對於目標執行者電腦來說，如果將上述步驟人類邏輯的步驟告訴電腦，電腦一定完全沒有頭緒，不知道如何開車到達目的地，因為電腦一點都不聰明，這些步驟的描述太不明確，我們需要提供更多資訊給電腦（請改用程式邏輯來思考），才能讓電腦開車到達目的地，如下所示：

▷ 從哪裡開始開車（起點）？中山高速公路需向北開幾公里到達圓山交流道？

▷ 如何分辨已經到了圓山交流道？如何從交流道下來？

▷ 在建國高架橋上開幾公里可以到達仁愛路出口？如何下去？

▷ 直行建國南路幾公里可以看到紅綠燈？左轉或右轉？

▷ 開多少公里可以看到新生南路？如何左轉？接著需要如何開？如何停車？

所以，撰寫程式碼時需要告訴電腦非常詳細的動作和步驟順序，如同教導一位小孩做一件他從來沒有做過的事，例如：綁鞋帶、去超商買東西或使用自動販賣機。因為程式設計是在解決問題，你需要將解決問題的詳細步驟一一寫下來，包含動作和順序（即設計演算法），然後轉換成程式碼，以本書為例就是撰寫 Python 程式碼。

1-2 認識 Python、運算思維和 Thonny

我們學習程式設計的目的是訓練你的運算思維，在本書是使用 Thonny 整合開發環境來學習 Python 人工智慧程式設計。

1-2-1　談談運算思維與演算法

如同建設公司興建大樓有建築師繪製的藍圖，廚師烹調有食譜，設計師進行服裝設計有設計圖，程式設計也一樣有藍圖，那就是演算法。運算思維最重要的部分就是演算法。

🔘 運算思維

對於身處資訊世代的我們來說，運算思維（Computational Thinking）被認為這一世代必備的核心技能，不論你是否是資訊相關科系的學生或從事此行業，運算思維都可以讓你以更實務的思維來看這個世界。基本上，運算思維可以分成五大領域，如下所示：

▷ 抽象化（Abstraction）：思考不同層次的問題解決步驟。

▷ 演算法（Algorithms）：將解決問題的工作思考成一序列可行且有限的步驟。

▷ 分割問題（Decomposition）：了解在處理大型問題時，我們需要將大型問題分割成小問題的集合，然後個個擊破來一一解決。

▷ 樣式識別（Pattern Recognition）：察覺新問題是否和之前已解決問題之間擁有關係，可以讓我們直接使用已知或現成的解決方法來解決問題。

▷ 歸納（Generalization）：了解已解決的問題可能是用來解決其他或更大範圍問題的關鍵。

🔘 演算法

演算法（Algorithms）簡單的說就是一張食譜（Recipe），提供一組一步接著一步（Step-by-step）的詳細過程，包含動作和順序，可以將食材烹調成美味的食物，例如：在第 1-1-1 節說明的蛋糕製作，製作蛋糕的食譜就是一個演算法，如下圖所示：

$$\boxed{演算法} \quad = \quad \boxed{一張食譜} \quad = \quad \boxed{一組指令步驟}$$

電腦科學的演算法是用來描述解決問題的過程，也就是完成一個任務所需的具體步驟和方法，這個步驟是有限的；可行的，而且沒有模稜兩可的情況。

♀ 使用流程圖描述演算法

　　演算法可以使用文字描述或圖形化方式來描述，圖形化方式就是流程圖（Flow Chart），流程圖是使用標準圖示符號來描述執行過程，以各種不同形狀的圖示表示不同的操作，箭頭線標示流程執行的方向，當畫出流程圖的執行過程後，就可以轉換撰寫成特定語言的程式碼，例如：Python 語言，如下圖所示：

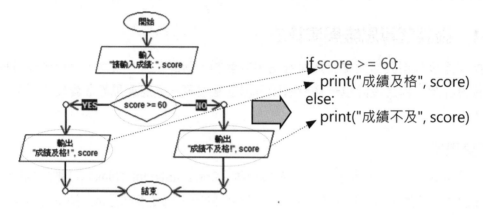

1-2-2　認識 Python 語言

　　Python 語言是 Guido Van Rossum 開發的一種通用用途（General Purpose）的程式語言，這是擁有優雅語法和高可讀性程式碼的程式語言，可以讓我們開發 GUI 視窗程式、Web 應用程式、系統管理工作、財務分析、大數據資料分析和人工智慧等各種不同的應用程式。

　　Python 語言兩個版本：Python 2 和 Python 3，在本書說明的是 Python 3 語言，其特點如下所示：

▷ Python 是一種直譯語言（Interpreted Language）：Python 程式是使用直譯器（Interpreters）來執行，直譯器並不會輸出可執行檔案，而是一個指令一個動作，一行一行原始程式碼轉換成機器語言後，馬上執行程式碼，如下圖所示：

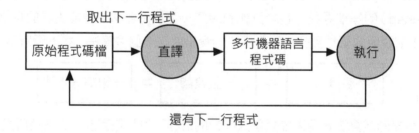

▷ Python 是動態型態（Dynamically Typed）語言：Python 變數並不需要預先宣告資料型態，Python 直譯器會依據變數值來自動判斷資料型態。當 Python 程式碼將變數 a 指定成整數 1，變數的資料型態是整數；變數 b 指定成字串，資料型態就是字串，如下所示：

```
a = 1
b = "Hello World!"
```

▷ Python 是強型態（Strongly Typed）語言：Python 並不會自動轉換變數的資料型態，當 Python 程式碼是字串加上整數，因為 Python 不會自動型態轉換，我們需要自行使用 **str()** 函數轉換成同一型態的字串，否則就會產生錯誤，如下所示：

```
"計算結果 = " + 100        # 錯誤寫法
"計算結果 = " + str(100)   # 正確寫法
```

1-2-3　Thonny 整合開發環境

　　雖然使用純文字編輯器，例如：記事本，就可以輸入 Python 程式碼，但是對於初學者來說，建議使用「IDE」（Integrated Development Environment）整合開發環境來學習 Python 程式設計，「開發環境」（Development Environment）是一種工具程式，可以用來建立、編譯 / 直譯和除錯指定程式語言所建立的程式碼。

　　目前高階程式語言大都有提供整合開發環境，可以在同一工具來編輯、編譯 / 直譯和執行特定語言的程式。Thonny 是愛沙尼亞 Tartu 大學開發，一套完全針對「初學者」開發的免費 Python 整合開發環境，其主要特點如下所示：

▷ Thonny 支援 Python 和 MicroPython 語言。

▷ Thonny 支援自動程式碼完成和括號提示，可以幫助初學者輸入正確的 Python 程式碼。

▷ Thonny 使用即時高亮度提示程式碼錯誤，並且提供協助說明和程式碼除錯，可以讓我們一步一步執行程式碼來進行程式除錯。

 1-3　下載與安裝 Thonny

Thonny 跨平台支援 Windows、MacOS 和 Linux 作業系統，可以在 Thonny 官方網站免費下載最新版本（Thonny 本身就是使用 Python 開發）。

♀ 方法一：在官網自行下載和安裝 Thonny

Thonny 可以在官方網站免費下載，其 URL 網址如下所示：

▷ https://thonny.org/

Thonny
Python IDE for beginners

請點選【Windows】超連結下載最新版 Thonny 安裝程式，就可以在 Windows 電腦執行下載的安裝程式來安裝 Thonny。請注意！讀者需參閱第 9 章的說明自行安裝本書各章節所需的 Python 套件。

♀ 方法二：下載安裝本書客製化 WinPython 可攜式套件

為了方便老師教學和讀者自學 Python 人工智慧程式設計，本書提供一套客製化 WinPython 套件的 Python 開發環境，已經安裝好 Thonny 和本書各章節使用的套件，只需解壓縮，就可以馬上建立可執行本書 Python 範例程式的開發環境。

請參閱書附範例檔的說明來下載客製化 WinPython 套件的 Python 開發環境，此套件是一個 7-Zip 格式的自解壓縮檔，下載檔名是：fChartThonny6_3.9AI.exe。

當成功下載套件後，請執行 7-Zip 自解壓縮檔，在【Extract to:】欄位輸入解壓縮的硬碟，例如：「C:\」或「D:\」等，按【Extract】鈕，就可以解壓縮安裝 WinPython 套件的 Python 開發環境，如下圖所示：

當成功解壓縮後，預設建立名為「\fChartThonny6_3.9AI」目錄。請開啟「\fChartThonny6_3.9AI」目錄捲動至最後，雙擊【startfChartMenu.exe】執行 fChart 主選單，如下圖所示：

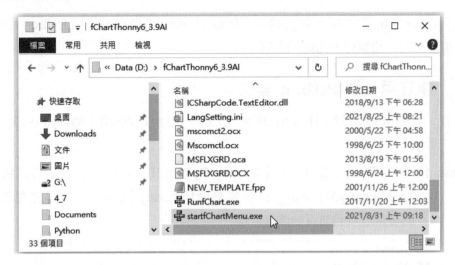

可以看到訊息視窗顯示已經成功在工作列啟動主選單，請按【確定】鈕。

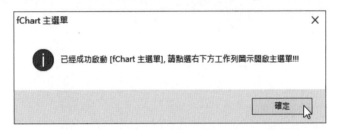

然後，在右下方 Windows 工作列可以看到 fChart 圖示，點選圖示，可以看到一個主選單來啟動 fChart 和 Python 相關工具，請執行【Thonny Python IDE】命令來啟動 Thonny 開發工具，如下圖所示：

1-4　使用 Thonny 建立第一個 Python 程式

在完成 Thonny 安裝後，我們就可以啟動 Thonny 來撰寫第 1 個 Python 程式，或在互動環境來輸入和執行 Python 程式碼。

1-4-1　建立第一個 Python 程式

現在，我們準備從啟動 Thonny 開始，一步一步建立你的第 1 個 Python 程式，其步驟如下所示：

Step 1　請在 fChart 主選單執行【Thonny Python IDE】命令（自行安裝請執行「開始 →Thonnyà Thonny」命令或桌面【Thonny】捷徑），即可啟動 Thonny 開發環境看到簡潔的開發介面。

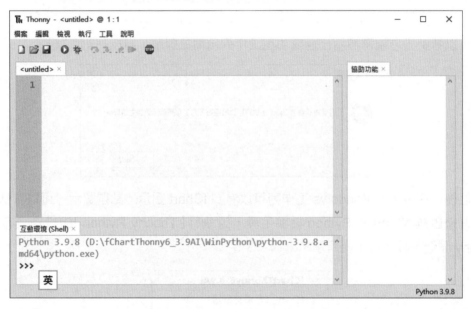

上述開發介面的上方是功能表，在功能表下方是工具列，工具列下方分成三部分，在右邊是「協助功能」視窗顯示協助說明（執行「檢視 ➜ 協助功能」命令切換顯示），在左邊分成上 / 下兩部分，上方是程式碼編輯器的標籤頁；下方是「互動環境 (Shell)」視窗，可以看到 Python 版本 3.9.8，結束 Thonny 請執行「檔案 ➜ 結束」命令。

Step 2 在編輯器的【<untitled>】標籤輸入第一個 Python 程式，如果沒有看到此標籤，請執行「檔案 ➜ 開新檔案」命令新增 Python 程式檔案，我們準備建立的 Python 程式只有 1 行程式碼，如下所示：

```
print("第1個Python程式")
```

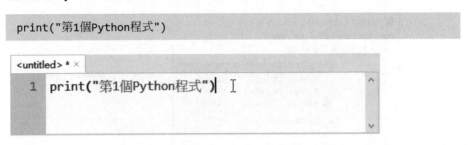

—• 說明 •—————————————————————————————

請注意！如果 Python 程式碼有輸入中文字串內容，當輸入完中文字後，如果無法成功輸入「"」符號時，請記得從中文切換成英數模式後，即可成功輸入「"」符號。

——

Step 3 執行「檔案 ➜ 儲存檔案」命令或按工具列的【儲存檔案】鈕，可以看到「另存新檔」對話方塊，請切換至「/Python/ch01」目錄，輸入【ch1-4】，按【存檔】鈕儲存成 ch1-4.py 程式。

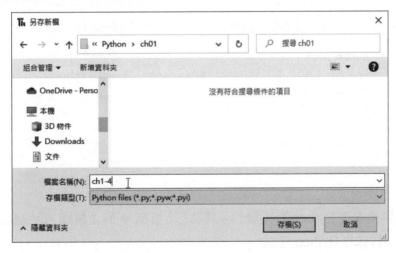

Step 4 可以看到標籤名稱已經改成檔案名稱，然後執行「執行 ➜ 執行目前程式」命令，或按工具列綠色箭頭圖示的【執行目前程式】鈕（也可按 F5 鍵）來執行 Python 程式。

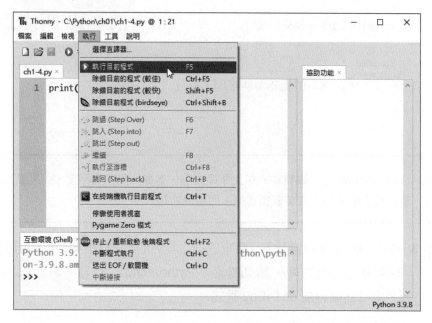

Step 5 可以在下方「互動環境 (Shell)」視窗看到 Python 程式的執行結果。

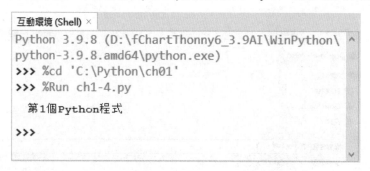

對於現存或本書 Python 程式範例，請執行「檔案 ➜ 開啟舊檔」命令開啟檔案後，就可以馬上測試執行 Python 程式。

1-4-2 使用 Python 互動環境

在 Thonny 開發介面下方的「互動環境 (Shell)」視窗就是 REPL 交談模式，REPL（Read-Eval-Print Loop）是循環「讀取 - 評估 - 輸出」的互動程式開發環境，可以直接在「>>>」提示文字後輸入 Python 程式碼來馬上執行程式碼，例如：輸入 **5+10**，按 Enter 鍵，馬上可以看到執行結果 15，如下圖所示：

```
互動環境 (Shell) ×
>>> %cd 'C:\Python\ch01'
>>> %Run ch1-4.py
  第1個Python程式
>>> 5+10
15
>>>
```

同樣的，我們可以定義變數 **num = 10** 後，輸入 **print()** 函數來顯示變數 num 的值，如下圖所示：

```
互動環境 (Shell) ×
>>> %cd 'C:\Python\ch01'
>>> %Run ch1-4.py
  第1個Python程式
>>> 5+10
15
>>> num = 10
>>> print(num)
  10
>>>
```

如果是輸入程式區塊，例如：if 條件敘述，請在輸入 **if num >= 10**: 後（最後輸入「:」冒號），按 Enter 鍵，就會換行且自動縮排 4 個空白字元，我們需要按二次 Enter 鍵來執行程式碼，可以看到執行結果，如下圖所示：

```
互動環境 (Shell) ×
>>> 5+10
15
>>> num = 10
>>> print(num)
  10
>>> if num >= 10:
        print("數字是10")

  數字是10
>>>
```

1-5　Thonny 基本使用與程式除錯

這一節將説明如何更改 Thonny 主題，編輯器字型和尺寸，如何看懂語法錯誤、使用協助説明，和除錯功能等基本使用。

1-5-1　更改 Thonny 選項

當啟動 Thonny 後，請執行「工具 ➔ 選項」命令，可以看到「Thonny 選項」對話方塊，請切換標籤來設定所需的選項。

◎ 切換 Thonny 介面的語言

在【一般】標籤可以切換 Thonny 介面的語言，預設是【繁體中文 -TW】，如下圖所示：

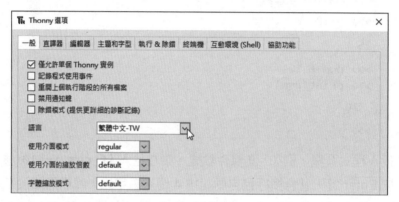

◎ 更改 Thonny 佈景主題和字型尺寸

選【主題和字型】標籤，可以更改 Thonny 外觀的主題和編輯器的字型與尺寸，如右圖所示：

在上述標籤頁的上方可以設定介面 / 語法主題和字型尺寸，在右方的下拉式選單調整編輯器和輸出的字型與尺寸，在下方顯示 Thonny 介面外觀的預覽結果。

1-5-2　使用 Thonny 進行程式除錯

Thonny 提供強大的程式除錯功能，不只可以提供即時語法錯誤標示與協助說明，更可以使用除錯器來一步一步進行程式碼除錯。

♀ 語法錯誤與協助說明

語法錯誤（Syntax Error）是指輸入的程式碼不符合 Python 語法規則，例如：請執行「檔案 → 開啟舊檔」命令開啟 Python 程式：ch1-5-2error.py，此程式的 2 行程式碼有語法錯誤，在第 1 行程式碼忘了最後的雙引號，Thonny 使用即時高亮度綠色來標示此語法錯誤；第 2 行少了右括號，Thonny 是使用灰色來標示，如下圖所示：

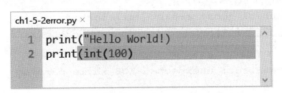

當按 F5 鍵執行上述語法錯誤的程式碼後，在右邊「協助功能」視窗顯示語法錯誤的協助說明：You haven't properly closed the string on line 1.（即在第 1 行的字串少了最後的雙引號），如果沒有看到此視窗，請執行「檢視 → 協助功能」命令來切換顯示此視窗，如下圖所示：

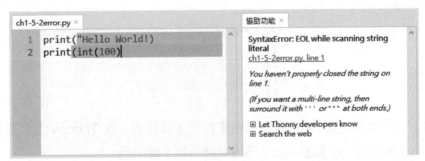

在下方「互動環境 (Shell)」視窗是使用紅色字來標示 Python 程式碼的語法錯誤，如下圖所示：

```
>>> %Run ch1-5-2error.py
  Traceback (most recent call last):
    File "C:\Python\ch01\ch1-5-2error.py", line 1
      print("Hello World!)
                          ^
  SyntaxError: EOL while scanning string literal
```

上述錯誤訊息的第 2 行指出錯誤是在第 1 行 (line 1)，使用「^」符號標示此行程式碼錯誤的所在，在最下方是錯誤說明，以此例是語法錯誤 (Syntax Error)。

請在第 1 行字串最後加上雙引號後，再按 F5 鍵執行 Python 程式，可以看到「協助功能」視窗顯示第 2 行少了右括號，如下圖所示：

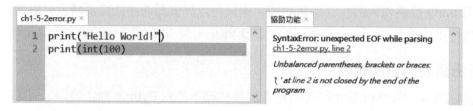

在下方「互動環境 (Shell)」視窗是使用紅色字顯示 Python 程式碼的語法錯誤是位在第 2 行的最後，如下圖所示：

```
>>> %Run ch1-5-2error.py
  Traceback (most recent call last):
    File "C:\Python\ch01\ch1-5-2error.py", line 2
      print(int(100)
                    ^
  SyntaxError: unexpected EOF while parsing
```

♀ Thonny 除錯器

Thonny 內建除錯器 (Debugger)，可以讓我們一行一行逐步執行程式碼來找出程式錯誤。例如：Python 程式 ch1-5-2.py 可以顯示「#」號的三角形，程式需要顯示 5 行三角形，但執行結果只顯示 4 行三角形，如下所示：

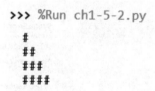

現在，我們準備使用 Python 除錯器來找出上述錯誤。在 Thonny 上方工具列提供除錯所需的相關按鈕，小蟲圖示鈕是開始除錯，如下圖所示：

按下小蟲圖示鈕 (或按 Ctrl-F5 鍵)，Thonny 就進入一行一行執行的除錯模式，在之後是除錯的相關按鈕，如下圖所示：

上述按鈕從左至右的説明，如下所示：

▷ 跳過（Step Over）：跳至下一行或下個程式區塊（或按 F6 鍵）。

▷ 跳入（Step Into）：跳至程式碼的每一行運算式（或按 F7 鍵）。

▷ 跳出（Step Out）：離開除錯器。

▷ 繼續：從除錯模式回到執行模式（或按 F8 鍵）。

▷ 停止：停止程式執行（或按 Ctrl+F2 鍵）。

請啟動 Thonny 開啟 ch1-5-2.py 後，按上方工具列的小蟲圖示鈕（或按 Ctrl-F5 鍵）進入除錯模式，同時請執行「檢視 ➜ 變數」命令開啟「變數」視窗，可以看到目前停在第 1 行。

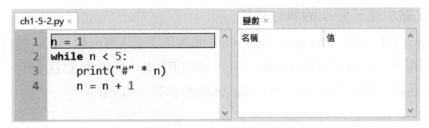

按 F6 鍵跳至下一行的程式區塊，如下圖所示：

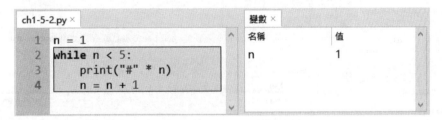

請先按 F7 鍵跳進 while 程式區塊（如果按 F6 鍵會馬上跳至下一行而結束程式執行）後，再按 F6 鍵跳至下一行，如下圖所示：

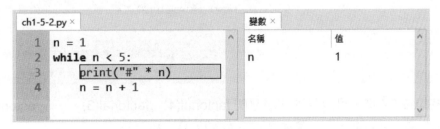

請持續按 F6 鍵跳至下一行，可以看到變數 n 值增加，等到值是 5 時，就跳出 while 迴圈，沒有再執行 print() 函數，所以只顯示 4 行三角形，而不是 5 行三角形，如下圖所示：

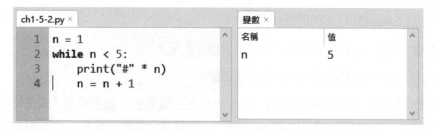

我們只需將條件改成 n <= 5，就可以顯示 5 行三角形。

視覺化顯示函式呼叫的執行過程

Python 程式：ch1-5-2a.py 的 factorial() 函數是遞迴階層函數（N!），當在 Thonny 使用除錯模式執行 ch1-5-2a.py 時，請持續按 F7 鍵，可以看到視覺化顯示整個 factorial() 函數的呼叫過程，首先呼叫 factorial(5) 函數，如下圖所示：

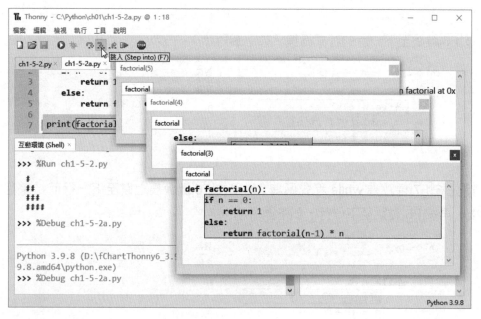

請持續按 F7 鍵，可以看到依序呼叫 factorial(4)、factorial(3)、…、factorial(1) 函數，接著從函數一一回傳值，最後計算出 5! 的值是 120。

學習評量

1. 請問什麼是程式設計、程式邏輯與運算思維？

2. 請簡單說明什麼 Python 語言和整合開發環境？

3. 請問 Thonny 是什麼？Thonny 主要特點為何？

4. 在 Thonny 開發介面提供「互動環境 (Shell)」視窗的用途為何？Thonny 可以如何進行程式除錯？

5. 請參閱第 1-3 節的說明下載安裝 Thonny。

6. 請修改第 1-4-1 節的第一個 Python 程式，改成輸出你的姓名。

Note ✎

CHAPTER **2**

寫出和認識Python程式

🎯 本章內容

2-1 開發 Python 程式的基本步驟

在第 1 章成功建立和執行第 1 個 Python 程式後,我們可以了解使用 Thonny 整合開發環境開發 Python 程式的基本步驟,如下圖所示:

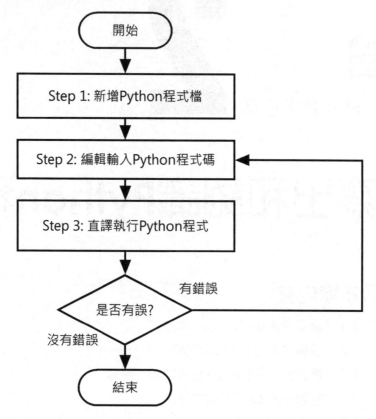

Step 1 新增 Python 程式檔案:使用 Thonny 建立 Python 程式的第一步是新增 Python 程式檔案。

Step 2 編輯輸入 Python 程式碼:在新增 Python 程式檔案後,就可以開始編輯和輸入 Python 程式碼。

Step 3 直譯執行 Python 程式:在完成 Python 程式碼的編輯後,就可以直接在 Thonny 執行 Python 程式,如果程式有錯誤或執行結果不符合預期,都需要回到 Step 2 來更正程式碼錯誤後,再次執行 Python 程式,直到執行結果符合程式需求。

2-2 編輯現存的 Python 程式

在第 1 章使用 Thonny 建立的第 1 個 Python 程式只是輸出一行文字內容，這一節筆者準備使用 Thonny 整合開發環境來編輯現存 Python 程式檔，並且擴充 Python 程式來顯示更多行的文字內容。

2-2-1　編輯現存的 Python 程式檔

Thonny 整合開發環境可以直接開啟現存 Python 程式檔來編輯，例如：將第 1 章的 ch1-4.py 另存成 ch2-2-1.py 後，新增 Python 程式碼來輸出第 2 行文字內容。

○ 另存新檔和再輸入一行新的程式碼

在這一節我們準備擴充 ch1-4.py 輸出 2 行文字內容，這些新輸入的程式碼是位第 1 行 **print()** 函數的程式碼之後，其步驟如下所示：

Step 1 請啟動 Thonny 執行「檔案 → 開啟舊檔」命令，在「開啟」對話方塊切換至「/Python/ch01」目錄後，選【 ch1-4.py 】，按【 開啟 】鈕。

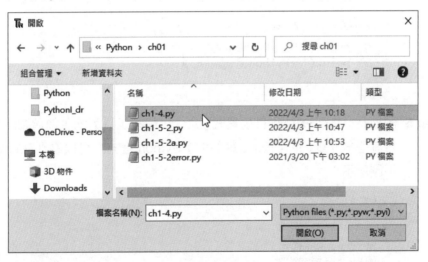

Step 2 可以看到標籤頁顯示載入的 Python 程式碼檔（點選檔名標籤後的【 X 】圖示可關閉檔案），如下圖所示：

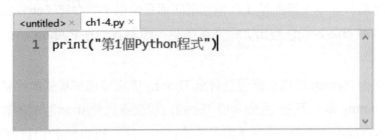

Step 3　請執行「檔案 ➜ 另存新檔」命令和切換至「ch02」目錄後，輸入檔案名稱
【ch2-2-1.py】，按【存檔】鈕另存程式檔至其他目錄。

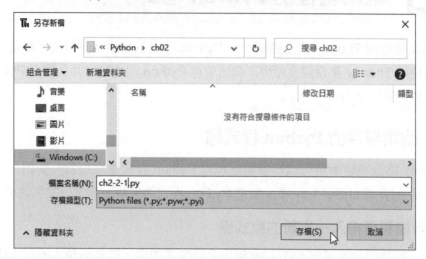

Step 4　可以看到標籤名稱改為新檔名，接著在 **print()** 這一行最後，點選作為插入點後按 Enter 鍵，輸入第 2 行程式碼，如下所示：

```
print("學Python程式設計")
```

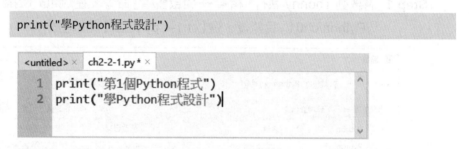

Step 5　請執行「執行 ➜ 執行目前程式」命令，或按工具列綠色箭頭圖示的【執行目前程式】鈕（也可按 F5 鍵）執行 Python 程式，可以看到執行結果，如下圖所示：

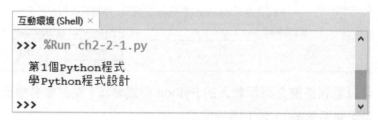

上述執行結果和第 1 章的第 1 個程式相同都是輸出文字內容，ch1-4.py 輸出一行文字內容，本節 ch2-2-1.py 輸出 2 行文字內容，因為我們在 Python 程式多加了一行 **print()** 程式碼。

從上述 2 個 Python 程式範例可以看出 Thonny 開發環境的程式執行結果是輸出至螢幕顯示，Thonny 是在下方「互動環境 (Shell)」視窗看到 Python 程式的執行結果，程式是使用 print() 輸出文字內容至螢幕顯示，而 print() 就是 Python 的函數（Functions）。

♀ 循序執行

　　循序執行（Sequential Run）是電腦程式預設的執行方式，也就是一個程式敘述跟著一個程式敘述來依序的執行，在 Python 程式主要是使用換行來分隔程式成為一個一個程式敘述，即每一行是一個程式敘述，以 ch2-2-1.py 為例，共有 2 行 2 個程式敘述，如下圖所示：

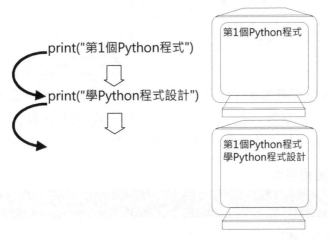

　　上述程式碼有 2 行，即 2 行程式敘述，首先執行第 1 行程式敘述輸出「第 1 個 Python 程式」，然後執行第 2 行程式敘述輸出「學 Python 程式設計」，程式是從第 1 行執行至第 2 行依序的執行，直到沒有程式碼為止，所以稱為循序執行。

—● 說明 ●—

　　Python 程式如果需要在同一行撰寫多個程式敘述，請使用「;」分號來分隔（Python 程式：ch2-2-1a.py），如下所示：

```
print("第1個Python程式");print("學Python程式設計")
```

2-2-2　在 Python 程式輸出數值和字串

　　Python 程式是使用 **print()** 函數在電腦螢幕輸出執行結果的文字內容或數值，**print()** 函數的基本語法，如下圖所示：

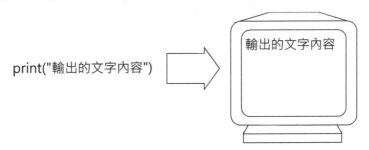

上述「"」括起的文字內容，就是輸出至電腦螢幕上顯示的文字內容，其顯示結果不包含前後的「"」符號。如果需要輸出數值或第 3 章的變數值，請使用「,」號分隔多個輸出資料，其語法如下圖所示：

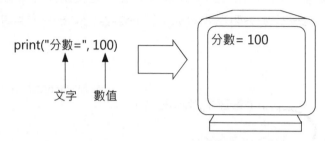

在上述 **print()** 函數的括號使用「,」逗號分隔 2 個輸出資料，第 1 個是文字（即字串），第 2 個是 100 的整數，請注意！因為「,」逗號分隔的輸出資料，預設在之間插入 1 個空白字元，所以，輸出結果是「分數 = 100」，在「=」號有 1 個空白字元。

◉ 範例：輸出數值和字串

Python程式：ch2-2-2.py

```
01   print("整數=", 100)
02   print('浮點數=', 123.5)
03   print("姓名=", "陳會安")
```

解析

上述 **print()** 函數輸出文字（可用「'」單引號或「"」雙引號括起），和數值的整數和浮點數（即有小數點的數值）。

結果

Python 程式的執行結果輸出的字串並不包含前後的「'」單引號和「"」雙引號，如下所示：

```
>>> %Run ch2-2-2.py

整數= 100
浮點數= 123.5
姓名= 陳會安
```

2-3　建立第二個 Python 程式的加法運算

　　在第 1-4-1 節和第 2-2-1 節的 Python 程式都只是單純輸出文字內容,因為大部分程式需要資料處理,都需要執行運算,在第二個 Python 程式是一個簡單的加法運算。

2-3-1　建立第二個 Python 程式

　　我們準備建立第二個 Python 程式,這是加法運算的程式,可以將 2 個變數值相加後,輸出運算結果,其步驟如下所示:

Step 1　請啟動 Thonny,執行「檔案 ➜ 開新檔案」命令新增名為【<untitled>】標籤的全新 Python 程式檔(如果已有【<untitled>】標籤,請直接在此標籤輸入 Python 程式碼)。

Step 2　在標籤頁輸入 Python 程式碼,var1~var3 是變數,在使用「=」指定 var1 和 var2 變數值後,執行加法運算,最後輸出執行結果,如下圖所示:

```
var1 = 10
var2 = 5
var3 = var1 + var2
print("相加結果 = ", var3)
```

```
<untitled> * ×
1  var1 = 10
2  var2 = 5
3  var3 = var1 + var2
4  print("相加結果 = ", var3)
5
```

➞ 說明 ●

　　程式語言的變數可以想像是一個暫時存放資料的小盒子,以此例 var1 變數盒子中是存入 10;var2 是存入 5,當從 2 個變數盒子取出 var1 和 var2 的值後,執行 2 個變數值的加法,最後將加法運算結果放入 var3 的盒子,**print()** 函數的第 2 個輸出值是變數,請注意!實際輸出的是 var3 盒子中的值 15,如下所示:

```
print("相加結果 = ", var3)
```

Step 3　執行「檔案 ➜ 儲存檔案」命令，可以看到「另存新檔」對話方塊，請切換至「/Python/ch02」目錄，輸入【ch2-3-1】，按【存檔】鈕儲存成 ch2-3-1.py 程式。

Step 4　請執行「執行 ➜ 執行目前程式」命令，或按工具列綠色箭頭圖示的【執行目前程式】鈕（也可按 F5 鍵）執行 Python 程式，可以看到執行結果是加法運算結果 15，如下圖所示：

```
>>> %Run ch2-3-1.py
    相加結果 =  15
```

請注意！上述執行結果在「=」等號後和值 15 之前有 2 個空白字元，因為 print() 函數的第 1 個輸出字串最後有 1 個空白字元，再加上「,」分隔預設會有 1 個，共有 2 個空白字元。

2-3-2　認識主控台輸出

在電腦執行的程式通常都需要與使用者進行互動，程式在取得使用者以電腦周邊裝置輸入的資料後，執行程式碼，就可以將執行結果的資訊輸出至電腦的輸出裝置。

◉ 主控台輸入與輸出

Python 語言建立的主控台應用程式（Console Application），就是在 Windows 作業系統的「命令提示字元」視窗執行的程式，最常使用的標準輸入裝置是鍵盤；標準輸出裝置是電腦螢幕，即主控台輸入與輸出（Console Input and Output，Console I/O），如下圖所示：

鍵盤輸入　　　　　　　　　　　　　　　　螢幕輸出

上述程式的標準輸出是循序一行一行組成的文字內容，每一行使用新行字元（即「\n」字元）結束。程式取得使用者鍵盤輸入的資料（輸入），Python 程式在執行後（處理），在螢幕顯示執行結果（輸出）。

◉ 在終端機執行 **Python** 程式

Thonny 開發環境也可以在終端機執行 Python 程式，也就是在 Windows 作業系統的「命令提示字元」視窗執行 Python 程式，事實上，真正的主控台應用程式是在終端機執行的程式，Linux 作業系統稱為終端機；在 Windows 作業系統就是「命令提示字元」視窗。

請啟動 Thonny 開啟 ch2-3-1.py 程式後，執行「執行 → 在終端機執行目前程式」命令，可以開啟 Windows 作業系統的「命令提示字元」視窗，看到 Python 程式的執行結果，如下圖所示：

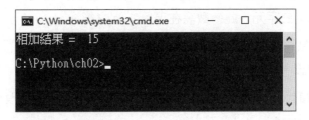

📍 在輸出結果顯示換行：使用「\n」新行字元

在 **print()** 函數輸出的文字內容因為是輸出至終端機，「\n」新行字元就是換行，換句話說，我們只需在輸出字串中加上新行字元「\n」，就可以在輸出至螢幕時顯示換行，如下所示：

```
print("學Python程式\n分數=", 100)
```

💡 範例：使用 \n 新行字元

Python程式：ch2-3-2.py

```
01   print("學Python程式\n分數=", 100)
```

結果

Python 程式的執行結果可以看到螢幕顯示二行，但字串只有一行，因為我們是使用新行字元「\n」來顯示 2 行的輸出結果，如下所示：

```
>>> %Run ch2-3-2.py
學Python程式
分數= 100
```

2-3-3　Python 主控台輸出：print() 函數

Python 輸出函數 **print()** 可以將「,」逗號分隔的資料輸出顯示在螢幕上，這些分隔資料稱為函數引數（Arguments）或參數（Parameters），為了方便說明，在本書都使用參數，其基本語法如下所示：

```
print(項目1 [,項目2… ], sep=" ", end="\n")
```

上述 print 是函數名稱，在括號中是準備顯示的內容項目，稱為參數（詳見第 6 章說明），sep 和 end 是命名參數，可以直接使用名稱來指定參數值，在「=」號後就是參數值，其說明如下所示：

▷ 項目 1 和項目 2 等參數：這些是使用「,」號分隔的輸出內容，可以一次輸出多個項目。

▷ sep 參數：分隔字元預設 1 個空白字元，如果輸出多個項目，即在每一個項目之間加上 1 個空白字元，此參數需在項目 1~n 之後。

▷ end 參數：結束字元是輸出最後加上的字元，預設是 "\n" 新行字元，此參數需在項目 1~n 之後。

因為 end 參數的預設值是 "\n" 新行字元，所以會換行，如果改成空白字元，就不會顯示換行，如下所示：

```
print("整數值 =", 100, end="")
```

上述函數輸出的文字內容並不會換行，可以將 2 個 **print()** 函數顯示在同一行。另一種方法是使用 sep 參數的分隔字元，因為 **print()** 函數可以有多個「,」逗號分隔的資料，每一個都是輸出內容，如下所示：

```
print("整數值 =" , 100, "浮點數值 =", 123.5)
```

上述函數共有 4 個參數，當依序輸出各參數時，在之間就會自動加上 sep 參數的 1 個空白字元來分隔。

💡 範例：使用 **print()** 函數輸出字串、整數和浮點數值

Python程式：ch2-3-3.py

```
01  print("字串 =", "陳會安")
02  print("整數值 =", 100, end="")
03  print("整數值 =", 100)
04  print("浮點數值 =", 123.5)
05  print("整數值 =" , 100, "浮點數值 =", 123.5)
```

解析

上述第 2 行的輸出沒有換行，第 5 行同時輸出 4 個資料。

結果

```
>>> %Run ch2-3-3.py

字串 = 陳會安
整數值 = 100整數值 = 100
浮點數值 = 112.5
整數值 = 100 浮點數值 = 112.5
```

上述執行結果的第 2 行是 2 個 **print()** 函數的輸出，第 1 個沒有換行，所以連在一起，最後同時輸出 2 個字串、1 個整數和 1 個浮點數。

2-4　看看 Python 程式的內容

　　Python 程式的副檔名是「.py」，其基本結構是匯入模組、全域變數、函數和程式敘述所組成，如下所示：

```
import 模組
全域變數
def 函數名稱1(參數列) :
    程式敘述1~N
...
def 函數名稱N(參數列) :
    程式敘述1~N
程式敘述1~N
```

　　現在，我們就來詳細檢視 ch2-3-1.py 程式碼的內容，此程式沒有匯入模組、全域變數和函數，程式結構只有上述最後沒有縮排的【程式敘述 1~N】，如下所示：

```
var1 = 10
var2 = 5
var3 = var1 + var2
print("相加結果 = ", var3)
```

📍 import 模組

　　因為 Python 本身只提供簡單語法和少數內建函數，大部分功能都是透過 Python 標準函式庫的模組或第三方套件所提供，即其他程式語言的函式庫。例如：當 Python 程式需要使用三角函數，我們可以匯入 math 模組（詳見第 9 章說明），如下所示：

```
import math
```

　　當 Python 程式匯入 math 模組，在 Python 程式碼就可以呼叫此模組的 **sin()**、**cos()** 和 **tan()** 三角函數，如下所示：

```
math.sin(x)
math.cos(x)
math.tan(x)
```

　　關於 import 和模組的說明，請參閱第 9-1 節。

⚲ 全域變數與函數

Python 函數是使用 def 關鍵字來建立，函數（Functions）是一個獨立程式片段，可以完成指定工作，這是由函數名稱、參數列和縮排的程式區塊所組成。

在函數外定義的變數稱為全域變數，Python 程式檔案的所有程式碼都可以存取此變數值，對比函數中使用的區域變數。關於全域變數、區域變數和函數的說明請參閱第 6 章。

⚲ 程式敘述 1~N

在 Python 程式檔案中沒有縮排的程式敘述，這些程式敘述就是其他程式語言的主程式，當直譯執行 Python 程式時，就是從第 1 行沒有縮排的程式敘述開始，執行到最後 1 行沒有縮排的程式敘述為止。

例如：Python 程式 ch2-3-1.py 沒有匯入模組、全域變數和函數，當直譯器執行 Python 程式時，就是從第 1 行 **var1 = 10** 的程式碼開始執行，直到執行到最後第 4 行呼叫 **print()** 函數輸出運算結果為止。

—● 說明 ●—

Python 語言可以和 C 語言一樣使用 if 條件指定主程式的函數，不過，對於初學者來說，這並非需要，關於 Python 主程式函數，請參閱第 6-2-3 節。

📁 2-5　Python 文字值

Python 文字值（Literals、也稱字面值）或稱常數值（Constants），這是一種文字表面顯示的值，即撰寫程式碼時直接使用鍵盤輸入的值。在 Python 程式：ch2-2-2.py 輸出的整數 100、浮點數 123.5 和字串 " 陳會安 " 等，都是文字值，如下圖所示：

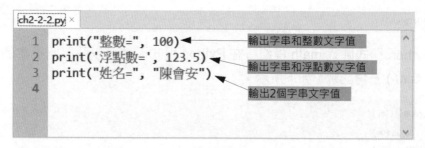

我們可以再來看一看更多 Python 文字值範例，例如：整數、浮點數或字串值，如下所示：

```
100
15.3
"第一個程式"
```

上述 3 個文字值的前 2 個是數值,最後一個是使用「"」括起的字串文字值(也可以使用「'」括起)。基本上,Python 文字值主要分為:字串文字值、數值文字值和布林文字值。

事實上,Python 文字值的類型就是 Python 資料型態,Python 變數就是使用文字值來決定變數的資料型態,詳見第 3 章的說明。

2-5-1　字串文字值

Python 字串文字值(String Literals)就是字串,字串是 0 或多個使用「'」單引號或「"」雙引號括起的一序列 Unicode 字元,如下所示:

```
"學習Python語言程式設計"
'Hello World!'
```

目前我們使用的字串文字值大都是在 **print()** 函數的參數,而且在最後輸出至螢幕顯示時,並不會看到前後的「'」單引號或「"」雙引號,如下圖所示:

如果需要建立跨過多行的字串時(如同第 **2-6-3** 節的多行註解),請使用 3 個「'」單引號或「"」雙引號括起一序列 Unicode 字元,如下所示:

```
"""學會Python語言"""
'''Welocme to the world
 of Python'''
```

在實務上,Python 字串的單引號和雙引號可以互換,例如:在字串中需要使用到單引號「It's」,就可以使用雙引號括起,如下所示:

```
"It's my life."
```

請注意!Python 並沒有字元文字值,當引號括起的字串只有 1 個時,我們可以視為是字元,如下所示:

```
"A"
'b'
```

Escape 逸出字元（Escape Characters）

Python 字串文字值大多是可以使用電腦鍵盤輸入的字元，對於那些無法使用鍵盤輸入的特殊字元 / 符號，或擁有特殊功能的字元 / 符號，例如：新行字元，我們需要使用 Escape 逸出字元 "\n"。

Python 提供 Escape 逸出字元來輸入特殊字元，這是一些使用「\」符號開頭的字元，如表 2-1 所示。

» 表 2-1　Escape 逸出字元

Escape 逸出字元	說明
\b	Backspace，即 Backspace 鍵
\f	FF，Form feed 換頁字元
\n	LF（Line Feed）換行或 NL（New Line）新行字元
\r	Carriage Return，即 Enter 鍵
\t	定位字元，即 Tab 鍵
\'	「'」單引號
\"	「"」雙引號
\\	「\」符號

使用八進位和十六進位值表示 ASCII 字元

對於電腦來說，當在鍵盤按下大寫 A 字母鍵時，傳給電腦的是 1 個位元組的數字（英文字母和數字使用其中 7 位元），目前個人電腦是使用「ASCII」（American Standard Code for Information Interchange，例如：大寫 A 是 65，所以，電腦實際顯示和儲存的資料是數值 65，稱為字元碼（Character Code）。

ASCII 字元也可以使用 Escape 逸出字元來表示，即「\x」字串開頭的 2 個十六進位數字或「\」字串開頭 3 個八進位數字來表示 ASCII 字元碼，如下所示：

```
'\x61'
'\101'
```

上述表示法，如表 2-2 所示。

» 表 2-2　ASCII 字元碼

ASCII 字元碼	說明
\N	N 是八進位值的字元常數，例如：\040 空白字元
\xN	N 是十六進位值的字元常數，例如：\x20 空白字元

💡 範例：使用 Escape 逸出字元

Python程式：ch2-5-1.py

```
01  print("顯示反斜線:", '\\')
02  print("顯示單引號:", '\'')
03  print("顯示雙引號:", '\"')
04
05  print("十六進位值的ASCII字元:", '\x61')
06  print("八進位值的ASCII字元:", '\101')
```

解析

　　為了明顯區分是輸出 Escape 逸出字元和 ASCII 字元碼，我們在第 4 行增加一行空白行。在實務上，撰寫程式碼時，可以適當加上一些空白行，以便讓程式結構看起來更清楚明白。

結果

```
>>> %Run ch2-5-1.py

顯示反斜線: \
顯示單引號: '
顯示雙引號: "
十六進位值的ASCII字元: a
八進位值的ASCII字元: A
```

　　上述前 3 行是 Escape 逸出字元「\\」、「\'」和「\"」執行結果，分別是「\」、「'」和「"」，後 2 行是十六進位和八進位 ASCII 字元碼。

2-5-2　數值文字值

　　Python 數值文字值主要分為兩種：整數文字值（Integer Literals）和浮點數文字值（Float-point Literals）。

整數文字值

整數文字值是指資料是整數值，沒有小數點，其資料長度可以是任何長度，視記憶體空間而定。例如：一些整數文字值的範例，如下所示：

```
1
100
122
56789
```

上述整數值是 10 進位值，也是我們習慣使用的數字系統，Python 語言支援二進位、八進位和十六進位的數字系統，此時的數值需要加上數字系統的字首（十進位並不需要），如表 2-3 所示：

》表 2-3　二進位、八進位和十六進位的數字系統

數字系統	字首	範例（十進位值）
二進位	0b 或 0B	0b1101011（107）
八進位	0o 或 0O	0o15（13）
十六進位	0x 或 0X	0xFB（253）

上表的字首是以數字「0」開始，英文字母 b 或 B 是二進位；o 或 O 是八進位；x 或 X 是十六進位。

範例：各種進位數值的數字表示法

Python程式：ch2-5-2.py

```
01  print("十進位值123的整數文字值:", 123)
02  print("二進位值0b1101011的整數值:", 0b1101011)
03  print("八進位值0o15的整數值:", 0o15)
04  print("十六進位值0xFB的整數值:", 0xFB)
```

結果

```
>>> %Run ch2-5-2.py
  十進位值123的整數文字值: 123
  二進位值0b1101011的整數值: 107
  八進位值0o15的整數值: 13
  十六進位值0xFB的整數值: 251
```

上述整數值的第 1 個是十進位，第 2 個之後依序是二進位、八進位和十六進位轉換成的十進位值。

浮點數文字值

浮點數文字值是指數值資料是整數加上小數，其精確度可以到小數點下 15 位，基本上，整數和浮點數的差異就是小數點，5 是整數；5.0 是浮點數，例如：一些浮點數文字值的範例（Python 程式：ch2-5-2a.py），如下所示：

```
1.0
55.22
```

2-5-3　布林文字值

Python 語言的布林（Boolean）文字值是使用 True 和 False 關鍵字來表示（Python 程式：ch2-5-3.py），如下所示：

```
True
False
```

 # 2-6　Python 寫作風格

Python 語言的寫作風格是撰寫 Python 程式碼的規則。基本上，Python 語言的程式碼是程式敘述所組成，數個程式敘述組合成程式區塊，每一個程式區塊擁有數行程式敘述或註解文字，一行程式敘述是一個運算式、變數和指令的程式碼。

2-6-1　程式敘述

Python 程式是使用程式敘述（Statements）所組成，一行程式敘述如同英文的一個句子，內含多個運算式、運算子或關鍵字，這就是 Python 直譯器可以執行的程式碼。

程式敘述的範例

一些 Python 程式敘述的範例，如下所示：

```
b = 10
c = 2
a = b * c
print("第一個Python程式")
```

上述第 1 行和第 2 行程式碼是指定變數初值，第 3 行是指定敘述的運算式，第 4 行是呼叫 **print()** 函數。

● 「;」分號

大部分程式語言：C/C++、Java 和 C# 等語言的「;」分號代表程式敘述的結束，告訴直譯器 / 編譯器已經到達程式敘述的最後，請注意！Python 語言並不需要在程式敘述最後加上「;」分號，如果習慣在程式敘述最後加上「;」分號，也不會有錯誤，如下所示：

```
d = 5;
```

在 Python 語言使用「;」分號的主要目的是在同一行程式碼撰寫多個程式敘述，如下所示：

```
b = 10; c = 4; a = b * c
```

上述程式碼可以在同一行 Python 程式碼行擁有 3 個程式敘述。

2-6-2　程式區塊

程式區塊（Blocks）是由多個程式敘述所組成，大部分程式語言是使用 "{" 和 "}" 大括號（Braces）包圍來建立程式區塊。Python 語言的程式區塊是使用縮排，當多行程式敘述擁有相同數量的空白字元縮排時，就屬於同一個程式區塊，通常是使用「4」個空白字元或 1 個 Tab 鍵。

Python 程式區塊是從第 1 個縮排的程式敘述開始，到第 1 個沒有縮排的程式敘述的前一行為止，如下所示：

```
for i in range(1, 11):
    print(i)
    if i == 5 :
        break
print("迴圈結束")
```

上述 for 迴圈的程式區塊（請注意！for 迴圈之後有「:」冒號）是從第 1 個 **print()** 函數開始，到第 2 個 **print()** 函數之前結束，都是縮排 4 個空白字元，在程式區塊中的 if 條件是另一個程式區塊，此程式區塊只有 1 個程式敘述，所以此行敘述再縮排 4 個空白字元。

如果程式區塊只有 1 行程式敘述，或使用「;」分號建立同一行的多個程式敘述，我們可以不用縮排，但 Python 並不建議如此撰寫程式碼，如下所示：

```
if True: print("Python")
if True: print("Python"); a = 10
```

上述第 1 行程式碼因為只有 1 行程式敘述，所以直接寫在「:」冒號之後，第 2 行是使用「;」分號在同一行建立多個程式敘述。

2-6-3　程式註解

程式註解（Comments）是程式中十分重要的部分，可以提供程式內容的進一步說明，良好的註解文字不但能夠了解程式目的，並且在程式維護上，也可以提供更多的資訊。

基本上，程式註解是給程式設計者閱讀的內容，Python 直譯器在直譯原始程式碼時會忽略註解文字和多餘的空白字元。

◉ Python 語言的單行註解

Python 語言的單行註解是在程式中以「#」符號開始的行，或程式行位在「#」符號後的文字內容都是註解文字，如下所示：

```
# 顯示訊息
print("第一個Python程式")    # 顯示訊息
```

◉ Python 語言的多行註解

Python 語言的程式註解可以跨過很多行，這是使用「"""」和「"""」符號（3 個「"」符號）或「'''」和「'''」符號（3 個「'」符號）括起的文字內容，例如：我們可以在 Python 程式開頭加上程式檔名稱的註解文字，如下所示：

```
''' Python程式:
    檔名: ch2-6.py '''
```

上述註解文字是位在「'''」和「'''」符號中的文字內容。使用「"""」符號的多行註解，如下所示：

```
""" ----------------------------
    程式範例: ch2-6.py
    ---------------------------- """
```

2-6-4 太長的程式碼

Python 語言的程式碼行如果太長，基於程式編排的需求，太長的程式碼並不容易閱讀，我們可以分割成多行來編排。請在程式碼該行的最後加上「\」符號（Line Splicing），將程式碼分成數行來編排，如下所示：

```
sum = 1 + 2 + \
      3 + 4 + \
      5
```

上述程式碼使用「\」符號將 3 行合併成一行。當 Python 語言使用「( )」、「[ ]」和「{ }」括起程式碼時，隱含就會加上「\」符號，所以可以直接分割成多行來編排，如下所示：

```
a = (1 + 2 + 3 + 4
     + 5 + 6)
colors = ['red',
          'blue',
          'yellow']
print("green" == "glow", "green" != "glow",
      "green" > "glow", "green" >= "glow",
      "green" < "glow" , "green" <= "glow")
```

上述程式碼不需要在每一行最後加上「\」符號，就可以分割成多行來編排。

1. 請問開發 Python 程式的基本步驟為何？在 print() 函數輸出的文字內容如果需要換行，除了使用 2 次 print() 函數外，還可以如何顯示換行？

2. 請簡單說明 Python 文字值有哪幾種？Python 程式的基本結構為何？

3. 請建立 Python 程式使用多個 print() 函數，可以用星號字元顯示 5*5 的三角形圖形，如下圖所示：

```
*
**
***
****
*****
```

4. 請建立 Python 程式計算小明數學和英文考試的總分，數學是 75 分；英文是 68 分，最後使用 print() 函數顯示總分是多少。

5. 請建立 Python 程式可以在螢幕輸出顯示下行執行結果，如下所示：

```
大家好!
250
\200
```

6. 請建立 Python 程式將下列八和十六進位值轉換成十進位值來顯示，如下所示：

0277、0xcc、0xab、0333、0555、0xff

Note

CHAPTER 3

PY

變數、運算式與運算子

3-1　程式語言的變數

　　因為電腦程式需要處理資料，所以在執行時需記住一些資料，我們需要一個地方用來記得執行時的資料，這就是「變數」（Variables）。

3-1-1　認識變數

　　一般來說，我們去商店買東西時，為了比較價格，就會記下商品價格，同樣的，程式是使用變數儲存這些執行時需記住的資料，也就是將這些值儲存至變數，當變數擁有儲存的值後，就可以在需要的地方取出變數值，例如：執行數學運算和資料比較等。

變數是儲存在哪裡

　　問題是，這些需記住的資料是儲存在哪裡，答案就是電腦的記憶體（Memory），變數是一個名稱，用來代表電腦記憶體空間的一個位址，如下圖所示：

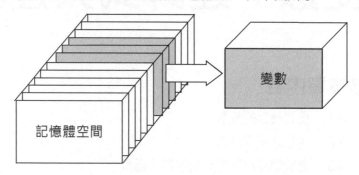

　　上述位址如同儲物櫃的儲存格，可以佔用數個儲存格來儲存值，當已經儲存值後，值就不會改變直到下一次存入一個新值為止。我們可以讀取變數目前的值來執行數學運算，或進行大小的比較。

變數的基本操作

　　對比真實世界，當我們想將零錢存起來時，可以準備一個盒子來存放這些錢，並且隨時看看已經存了多少錢，這個盒子如同一個變數，我們可以將目前的金額存入變數，或取得變數值來看看已經存了多少錢，如下圖所示：

請注意！真實世界的盒子和變數仍然有一些不同，我們可以輕鬆將錢幣丟入盒子，或從盒子取出錢幣，但變數只有兩種操作，如下所示：

1. 在變數存入新值：指定變數成為一個全新值，我們並不能如同盒子一般，只取出部分金額。因為變數只能指定成一個新值，如果需要減掉一個值，其操作是先讀取變數值，在減掉後，再將變數指定成最後運算結果的新值。

2. 讀取變數值：取得目前變數的值，而且在讀取變數值，並不會更改變數目前儲存的值。

3-1-2　使用變數前的準備工作

程式語言的變數如同是一個擁有名稱的盒子，能夠暫時儲存程式執行時所需的資料，也就是記住這些資料，如下圖所示：

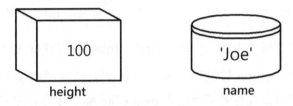

上述圖例是方形和圓柱形的兩個盒子，盒子名稱是變數名稱 height 和 name，在盒子儲存的資料 100 和 'Joe' 是整數和字串的文字值。現在回到盒子本身，盒子形狀和尺寸決定儲存的資料種類，對比程式語言，形狀和尺寸就是變數的資料型態（Data Types），資料型態可以決定變數是儲存數值或字串等資料。Python 變數的資料型態是變數值決定，當指定變數的文字值後，就決定了變數的資料型態。

如果程式語言是強型態語言，例如：C/C++ 和 Java，當變數指定資料型態後，就表示只能儲存這種型態的資料，如同圓形盒子放不進相同直徑的方形物品，我們只能放進方形盒子。Python 是弱型態語言，變數的資料型態是可以更改的，當變數指定成其他資料型態的文字值時，變數的資料型態也會一併更改成文字值的資料型態。

所以，程式語言在使用變數前，需要 2 項準備工作，如下所示：

▷ 替變數命名：即上述 name 和 height 等變數名稱。

▷ 決定變數的資料型態：即變數儲存什麼樣的值，即整數或字串等。

3-1-3　Python 語言的命名規則

程式設計者在程式碼自行命名的元素，稱為識別字（Identifier），例如：變數名稱，關鍵字（Keywords）是一些對直譯器 / 編譯器來說擁有特殊意義的名稱，在命名時，我們需要避開這些名稱。

識別字名稱（Identifier Names）是指 Python 語言的變數、函數、類別或其他識別字的名稱，程式設計者在撰寫程式時，需要替這些識別字命名。Python 語言的命名規則，如下所示：

▷ 名稱是一個合法識別字，識別字是使用英文字母或「_」底線開頭（不可以使用數字開頭），不限長度，包含字母、數字和底線「_」字元組成的名稱。一些名稱範例，如表 3-1 所示。

》 表 3-1　合法與不合法識別字

合法名稱	不合法名稱
T、c、a、b、c	1、2、12、250
Size、test123、count、_hight	1count、hi!world、a@
Long_name、helloWord	Long…name、hello World

▷ 名稱區分英文字母大小寫，例如：total、Total 和 TOTAL 屬於不同的識別字。

▷ 名稱不能使用 Python 關鍵字，因為這些字對於直譯器擁有特殊意義。Python 語言的關鍵字可以在互動環境輸入 **help("keywords")** 指令來查詢，如下所示：

```
>>> help("keywords")

Here is a list of the Python keywords.  Enter any keyword to get more help.

False           break           for             not
None            class           from            or
True            continue        global          pass
__peg_parser__  def             if              raise
and             del             import          return
as              elif            in              try
assert          else            is              while
async           except          lambda          with
await           finally         nonlocal        yield
```

―● 說明 ●―

Python 除了關鍵字，還有一些內建函數，例如：input()、print()、file() 和 str() 等，雖然將識別字命名為 input、print、file 和 str 都是合法名稱，但同一 Python 程式檔如果同時宣告變數且呼叫這些內建函數，就會讓直譯器混淆，產生變數無法呼叫的錯誤，在實務上，不建議使用這些內建函數名稱作為識別字名稱。

▷ 有效範圍（Scope）是指在有效範圍的程式碼中名稱必須是唯一，例如：在程式中可以使用相同的變數名稱，不過變數名稱需要位在不同的範圍，詳細的範圍說明請參閱第 6-6-1 節。

3-2　在程式使用變數

Python 變數不用預先宣告，當需要變數時，直接指定變數值即可，如果習慣宣告變數，可以在程式開頭將變數指定成 None，None 關鍵字表示變數並沒有值，如下所示：

```
score = None
```

3-2-1　指定和輸出變數值

Python 在使用指定敘述指定變數值，變數名稱如同是一個盒子，指定的變數值就是將值放入盒子，和決定盒子的資料型態，如下圖所示：

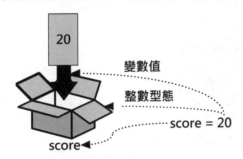

上述圖例的盒子名稱是 score，其值是 20，當使用「=」等號指定變數 score 的值 20，就是將文字值 20 放入盒子，同時決定變數的資料型態是整數，如下所示：

```
score = 20
```

上述程式碼指定變數 score 值是 20，變數 score 因為指定文字值 20，所以記得文字值 20 且決定是整數型態，其基本語法如下所示：

```
變數 = 資料
```

上述「=」等號就是指定敘述，可以：

「將右邊資料的文字值指定給左邊的變數，在左邊變數儲存的值就是右邊資料的文字值。」

在左邊是變數名稱（一定是變數），右邊資料除了文字值外，還可以是第 3-2-3 節的變數或第 3-5 節的運算式（Expression）。

→ 說明 ●

指定敘述的「=」等號是指定或指派變數值，也就是將資料放入變數的盒子，並不是相等，不要弄錯成數學的等於 A=B，因為不是等於。

💡 範例：指定和輸出變數值

Python程式：ch3-2-1.py

```
01  score = 20      # 將文字值20指定給變數score
02  # 輸出變數score存入的值20
03  print("變數score值是:", score)
```

結果

Python 程式的執行結果是在第 3 行輸出變數 score 指定的文字值，如下所示：

```
>>> %Run ch3-2-1.py
變數score值是: 20
```

變數 score 代表的值就是 20，如下圖所示：

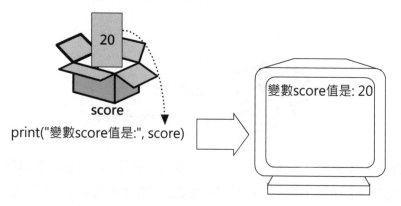

print("變數score值是:", score)

上述 **print()** 函數輸出變數 score 儲存的值，而不是字串 **"score"**，所以在前後不可加上引號，如此才能輸出變數值 20。

3-2-2　指定成其他文字值

變數是執行程式時暫存儲存資料的地方，當建立 Python 變數後，例如：變數 score 和指定值 20 後，我們可以隨時再次使用指定敘述「=」等號來更改變數值，如下所示：

```
score = 30
```

上述程式碼將變數 score 改成 30，也就是將變數指定成其他文字值，現在，score 變數值是新值 30，不是原來的值 20，資料型態仍然是整數，如下圖所示：

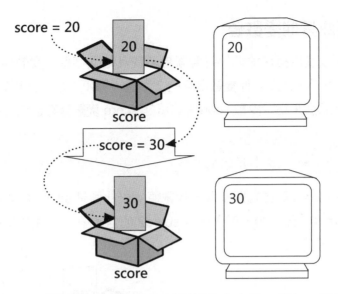

Python 變數也可以隨時更改成其他資料型態的文字值，例如：浮點數 98.5，此時不只更改 score 變數的值，同時更改資料型態成為浮點數，如下所示：

```
score = 98.5
```

💡 範例：指定成其他文字值

Python程式：ch3-2-2.py

```
01  score = 20      # 將文字值20指定給變數score
02  # 輸出變數score存入的值20
03  print("變數score值是:", score)
04  score = 30      # 更改變數score的值
05  # 輸出變數score存入的更新值30
06  print("變數score更新值是:", score)
07  score = 98.5  # 更改變數score的值和型態
08  # 輸出變數score存入的更新值98.5
09  print("變數score更新值是:", score)
```

結果

Python 程式的執行結果首先輸出變數 score 的值 20，在第 4 行更改變數 score 值成為新值 30 後，第 5 行輸出的是更改後的新值 30，在第 7 行再次更改 score 變數值成浮數數 98.5，如下所示：

```
>>> %Run ch3-2-2.py

變數score值是: 20
變數score更新值是: 30
變數score更新值是: 98.5
```

3-2-3　指定成其他變數值

　　變數除了可以使用指定敘述「=」等號更新成其他文字值，我們還可以將變數指定成其他變數值，就是更改成其他變數儲存的文字值，例如：在建立整數變數 score 的值20 後，使用指定敘述來指定變數 score2 的值是 score 變數儲存的值，如下所示：

```
score = 20
score2 = score      # 指定敘述
```

　　上述程式碼在「=」等號右邊是取出變數值，以此例是 score 變數值 20，指定敘述可以將變數 score 的「值」20，存入變數 score2 的盒子中，即將變數 score2 的值更改成為 20，如下圖所示：

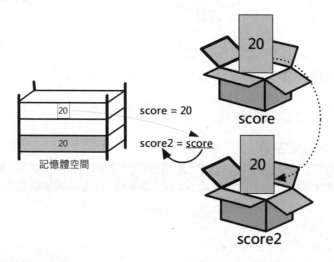

範例：指定成其他變數值

Python程式：ch3-2-3.py

```
01  score = 20        # 將文字值20指定給變數score
02  # 輸出變數score存入的值20
03  print("變數score值是:", score)
04  score2 = score    # 更改變數score2的值是變數score
05  # 輸出變數score2的值20
06  print("變數score2值是:", score2)
```

結果

　　Python 執行結果可以看到變數 score 和 score2 的值都是 20，因為第 4 行是將score 變數值 20 指定給變數 score2，所以變數 score2 的值也成為 20，如下所示：

```
>>> %Run ch3-2-3.py

變數score值是: 20
變數score2值是: 20
```

3-3 變數的資料型態和型態轉換函數

Python 變數儲存的值決定變數目前的資料型態,當指定變數的文字值時,就決定變數的資料型態,例如:在第 2-5 節的字串、數值和布林文字值,就是對應字串(String)、數值(Number)和布林(Boolean)資料型態。

除此之外,Python 還提供多種容器型態(Contains Type),例如:串列(List)、元組(Tuple)合(Set)和字典(Dictionary),進一步字串和容器型態的說明請參閱第 7 章。

3-3-1　取得變數的資料型態

Python 可以使用 **type()** 函數取得目前變數的資料型態,如下所示:

```
score = 20
print("變數score值是:", score, type(score))
```

上述變數 score 是整數,可以呼叫 **type(a)** 取得變數 a 資料型態的物件 <class 'int'>,請注意!Python 所有東西都是 class 類別的物件。

💡 **範例:使用 type() 函數取得變數的資料型態**

Python程式:ch3-3-1.py

```
01  score = 20      # 將文字值20指定給變數score
02  # 輸出變數score存入的值20
03  print("變數score值是:", score , type(score))
04  score = 30      # 更改變數score的值
05  # 輸出變數score存入的更新值30
06  print("變數score更新值是:", score , type(score))
07  score = 98.5  # 更改變數score的值和型態
08  # 輸出變數score存入的更新值98.5
09  print("變數score更新值是:", score , type(score))
```

結果

Python 程式的執行結果可以看到變數的資料型態從 int 整數改成 float 浮點數,如下所示:

```
>>> %Run ch3-3-1.py

變數score值是: 20 <class 'int'>
變數score更新值是: 30 <class 'int'>
變數score更新值是: 98.5 <class 'float'>
```

3-3-2　資料型態轉換函數

Python 不會自動轉換變數 / 文字值的資料型態，我們需要自行使用內建型態轉換函數來轉換變數 / 文字值成所需的資料型態，如表 3-2 所示。

» 表 3-2　型態轉換函數

型態轉換函數	說明
str()	將任何資料型態的參數轉換成字串型態
int()	將參數轉換成整數資料型態，參數如果是字串，字串內容只能是數字，如果是浮點數，轉換成整數會損失精確度
float()	將參數轉換成浮點數資料型態，如果是字串，字串內容只可以是數字和小數點

💡 範例：使用資料型態轉換函數

Python程式：ch3-3-2.py

```
01  score = "60"    # 將字串文字值指定給變數score
02  score2 = int(score)
03  print("變數score2值是: " + str(score2))
04  score3 = float(score+".5")
05  print("變數score3值是: " + str(score3))
```

結果

Python 程式的執行結果可以看到變數 score 的值是字串文字值，在第 2 行轉換成整數，第 3 行輸出時使用「+」加號運算子，如下所示：

```
print("變數score2值是: " + str(score2))
```

上述參數是加法運算，第 1 個運算元是字串文字值，第 2 個呼叫 **str()** 函數轉換成字串，因為 2 個運算元都是字串，「+」加法就是字串連接運算子可以連接 2 個字串，第 4 行 **float()** 函數的參數在連接 ".5" 字串成為 "60.5" 後，再轉換成浮點數，如下所示：

```
>>> %Run ch3-3-2.py

變數score2值是: 60
變數score3值是: 60.5
```

3-4 讓使用者輸入變數值

Python 可以讓使用者以鍵盤輸入變數值，這就是第 2-3-2 節的主控台輸入，我們是使用 **input()** 函數讓使用者輸入字串文字值。

📍 從鍵盤輸入字串資料

當變數值可以讓使用者自行使用鍵盤來輸入時，我們建立的 Python 程式就擁有更多的彈性，因為變數存入的值是在執行 Python 程式時，才讓使用者自行從鍵盤輸入，而不是撰寫 Python 程式碼來指定其值。

Python 程式是呼叫 **input()** 函數來輸入字串資料型態的資料，如下所示：

```
score = input("請輸入整數值==> ")  # 輸入字串文字值
```

上述函數的參數是提示文字，雖然提示文字是輸入整數，但 score 變數的資料型態是整數值內容的字串，並不是整數，如下圖所示：

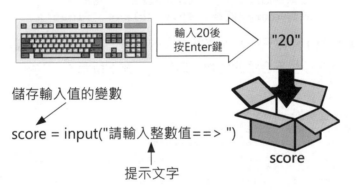

上述圖例當執行到 **input()** 函數時，執行畫面就會暫停等待，等待使用者輸入資料，直到按下 Enter 鍵，輸入的資料是字串文字值，可以將取得的輸入值存入變數 score。

📍 從鍵盤輸入數值資料

請注意！**input()** 函數只能輸入字串文字值，我們需要使用第 3-3-2 節的 **int()** 和 **float()** 資料型態轉換函數來轉換成整數變數 score2 和浮點數變數 score3，如下所示：

```
score2 = int(score)
score3 = float(score)
```

💡 範例：從鍵盤輸入字串和數值

Python程式：ch3-4.py

```
01  score = input("請輸入整數值==> ")   # 輸入字串文字值
02  # 輸出變數score的值
03  print("變數score值是:", score, type(score))
04  score2 = int(score)
05  print("變數score2值是:", score2, type(score2))
06  score3 = float(score)
07  print("變數score3值是:", score3, type(score3))
```

結果

Python 程式的執行結果是在第 1 行輸入整數內容的字串，然後在 4 行轉換成整數；第 6 行轉換成浮點數，如下所示：

```
>>> %Run ch3-4.py

    請輸入整數值==> 45
    變數score值是: 45 <class 'str'>
    變數score2值是: 45 <class 'int'>
    變數score3值是: 45.0 <class 'float'>
```

請注意！**input()** 函數只能輸入整數內容的字串，如果輸入浮點數，在第 4 行轉換成整數時，就會發生不合法的整數字串錯誤，如下所示：

```
>>> %Run ch3-4.py

請輸入整數值==> 55.6
變數score值是: 55.6 <class 'str'>
Traceback (most recent call last):
  File "C:\Python\ch03\ch3-4.py", line 4, in <module>
    score2 = int(score)
ValueError: invalid literal for int() with base 10: '55.6'
```

3-5 認識運算式和運算子

　　程式語言的運算式（Expressions）是一個執行運算的程式敘述，可以產生資料處理所需的運算結果，整個運算式可以簡單到只有單一文字值或變數，或複雜到由多個運算子和運算元所組成。

3-5-1　關於運算式

　　運算式（Expressions）是由一序列運算子（Operators）和運算元（Operands）所組成，可以在程式中執行所需的運算任務（即執行資料處理），如下圖所示：

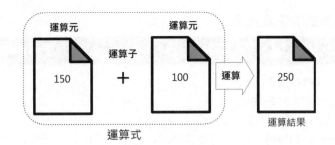

上述圖例的運算式是「150+100」,「+」加號是運算子;150 和 100 是運算元,在執行運算後,得到運算結果 250,其說明如下所示:

▷ 運算子:執行運算處理的加、減、乘和除等符號。

▷ 運算元:執行運算的對象,可以是常數值、變數或其他運算式。

Python 運算子依運算元的個數分成二種,如下所示:

▷ 單元運算子(Unary Operator):只有一個運算元,例如:正號或負號,如下所示:

```
-15
+10
```

▷ 二元運算子(Binary Operator):擁有位在左右的兩個運算元,Python 運算子大部分是二元運算子,如下所示:

```
5 + 10
10 - 2
```

3-5-2　輸出運算式的運算結果

Python 的 **print()** 函數可以在電腦螢幕輸出執行結果,同樣的,我們可以輸出運算式的運算結果,如下圖所示:

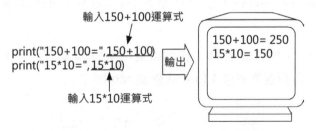

上述程式碼計算「**150+100**」和「**15*10**」運算式的結果後,將結果輸出顯示在電腦螢幕上。

── 說明 ──

程式語言的乘法是使用「*」符號,不是手寫「x」符號,因為「x」符號很容易與變數名稱混淆,因為當運算式有 x 時,會視為變數;而不是乘法運算子。

♀ 範例：輸出運算式的運算結果

Python程式：ch3-5-2.py

```
01  # 計算和輸出150+100運算式的值
02  print("150+100=", 150+100)
03  # 計算和輸出15*10運算式的值
04  print("15*10=", 15*10)
```

結果

Python 程式的執行結果，可以顯示 2 個運算式的運算結果，如下所示：

```
>>> %Run ch3-5-2.py
    150+100= 250
    15*10= 150
```

3-5-3　執行不同種類運算元的運算

在第 3-5-1 節說明過運算式的運算元可以是文字值或變數，在第 3-5-2 節運算式的 2 個運算元都是文字值，除此之外，還有 2 種其他組合，即 2 個運算元都是變數，和 1 個運算元是變數；1 個是文字值。

♀ **2 個運算元都是變數**

Python 加法運算式的 2 個運算元可以是 2 個變數，例如：計算分數的總和，如下所示：

```
score1 = 56
score2 = 67
total = score1 + score2    # 加法運算式
```

上述運算式「**score1+score2**」的 2 個運算元都是變數，「**total = score1+score2**」運算式的意義是：

「**取出變數 score1 儲存的值 56，和取出變數 score2 儲存的值 67 後，將 2 個常數值相加 56+67 後，再將運算結果 123 存入變數 total。**」

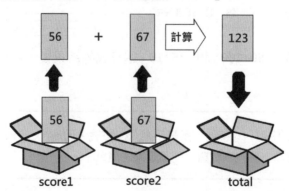

📍 1 個運算元是變數；1 個運算元是文字值

Python 加法運算式的 2 個運算元可以其中一個是變數；另一個是文字值，例如：調整變數 score1 的分數，將它加 10 分，如下所示：

```
score1 = 56
score1 = score1 + 10    # 加法運算式
```

上述運算式「**score1+10**」的第 1 個運算元是變數；第 2 個是文字值，「**score1 = score1+10**」運算式的意義是：

「**取出變數 score1 儲存的值 56，加上文字值 10 後，再將運算結果 56+10=66 存入變數 score1。**」

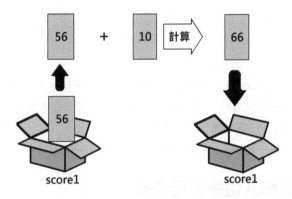

—●　說明　●—

　　請注意！從「**score1 = score1 + 10**」運算式可以明顯看出「**=**」等號不是相等，而是指定或指派左邊變數的值，不要弄錯成數學的等於，因為從運算式可以看出，score1 不可能等於 score1+10。

💡 範例：執行不同種類運算元的運算

Python程式：ch3-5-3.py

```
01  score1 = 56       # 第1個運算元
02  score2 = 67       # 第2個運算元
03  total = score1 + score2  # 計算2個變數相加
04  # 顯示score1+score2運算式的運算結果
05  print("變數score1=", score1)
06  print("變數score2=", score2)
07  print("score1+score2=", total)
08
09  score1 = score1 + 10     # 計算變數加常數值
10  # 顯示score1+10運算式的運算結果
11  print("變數score1加10分=", score1)
```

結果

Python 程式的執行結果顯示 2 種不同運算元的加法運算式的運算結果,如下所示:

```
>>> %Run ch3-5-3.py
    變數score1= 56
    變數score2= 67
    score1+score2= 123
    變數score1加10分= 66
```

說明

事實上,本節運算式的文字值 10 和變數 score1 是運算元,也是一種最簡單的運算式,如下所示:

```
10
score1
```

上述文字值 10;變數 score1 是運算式,文字值 10 的運算結果是 10;變數 score1 的運算結果是儲存的文字值。我們可以說,運算式的運算元就是另一個運算式,可以簡單到只是文字值,或變數,也可以是另一個擁有運算子的運算式。

3-5-4　讓使用者輸入值來執行運算

當運算式的運算元是變數,我們只需更改變數值,就可以產生不同的運算結果,如下所示:

```
total = score1 + score2   # 加法運算式
```

上述運算元變數 score1 和 score2 的值如果不同,total 變數的運算結果就會不同,如表 3-3 所示:

》表 3-3　不同變數值的加法運算

score1	score2	total = score1 + score2
56	67	123
80	60	140

Python 程式可以使用 **input()** 函數,讓使用者自行輸入變數值來執行運算,只需輸入不同值,就可以得到不同的加法運算結果。

💡 **範例：讓使用者輸入分數來執行成績總分計算**

Python程式：ch3-5-4.py

```
01  score1 = int(input("請輸入第1個分數==> "))   # 輸入整數值
02  score2 = int(input("請輸入第2個分數==> "))   # 輸入整數值
03
04  total = score1 + score2   # 計算2個變數相加
05  # 顯示score1+score2運算式的運算結果
06  print("score1+score2分數總和= ", total)
```

結果

Python 程式的執行結果在輸入 2 個整數分數後，可以計算 2 個分數的總和，如下所示：

```
>>> %Run ch3-5-4.py

    請輸入第1個分數==> 80
    請輸入第2個分數==> 60
    score1+score2分數總和=  140
```

3-6　在程式使用運算子

Python 提供完整算術（Arithmetic）、指定（Assignment）、位元（Bitwise）、關係（Relational）和邏輯（Logical）運算子。

3-6-1　運算子的優先順序

Python 運算子的優先順序決定運算式中運算子的執行順序，可以讓擁有多運算子的運算式得到相同的運算結果。

📍 優先順序（Precedence）

當同一 Python 運算式使用多個運算子時，為了讓運算式能夠得到相同的運算結果，運算式是以運算子預設的優先順序來進行運算，也就是熟知的「先乘除後加減」口訣，如下所示：

```
a + b * 2
```

上述運算式因為運算子的優先順序「*」大於「+」，所以先計算 b*2 後才和 a 相加。如果需要，在運算式可以使用括號推翻預設的運算子優先順序，例如：改變上述運算式的運算順序，先執行加法運算後，才是乘法，如下所示：

```
(a + b) * 2
```

上述加法運算式因為使用括號括起，表示運算順序是先計算 a+b 後，再乘以 2。

♀ Python 運算子的優先順序

Python 運算子預設的優先順序 (愈上面愈優先)，如表 3-4 所示。

》 表 3-4　運算子說明與優先順序

運算子	說明
()	括號運算子
**	指數運算子
~	位元運算子 NOT
+、-	正號、負號
*、/、//、%	算術運算子的乘法、除法、整數除法和餘數
+、-	算術運算子加法和減法
<<、>>	位元運算子左移和右移
&	位元運算子 AND
^	位元運算子 XOR
|	位元運算子 OR
in、not in、is、is not、<、<=、>、>=、<>、!=、==	成員、識別和關係運算子小於、小於等於、大於、大於等於、不等於和等於
not	邏輯運算子 NOT
and	邏輯運算子 AND
or	邏輯運算子 OR

當 Python 運算式的多個運算子擁有相同優先順序時，如下所示：

```
3 + 4 - 2
```

上述運算式的「+」和「-」運算子擁有相同的優先順序，此時的運算順序是從左至右依序運算，即先運算 3+4=7 後，再運算 7-2=5。

在這一節主要說明 Python 算術和指定運算子，關係和邏輯運算子通常是使用在條件判斷，所以在第 4 章和條件敘述一併說明。

3-6-2　算術運算子

Python 算術運算子（Arithmetic Operators）可以建立數學的算術運算式（Arithmetic Expressions），其說明如表 3-5 所示。

》表 3-5　算術運算式範例

運算子	說明	運算式範例
-	負號	-7
+	正號	+7
*	乘法	7 * 2 = 14
/	除法	7 / 2 = 3.5
//	整數除法	7 // 2 = 3
%	餘數	7 % 2 = 1
+	加法	7 + 2 = 9
-	減法	7 – 2 = 5
**	指數	2 ** 3 = 8

上表算術運算式範例是使用文字值，在本節 Python 範例程式是使用變數。算術運算子加、減、乘、除、指數和餘數運算子都是二元運算子（Binary Operators），需要 2 個運算元。

◉ 單元運算子：ch3-6-2.py

算術運算子的「+」正號和「-」負號是單元運算子（Unary Operator），只需 1 個位在運算子之後的運算元，如下所示：

```
+5      # 數值正整數
-x      # 負變數x的值
```

上述程式碼使用「+」正、「-」負號表示數值是正數或負數。

◉ 加法運算子「+」：ch3-6-2a.py

加法運算子「+」是將運算子左右 2 個運算元相加（如果是字串型態，就是字串連接運算子，可以連接 2 個字串），如下所示：

```
a = 6 + 7          # 計算6+7的和後，指定給變數a
b = c + 5          # 將變數c的值加5後，指定給變數b
total = x + y + z  # 將變數x, y, z的值相加後，指定給變數total
```

📍 減法運算子「-」：ch3-6-2b.py

減法運算子「-」是將運算子左右 2 個運算元相減，即將位在左邊的運算元減去右邊的運算元，如下所示：

```
a = 8 - 2          # 計算8-2的值後，指定給變數a
b = c - 3          # 將變數c的值減3後，指定給變數b
offset = x - y     # 將變數x值減變數y值後，指定給變數offset
```

📍 乘法運算子「*」：ch3-6-2c.py

乘法運算子「*」是將運算子左右 2 個運算元相乘，如下所示：

```
a = 5 * 2          # 計算5*2的值後，指定給變數a
b = c * 5          # 將變數c的值乘5後，指定給變數b
result = d * e     # 將變數d, e的值相乘後，指定給變數result
```

📍 除法運算子「/」：ch3-6-2d.py

除法運算子「/」是將運算子左右 2 個運算元相除，也就是將左邊的運算元除以右邊的運算元，如下所示：

```
a = 10 / 3         # 計算10/3的值後，指定給變數a
b = c / 3          # 將變數c的值除以3後，指定給變數b
result = x / y     # 將變數x, y的值相除後，指定給變數result
```

📍 整數除法運算子「//」：ch3-6-2e.py

整數除法運算子「//」和「/」除法運算子相同，可以將運算子左右 2 個運算元相除，也就是將左邊的運算元除以右邊的運算元，只差不保留小數，如下所示：

```
a = 10 // 3        # 計算10//3的值後，指定給變數a
b = c // 3         # 將變數c的值除以3後，指定給變數b
result = x // y    # 將變數x, y的值相除後，指定給變數result
```

📍 餘數運算子「%」：ch3-6-2f.py

餘數運算子「%」可以將左邊的運算元除以右邊的運算元來得到餘數，如下所示：

```
a = 9 % 2          # 計算9%2的餘數值後，指定給變數a
b = c % 7          # 計算變數c除以7的餘數值後，指定給變數b
result = y % z     # 將變數y, z值相除取得的餘數後，指定給變數result
```

⚲ 指數運算子「**」：ch3-6-2g.py

指數運算子是「**」，第 1 個運算元是底數，第 2 個運算元是指數，如下所示：

```
a = 2 ** 3        # 計算2³的指數後，指定給變數a
b = 3 ** 2        # 計算3²的指數後，指定給變數b
```

⚲ 算術運算式的型態轉換：ch3-6-2h.py

當加、減、乘和除法運算式的 2 個運算元都是整數時，運算結果是整數；如果任一運算元是浮點數時，運算結果就會自動轉換成浮點數，在下列運算結果的變數 a、b 和 c 值都是浮點數，如下所示：

```
a = 6 + 7.0       # 加法的第2個運算元是浮點數
b = 8.0 - 2       # 減法的第1個運算元是浮點數
c = 5 * 2.0       # 乘法的第2個運算元是浮點數
```

3-6-3　指定運算子

指定運算式（Assignment Expressions）就是指定敘述，這是使用「=」等號指定運算子來建立運算式，請注意！這是指定或稱為指派；並沒有相等或等於的意思，其目的如下所以：

「將右邊運算元或運算式運算結果的文字值，存入位在左邊的變數。」

在指定運算子「=」等號左邊是用來指定值的變數；右邊可以是變數、文字值或運算式，在本章之前已經說明很多現成的範例。

在這一節準備說明 Python 指定運算式的簡化寫法，其條件如下所示：

▷ 在指定運算子「=」等號的右邊是二元運算式，擁有 2 個運算元。

▷ 在指定運算子「=」等號的左邊的變數和第 1 個運算元相同。

例如：滿足上述條件的指定運算式，如下所示：

```
x = x + y;
```

上述「=」等號右邊是加法運算式，擁有 2 個運算元，而且第 1 個運算元 x 和「=」等號左邊的變數相同，所以，可以改用「+=」運算子來改寫此運算式，如下所示：

```
x += y;
```

上述運算式就是指定運算式的簡化寫法，其語法如下所示：

```
變數名稱  op= 變數或常數值;
```

上述 op 代表「+」、「-」、「*」或「/」等運算子，在 op 和「=」之間不能有空白字元，其展開成的指定運算式，如下所示：

> 變數名稱 ＝ 變數名稱 op 變數或常數值

上述「=」等號左邊和右邊是同一變數名稱。各種簡化或稱縮寫表示的指定運算式和運算子說明，如表 3-6 所示。

》表 3-6　指定運算子簡化寫法的範例與說明

指定運算子	範例	相當的運算式	說明
=	x = y	N/A	指定敘述
+=	x+ = y	x = x + y	加法
-=	x -= y	x = x - y	減法
*=	x *= y	x = x * y	乘法
/=	x /= y	x = x / y	除法
//=	x //= y	x = x // y	整數除法
%=	x %= y	x = x % y	餘數
**=	x **= y	x = x ** y	指數

Python 程式：ch3-6-3.py 使用簡化寫法的指定運算子，可以使用「+=」運算子來依序加總 3 次使用者輸入的整數分數，第 1 次是輸入分數 85，第 2 次是輸入 69，其加法運算式如下所示：

```
total += score;
```

上述運算式的圖例（變數 total 的值是第 1 次輸入值 85），如下圖所示：

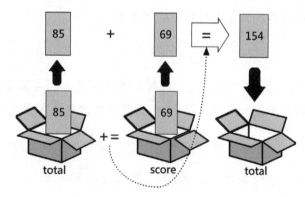

3-6-4　更多的指定敘述

Python 除了標準指定敘述外，還支援多重和同時指定敘述。

📍 多重指定敘述：**ch3-6-4.py**

多重指定敘述（Multiple Assignments）可以在一行指定敘述同時指定多個變數值，如下所示：

```
score1 = score2 = score3 = 25
print(score1, score2, score3)
```

上述指定敘述同時將 3 個變數值指定為 25，請注意！多重指定敘述一定只能指定成相同值，而且其優先順序是從右至左，先執行 score3 = 25，然後才是 score2 = score3 和 score1 = score2。

📍 同時指定敘述：**ch3-6-4a.py**

同時指定敘述（Simultaneous Assignments）的「=」等號左右邊是使用「,」逗號分隔的多個變數和值，如下所示：

```
x, y = 1, 2
print("X =", x, "Y =", y)
```

上述程式碼分別指定變數 x 和 y 的值，相當於是 2 個指定敘述，如下所示：

```
x = 1
y = 2
```

在實務上，同時指定敘述可以簡化變數值交換的程式碼，如下所示：

```
x, y = y, x
print("X =", x, "Y =", y)
```

上述程式碼可以交換變數 x 和 y 的值，以此例本來 x 是 1；y 是 2，執行後 x 是 2；y 是 1。

學習評量

1. 請簡單說明什麼是變數？何謂運算式與運算子？

2. 請指出下列哪一個並不是合法 Python 識別字（請圈起來）？

    Joe、H12_22、_A24、1234、test、1abc

3. 請分別一一寫出 Python 程式敘述來完成下列工作，如下所示：

    ✘ 建立整數型態的變數 num 和 var，字串型態的變數 a，同時指定 a 的初值 'Tom'；var 的初值 123。

    ✘ 讓使用者自行輸入變數 num 的值。

    ✘ 在螢幕顯示變數 a、var 和 num 的值。

4. 請寫出下列 Python 運算式的值，如下所示：

    (1) `1 * 2 + 4`

    (2) `7 / 5`

    (3) `10 % 3 * 2 * ( 2 + 5 )`

    (4) `1 + 2 ** 3`

    (5) `(1 + 2) * 3`

    (6) `16 + 7 * 6 + 9`

    (7) `(13 - 6 ) / 7 + 8`

    (8) `12 - 4 % 6 / 4`

5. 請寫出下列 Python 程式碼片段的執行結果，如下所示：

    ```
    i = 1
    i *= 5
    i += 2
    print("i =", i)
    ```

6. 請寫出下列 Python 程式碼片段的執行結果，如下所示：

    ```
    x = y = 7
    printf("x =", x, "y =", y)
    a, b = x, 10
    printf("a =", a, "b =", b)
    ```

7. 圓周長公式是 2*PI*r，PI 是圓周率 3.1415，r 是半徑，請建立 Python 程式定義圓周率變數後，輸入半徑來計算和顯示圓周長。

    ```
    請輸入半徑值==>10 Enter
    圓周長的值是: 62.830000
    ```

8. 計算體脂肪 BMI 值的公式是 W/(H*H)，H 是身高（公尺），W 是體重（公斤），
請建立 Python 程式輸入身高和體重後，計算和顯示 BMI 值。

```
請輸入身高值==>175 Enter
請輸入體重值==>78 Enter
BMI值是: 25.469387
```

Note

CHAPTER **4**

條件判斷

🎯 本章內容

4-1　你的程式可以走不同的路

程式語言撰寫的程式碼大部分是一行指令接著一行指令循序的執行，但是對於複雜工作，為了達成預期的執行結果，我們需要使用「流程控制結構」（Control Structures）來改變執行順序，讓你的程式可以走不同的路。

4-1-1　循序結構

循序結構（Sequential）是程式預設的執行方式，也就是一個敘述接著一個敘述依序的執行（在流程圖上方和下方的連接符號是控制結構的單一進入點和離開點，循序結構只有一種積木），如右圖所示：

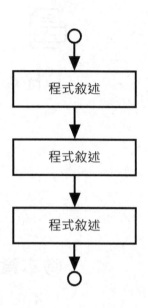

4-1-2　選擇結構

選擇結構（Selection）是一種條件判斷，這是一個選擇題，分為單選、二選一或多選一共三種。程式執行順序是依照關係或比較運算式的條件，決定執行哪一個區塊的程式碼（在流程圖上方和下方的連接符號是控制結構的單一進入點和離開點，從左至右依序為單選、二選一或多選一共三種積木），如下圖所示：

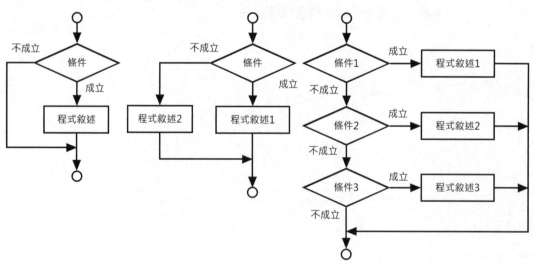

　　上述選擇結構就是有多種路徑，如同從公司走路回家，因為回家的路不只一條，當走到十字路口時，可以決定向左、向右或直走，雖然最終都可以到家，但經過的路徑並不相同，請注意！每一次執行只會有 1 條回家的路徑。

4-1-3　重複結構

　　重複結構（Iteration）是迴圈控制，可以重複執行一個程式區塊的程式碼，提供結束條件結束迴圈的執行，依結束條件測試的位置不同分為兩種：前測式重複結構（左圖）和後測式重複結構（右圖），Python 語言並不支援後測式重複結構，如下圖所示：

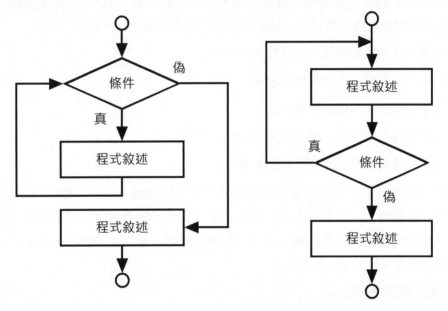

　　重複結構有如搭乘環狀的捷運系統回家，因為捷運系統一直環繞著軌道行走，上車後可依不同情況來決定蹺幾圈才下車，上車是進入迴圈；下車是離開迴圈回家。

　　現在，我們可以知道循序結構擁有 1 種積木；選擇結構有 3 種積木；重複結構有 2 種積木，所謂程式設計就是這 6 種積木的排列組合，如同使用六種樂高積木來建構出模型玩具的 Python 程式（Python 不支援後測式重複結構，所以是 5 種積木）。

4-2　關係運算子與條件運算式

條件運算式（Conditional Expressions）是一種使用關係運算子（Relational Operators）建立的運算式，可以作為本章條件判斷的條件。

4-2-1　認識條件運算式

大部分回家的路不會只有一條路；回家的方式也不會只有一種方式，在日常生活中，我們常常需要面臨一些抉擇，決定做什麼；或是不做什麼，例如：

▷ 如果天氣有些涼的話，出門需要加件衣服。

▷ 如果下雨的話，出門需要拿把傘。

▷ 如果下雨的話，就搭公車上學。

▷ 如果成績及格的話，就和家人去旅行。

▷ 如果成績不及格的話，就在家 K 書。

我們人類會因不同狀況的發生，需要使用條件（Conditions）判斷來決定如何解決這些問題，不同情況，就會有不同的解決方式。同理，Python 可以將決策符號轉換成條件，以便程式依據條件是否成立來決定走哪一條路。例如：當使用「如果」開頭説話時，隱含是一個條件，如下所示：

「**如果成績及格的話 ...**」

上述描述是人類的思考邏輯，轉換到程式語言，就是使用條件運算式（Conditional Expressions）來描述條件和執行運算，不同於第 3 章的算術運算式是運算結果的數值，條件運算式的運算結果只有 2 個值，即布林文字值 True 和 False，如下所示：

▷ 條件成立　→ 真（True）

▷ 條件不成立 → 假（False）

所以，我們可以將「如果成績及格的話 ...」的思考邏輯轉換成程式語言的條件運算式，如下所示：

成績超過 60 分 → 及格分數 60 分，超過 60 是及格，條件成立為 True

—● 說明 ●—————————————————————————————

請注意！人類的思考邏輯並不能直接轉換成程式的條件運算式，因為條件運算式是一種數學運算，只有哪些可以量化成數值的條件，才能轉換成程式語言的條件運算式。

——

4-2-2　關係運算子的種類

Python 是使用關係運算子來建立條件運算式，也就是我們熟知的大於、小於和等於條件的不等式，例如：成績 56 分是否不及格，需要和 60 分進行比較，如下所示：

```
56 < 60
```

上述不等式的值 56 真的小於 60 分，所以條件成立（True），如下圖所示：

反過來，56 > 60 的不等式就不成立（False），如下圖所示：

📍 Python 關係運算子

Python 關係運算子是 2 個運算元的二元運算子，其說明如表 4-1 所示。

» 表 4-1　關係運算子的說明

運算子	說明
Opd1 == Opd2	右邊運算元 Opd1「等於」左邊運算元 Opd2
Opd1 != Opd2	右邊運算元 Opd1「不等於」左邊運算元 Opd2
Opd1 < Opd2	右邊運算元 Opd1「小於」左邊運算元 Opd2
Opd1 > Opd2	右邊運算元 Opd1「大於」左邊運算元 Opd2
Opd1 <= Opd2	右邊運算元 Opd1「小於等於」左邊運算元 Opd2
Opd1 >= Opd2	右邊運算元 Opd1「大於等於」左邊運算元 Opd2

請注意！Python 條件運算式的等於是使用 2 個連續「=」等號的「==」符號，在之間不可有空白字元；不等於是「!」符號接著「=」符號的「!=」符號，同樣在之間不可有空白字元。

Python 還可以建立數值範圍判斷條件的條件運算式，如下所示：

```
2 <= a <= 5
12 >= b >= 5
```

上述條件運算式可以判斷變數 a 的值是否位在 2~5 之間；b 是否是位在 5~12 之間。

♀ Python 布林資料型態

Python 支援布林資料型態，其值是 True 和 False 關鍵字（字首是大寫），條件運算式的運算結果就是布林資料型態的 True 或 False。除了 True 和 False 關鍵字外，當下列變數值使用在條件或迴圈作為判斷條件時，這些變數值也視為 False，如下所示：

▷ 0、0.0：整數值 0 或浮點數值 0.0。

▷ []、()、{}：容器型態的空串列、空元組和空字典。

▷ None：關鍵字 None。

4-2-3　使用關係運算子

我們可以使用第 4-2-2 節的關係運算子來建立條件運算式，一些條件運算式的範例和說明（Python 程式：ch4-2-3.py），如表 4-2 所示。

》 **表 4-2　條件運算式的範例和說明**

條件運算式	運算結果	說明
3 == 4	False	等於，條件不成立
3 != 4	True	不等於，條件成立
3 < 4	True	小於，條件成立
3 > 4	False	大於，條件不成立
3 <= 4	True	小於等於，條件成立
3 >= 4	False	大於等於，條件不成立

上述條件運算式的運算元是文字值，如果其中有一個是變數，運算結果需視變數儲存的值而定，如下所示：

```
x == 10
```

上述變數 x 的值如果是 10，條件運算式成立是 True；如果變數 x 是其他值，就不成立為 False，如下圖所示：

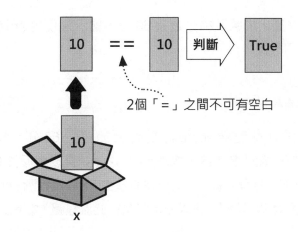

2個「=」之間不可有空白

　　當然，條件運算式的2個運算元都可以是變數，此時的判斷結果，需視2個變數的儲存值而定。

4-3　if 單選條件敘述

　　Python 提供多種條件判斷程式敘述，可以依據第 4-2 節的條件運算式的結果，決定執行哪一個程式區塊的程式碼，首先是單選條件敘述。

4-3-1　if 條件只執行單一程式敘述

　　在日常生活中，單選的情況十分常見，我們常常需要判斷氣溫是否有些涼，需要加件衣服；如果下雨需要拿把傘。

　　if 條件敘述是一種是否執行的單選題，只是決定是否執行程式敘述，如果條件運算式的結果為 True，就執行程式敘述；否則就跳過程式敘述，這是一條額外的路徑，其語法如下所示：

```
if 條件運算式:
    程式敘述      # 條件成立執行此程式敘述
```

　　上述語法使用 if 關鍵字建立單選條件，在條件運算式後有「:」號，表示下一行開始是程式區塊，需要縮排程式敘述。例如：在第 4-2-1 節的成績條件：「如果成績及格的話，就和家人去旅行。」，改寫成的 if 條件，如下所示：

```
if 成績及格:
    顯示就和家人去旅行。
```

　　然後，我們可以量化成績及格分數是 60 分，顯示是使用 **print()** 函數，轉換成 Python 程式碼，如下所示：

```
if score >= 60:
    print("就和家人去旅行。")
```

　　上述 if 條件敘述判斷變數 score 值是否大於等於 60 分，條件成立，就執行 **print()** 函數顯示訊息（額外多走的一條路）；反之，如果成績低於 60 分，就跳過此行程式敘述，直接執行下一行程式敘述（當作沒有發生），其流程圖（ch4-3-1.fpp，在主功能表執行【fChart 流程圖直譯器】，可以開啟和執行此流程圖）如下圖所示：

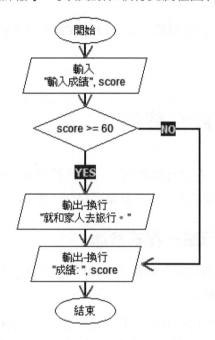

　　上述流程圖的判斷條件是 score >= 60，成立 Yes 就顯示「就和家人去旅行。」；No 直接輸出輸入值，並不作任何處理。

◊ 範例：使用 **if** 單選條件判斷

Python程式：ch4-3-1.py

```
01  score = int(input("請輸入分數==> ")) # 輸入整數值
02
03  if score >= 60:                      # if條件敘述
04      print("就和家人去旅行。")
05
06  print("結束處理")
```

結果

Python 程式的執行結果當輸入成績大於等於 60，即 65，因為條件成立，所以執行第 4 行後，再執行第 6 行，如下所示：

```
>>> %Run ch4-3-1.py
請輸入分數==> 65
就和家人去旅行。
結束處理
```

請再次執行 Python 程式，因為執行結果輸入成績小於 60，即 55，因為條件不成立，所以跳過第 4 行，直接執行第 6 行，如下所示：

```
>>> %Run ch4-3-1.py
請輸入分數==> 55
結束處理
```

Python 程式 if 單選條件判斷的執行過程，如下圖所示：

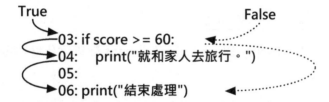

4-3-2　if 條件執行多行程式敘述：程式區塊

在第 4-3-1 節的 if 條件敘述，當條件成立時，只會執行一行程式敘述，如果需要執行 2 行或多行程式敘述時，在 Python 程式需要建立相同縮排的多個程式敘述，即程式區塊，其語法如下所示：

```
if 條件運算式:
    程式敘述1        # 條件成立執行的程式碼
    程式敘述2
    ......
```

上述 if 條件的條件運算式如為 True，就執行相同縮排程式敘述的程式區塊；如為 False 就跳過程式區塊的程式碼。例如：當成績及格時，顯示 2 行訊息文字，如下所示：

```
if 成績及格:
    顯示成績及格...
    顯示就和家人去旅行。
```

然後，我們可以轉換成 Python 程式碼，如下所示：

```
if score >= 60:
    print("成績及格...")
    print("就和家人去旅行。")
```

上述 if 條件敘述判斷變數 score 值是否大於等於 60 分，條件成立，就執行程式區塊的 2 個 **print()** 函數來顯示訊息；反之，如果成績低於 60 分，就跳過整個程式區塊。

Python 程式區塊（Blocks）是從「:」號的下一行開始，整個之後相同縮排的多行程式敘述就是程式區塊，通常是縮排 4 個空白字元或 1 個 Tab 鍵，如下圖所示：

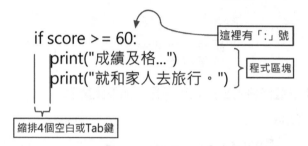

如果是空程式區塊（Empty Block），請使用 **pass** 關鍵字代替（Python 程式：ch4-3-2a.py），如下所示：

```
if score >= 60:
    pass
```

if 條件執行多行程式敘述的流程圖（ch4-3-2.fpp），如下圖所示：

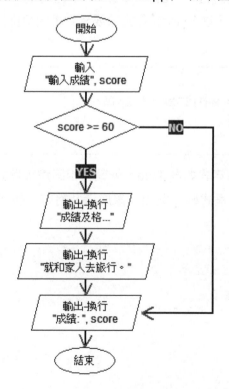

上述流程圖的判斷條件是 score >= 60，成立 Yes 顯示「成績及格 ...」和「就和家人去旅行。」；No 就跳過直接輸出輸入值。

♥ 範例：執行程式區塊的 if 單選條件判斷

Python程式：ch4-3-2.py

```
01  score = int(input("請輸入分數==> ")) # 輸入整數值
02
03  if score >= 60:                        # if條件敘述
04      print("成績及格...")               # 程式區塊
05      print("就和家人去旅行。")
06
07  print("結束處理")
```

結果

Python 程式的執行結果因為輸入成績大於等於 60，即 80，條件成立，所以執行第 4~5 行後，再執行第 7 行，如下所示：

```
>>> %Run ch4-3-2.py

請輸入分數==> 80
成績及格...
就和家人去旅行。
結束處理
```

請再次執行 Python 程式，執行結果因為輸入成績小於 60，即 45，條件不成立，所以跳過直接執行第 7 行，如下所示：

```
>>> %Run ch4-3-2.py

請輸入分數==> 45
結束處理
```

Python 程式 if 條件執行多行程式敘述的執行過程，如下圖所示：

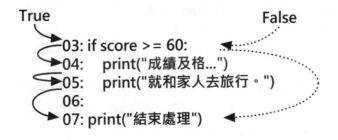

4-4 if/else 二選一條件敘述

if/else 二選一條件敘述是 if 單選條件敘述的擴充,可以建立二條不同的路徑,Python 單行 if/else 條件敘述是使用條件來指定變數值。

4-4-1 if / else 二選一條件敘述

日常生活的二選一條件敘述是一種二分法,可以將一個集合分成二種互斥的群組;超過 60 分屬於成績及格群組;反之為不及格群組,身高超過 120 公分是購買全票的群組;反之是購買半票的群組。

在第 4-3 節的 if 條件敘述是選擇執行或不執行的單選,進一步,如果是排它情況的兩個程式敘述,只能二選一,我們可以加上 else 敘述建立二條不同的路徑,其語法如下所示:

```
if 條件運算式:
    程式敘述1    # 條件成立執行的程式碼
else:
    程式敘述2    # 條件不成立執行的程式碼
```

上述語法的條件運算式如果成立 True,就執行程式敘述 1;不成立 False,就執行程式敘述 2。同樣的,如果條件成立或不成立時,執行多行程式敘述,我們一樣是使用相同縮排的程式區塊,其語法如下所示:

```
if 條件運算式:
    程式敘述1    # 條件成立執行的程式區塊
    程式敘述2
    ......
else:
    程式敘述1    # 條件不成立執行的程式區塊
    程式敘述2
    ......
```

如果 if 條件運算式為 True,就執行 if 至 else 之間程式區塊的程式敘述;False 就執行 else 之後程式區塊的程式敘述(請注意!在 else 後也有「:」號)。例如:學生成績以 60 分區分為是否及格的 if/else 條件敘述,如下所示:

```
if 成績及格:
    顯示成績及格!
```

```
else:
    顯示成績不及格!
```

然後,我們可以轉換成 Python 程式碼,如下所示:

```python
if score >= 60:
    print("成績及格:", score)
else:
    print("成績不及格:", score)
```

　　上述程式碼因為成績有排他性,60 分以上是及格分數,60 分以下是不及格,所以只會執行其中一個程式區塊,走二條路徑中的其中一條,其流程圖(ch4-4-1.fpp)如下圖所示:

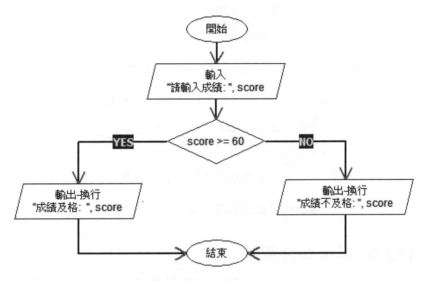

◉ 範例：使用 if/else 二選一條件敘述

Python程式：ch4-4-1.py

```python
01  score = int(input("請輸入分數==> ")) # 輸入整數值
02
03  if score >= 60:                      # if/else條件敘述
04      print("成績及格:", score)
05  else:
06      print("成績不及格:", score)
07
08  print("結束處理")
```

結果

Python 程式的執行結果因為輸入成績大於等於 60，即 **75**，條件成立，所以執行第 4 行後，再執行第 8 行，如下所示：

```
>>> %Run ch4-4-1.py
    請輸入分數==> 75
    成績及格： 75
    結束處理
```

請再次執行 Python 程式，執行結果因為輸入成績小於 60，即 **59**，條件不成立，所以執行第 6 行後，再執行第 8 行，如下所示：

```
>>> %Run ch4-4-1.py
    請輸入分數==> 59
    成績不及格： 59
    結束處理
```

Python 程式 if/else 二選一條件敘述的執行過程，如下圖所示：

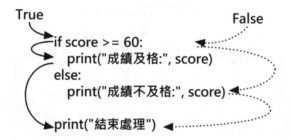

4-4-2　單行 **if / else** 條件敘述

Python 沒有 C/C++、Java 和 C# 語言的條件運算式（Conditional Expressions），不過，我們可以使用單行 **if/else** 條件敘述來代替，其語法如下所示：

```
變數 = 變數1 if 條件運算式 else 變數2
```

上述指定敘述的「=」號右邊是單行 if/else 條件敘述，如果條件成立，就將【變數】指定成【變數 1】的值；否則就指定成【變數 2】的值。例如：**12/24** 制的時間轉換運算式，如下所示：

```
hour = hour-12 if hour >= 12 else hour
```

上述程式碼開始是條件成立指定的變數值或運算式，接著是 if 加上條件運算式，最後 else 之後是不成立，所以，當條件為 True，hour 變數值為 hour-12；False 是 hour。其對應的 if/else 條件敘述，如下所示：

```
if hour >= 12:
    hour = hour - 12
else:
    hour = hour
```

上述條件運算式的流程圖與上一節 if/else 相似，其流程圖（ch4-4-2.fpp）如下圖所示：

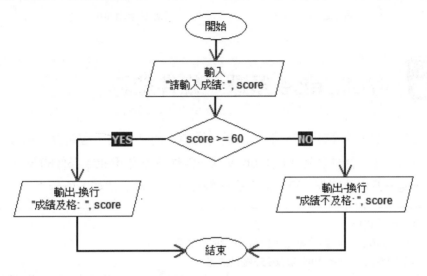

◎ 範例：使用單行 if/else 條件敘述

Python程式：ch4-4-2.py

```
01  hour = int(input("請輸入24小時制==> ")) # 輸入整數值
02
03  hour = hour-12 if hour >= 12 else hour  # 單行if/else條件敘述
04
05  print("12小時制 =", hour)
```

結果

Python 程式的執行結果因為輸入的小時大於等於 12，即 18，條件成立，所以指定成「hour-12」，如下所示：

```
>>> %Run ch4-4-2.py
請輸入24小時制==> 18
12小時制 = 6
```

請再次執行 Python 程式，執行結果因為輸入小時小於 12，即 6，條件不成立，所以指定成 hour，如下所示：

```
>>> %Run ch4-4-2.py
請輸入24小時制==> 6
12小時制 = 6
```

Python 程式單行 if/else 二選一條件敘述的執行過程，如下圖所示：

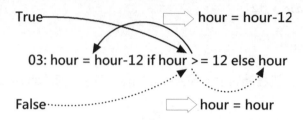

4-5　if/elif/else 多選一條件敘述

如果回家的路有多種選擇，不是二選一兩種，而是多種，因為條件是多種情況，我們需要使用多選一條件敘述。Python 多選一條件敘述是 if/else 條件的擴充，使用 elif 關鍵字再新增一個條件判斷，來建立多選一條件敘述，其語法如下所示：

```
if 條件運算式1:
    程式敘述1    # 條件運算式1成立執行的程式碼
    程式敘述2    #，否則執行elif程式敘述
    ......
elif 條件運算式2:
    程式敘述3    # 條件運算式1不成立
    程式敘述4    # 且條件運算式2成立執行的程式碼
    ......
elif 條件運算式3:
    程式敘述5    # 條件運算式1和2不成立
    ......        # 且條件運算式3成立執行的程式碼
else:
    程式敘述6    # 所有條件運算式都不成立執行的程式碼
    ......
```

上述 elif 關鍵字並沒有限制可以有幾個，最後的 else 可以省略，如果 if 的【條件運算式 1】為 True，就執行 if 至 elif 之間程式區塊的程式敘述；False 就執行 elif 之後的下一個條件運算式的判斷，直到最後的 else，所有條件都不成立。

例如：功能表選項值是 1~3，我們可以使用 if/elif/else 條件敘述判斷輸入選項值是 1、2 或 3，如下所示：

```
if 選項值是1:
    顯示輸入選項值是1
elif 選項值是2:
    顯示輸入選項值是2
```

```
elif 選項值是3:
    顯示輸入選項值是3
else:
    顯示請輸入1~3選項值
```

然後，我們可以轉換成 Python 程式碼，如下所示：

```python
if choice == 1:
    print("輸入選項值是1")
elif choice == 2:
    print("輸入選項值是2")
elif choice == 3:
    print("輸入選項值是3")
else:
    print("請輸入1~3選項值")
```

上述 if/elif 條件從上而下如同階梯一般，一次判斷一個 if 條件，如果為 True，就執行程式區塊，和結束整個多選一條件敘述；如果為 False，就重複使用 elif 條件再進行下一次判斷，雖然有多條路徑，一次還是只走其中一條，其流程圖（ch4-5.fpp）如下圖所示：

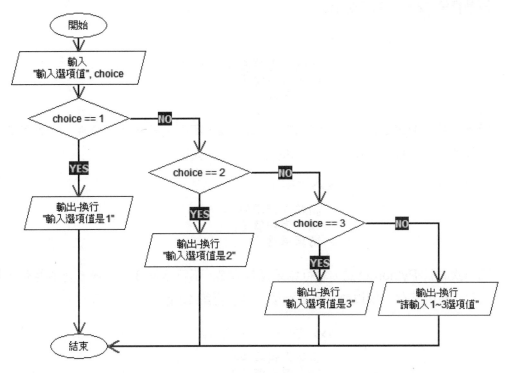

上述流程圖的判斷條件依序是 choice == 1、choice == 2 和 choice == 3。

範例：使用 if/elif/else 多選一條件敘述

```
Python程式：ch4-5.py
01  choice = int(input("請輸入選項值==> ")) # 輸入整數值
02
03  if choice == 1:                    # if/elif/else多選一條件敘述
04      print("輸入選項值是1")
05  elif choice == 2:
06      print("輸入選項值是2")
07  elif choice == 3:
08      print("輸入選項值是3")
09  else:
10      print("請輸入1~3選項值")
11
12  print("結束處理")
```

結果

Python 程式的執行結果因為是輸入 1，第 3 行的條件成立，所以執行第 4 行後，再執行第 12 行，如下所示：

```
>>> %Run ch4-5.py
   請輸入選項值==> 1
   輸入選項值是1
   結束處理
```

請再次執行 Python 程式，執行結果是輸入 2，不符合第 3 行的條件，符合第 5 行的條件，所以執行第 6 行後，再執行第 12 行，如下所示：

```
>>> %Run ch4-5.py
   請輸入選項值==> 2
   輸入選項值是2
   結束處理
```

請再次執行 Python 程式，執行結果是輸入 3，不符合第 3 行和第 5 行的條件，符合第 7 行的條件，所以執行第 8 行後，再執行第 12 行，如下所示：

```
>>> %Run ch4-5.py
   請輸入選項值==> 3
   輸入選項值是3
   結束處理
```

請再次執行 Python 程式，執行結果是輸入 5，不符合第 3 行、第 5 行和第 7 行的條件，因為都不成立，所以執行第 10 行後，再執行第 12 行，如下所示：

```
>>> %Run ch4-5.py
     請輸入選項值==>  5
     請輸入1~3選項值
     結束處理
```

Python 程式 if/elif/else 多選一條件敘述的執行過程，如下圖所示：

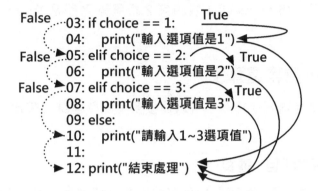

4-6　在條件敘述使用邏輯運算子

日常生活中的條件常常不會只有單一條件，而是多種條件的組合，對於複雜條件，我們需要使用邏輯運算子來連接多個條件。

4-6-1　認識邏輯運算子

邏輯運算子（Logical Operators）可以連接多個第 4-2 節的條件運算式來建立複雜的條件運算式，如下所示：

> 身高大於50「且」身高小於200 → 「符合身高條件」

上述描述的條件比第 4-2 節複雜，共有 2 個條件運算式，如下所示：

> 身高大於50
> 身高小於200

上述 2 個條件運算式是使用「且」連接，這就是邏輯運算子，其目的是進一步判斷 2 個條件運算式的條件組合，可以得到最後的 True 或 False。以此例的複雜條件可以寫成 Python 的「and」且邏輯運算式，如下所示：

> 身高大於50　and　身高小於200

上述「and」是邏輯運算子「且」運算,需要左右 2 個運算元的條件運算式都為 True,整個條件才為 True,如下所示:

▷ 如果身高是 40,因為第 1 個運算元為 False,所以整個條件為 False。

▷ 如果身高是 210,因為第 2 個運算元為 False,所以整個條件為 False。

▷ 如果身高是 175,因為第 1 個和第 2 個運算元都是 True,所以整個條件為 True。

4-6-2 Python 邏輯運算子

Python 提供 3 種邏輯運算子,可以連接多個條件運算式來建立出所需的複雜條件,如下所示:

📍「and」運算子的「且」運算

「and」運算子的「且」運算是指連接的左右 2 個運算元都為 True,運算式才為 True,其圖例和真假值表,如下所示:

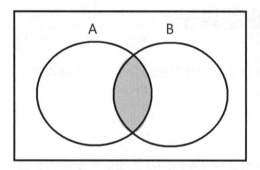

A	B	A and B
False	False	False
False	True	False
True	False	False
True	True	True

現在,我們就來看一個「且」運算式的實例,如下所示:

```
15 > 3 and 5 == 7
```

上述邏輯運算式左邊的條件運算式為 True;右邊為 False,如下所示:

```
True and False  → False
```

依據上述真假值表,可以知道最後結果是 False。

◉「or」運算子的「或」運算

「or」運算子的「或」運算是連接的 2 個運算元，任一個為 True，運算式就為 True，其圖例和真假值表，如下所示：

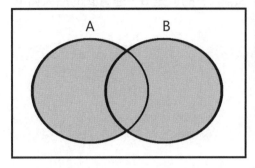

A	B	A or B
False	False	False
False	True	True
True	False	True
True	True	True

因為條件運算式的運算元可以是變數，所以，我們來看一個「或」運算式的實例，如下所示：

```
x == 5 or x >= 10
```

上述邏輯運算式的結果需視變數 x 的值而定。假設：x 的值是 5，運算式的結果如下所示：

```
5 == 5 or 5 >= 10 → True or False → True
```

假設：x 的值是 8，運算式的結果如下所示：

```
8 == 5 or 8 >= 10 → False or False → False
```

假設：x 的值是 12，運算式的結果如下所示：

```
12 == 5 or 12 >= 10 → False or True → True
```

◉「not」運算子的「非」運算

「not」運算子的「非」運算是傳回運算元相反的值，True 成為 False；False 成為 True，其圖例和真假值表，如下所示：

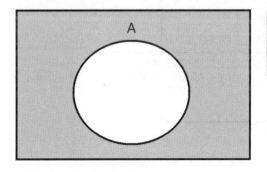

A	not A
False	True
True	False

現在，我們就來看一個「非」運算式的實例，如下所示：

```
not x == 5
```

上述邏輯運算式的結果需視變數 x 的值而定假設：x 的值是 5，運算式的結果如下所示：

```
not 5 == 5 → not True → False
```

假設：x 的值是 8，運算式的結果如下所示：

```
not 8 == 5 → not False → True
```

4-6-3　使用邏輯運算子建立複雜條件

當 if 條件敘述的條件運算式有多個，我們可以使用邏輯運算子連接多個條件來建立複雜條件。例如：身高大於 50（公分）「且」身高小於 200（公分）就符合身高條件；否則不符合，我們可以使用「and」運算子建立邏輯運算式來判斷輸入的身高是否符合，如下所示：

```
if h > 50 and h < 200:
    print("身高符合範圍!")
else:
    print("身高不符合範圍!")
```

上述 if/else 條件敘述的判斷條件是一個邏輯運算式，條件成立，就顯示身高符合範圍，反之，不符合範圍，其流程圖（ch4-6-3.fpp）如下圖所示：

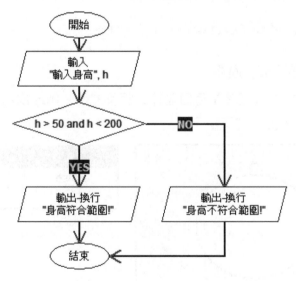

因為條件是一個範圍，Python 程式可以建立範圍條件（Python 程式：ch4-6-3a. py），如下所示：

```
if 50 < h <= 200:
    print("身高符合範圍!")
else:
    print("身高不符合範圍!")
```

🔎 範例：在 **if/else** 條件敘述使用邏輯運算式

```
01  h = int(input("請輸入身高==> ")) # 輸入整數值
02
03  if h > 50 and h < 200:              # if/else條件敘述
04      print("身高符合範圍!")
05  else:
06      print("身高不符合範圍!")
07
08  print("結束處理")
```

結果

Python 程式的執行結果因為是輸入身高 175，變數 h 的值是 175，邏輯運算式的判斷結果是 True，如下所示：

```
>>> %Run ch4-6-3.py

    請輸入身高==> 175
    身高符合範圍!
    結束處理
```

```
175 > 50 and 175 < 200 → True and True → True
```

請再次執行 Python 程式，執行結果是輸入身高 210，變數 h 的值是 210，邏輯運算式的判斷結果是 False，如下所示：

```
>>> %Run ch4-6-3.py

    請輸入身高==> 210
    身高不符合範圍!
    結束處理
```

```
210 > 50 and 210 < 200 → True and False → False
```

學習評量

1. 請說明程式語言提供哪幾種流程控制結構？

2. 請寫出下列 Python 條件運算式的值是 True 或 False，如下所示：

   (1) 2 + 3 == 5 　　　　　(2) 36 < 6 * 6 　　　　　(3) 8 + 1 >= 3 * 3

   (4) 2 + 1 == (3 + 9) / 4 　(5) 12 <= 2 + 3 * 2 　　(6) 2 * 2 + 5 != (2 + 1) * 3

   (7) 5 == 5 　　　　　　　(8) 4 != 2 　　　　　　(9) 10 >= 2 and 5 == 5

3. 如果變數 x = 5、y = 6 和 z = 2，請問下列哪些 if 條件是 True；哪些為 False，如下所示：

   ```
   if x == 4:
   if y >= 5:
   if x != y - z:
   if z == 1:
   if y:
   ```

4. 請將下列巢狀 if 條件敘述改為單一 if 條件敘述，可以使用邏輯運算子來連接多個條件，如下所示：

   ```
   if height > 20:
       if width >= 50:
           print("尺寸不合!")
   ```

5. 目前商店正在周年慶折扣，消費者消費 1000 元，就有 8 折的折扣，請建立 Python 程式輸入消費額為 900、2500 和 3300 時的付款金額？

6. 請撰寫 Python 程式計算網路購物的運費，基本物流處理費 199，1~5 公斤，每公斤 50 元，超過 5 公斤，每一公斤為 30 元，在輸入購物重量為 3.5、10、25 公斤，請計算和顯示購物所需的運費 + 物流處理費？

7. 請建立 Python 程式使用多選一條件敘述來檢查動物園的門票，120 公分下免費，120~150 半價，150 以上為全票？

8. 請建立 Python 程式輸入月份（1~12），可以判斷月份所屬的季節（3-5 月是春季，6-8 月是夏季，9-11 月是秋季，12-2 月是冬季）。

CHAPTER **5**

重複執行程式碼

本章內容

5-1 認識迴圈敘述

在第 4 章的條件判斷是讓程式走不同的路，但是，我們回家的路還有另一種情況是繞圈圈，例如：為了今天的運動量，在圓環繞了 3 圈才回家；為了看帥哥、正妹或偶像，不知不覺繞了幾圈來多看幾次。在日常生活中，我們常常需要重複執行相同工作，如下所示：

在畢業前 → 不停的寫作業

在學期結束前 → 不停的寫 Python 程式

重複說 5 次 " 大家好 !"

從 1 加到 100 的總和

上述重複執行工作的 4 個描述中，前 2 個描述的執行次數未定，因為畢業或學期結束前，到底會有幾個作業，或需寫幾個 Python 程式，可能真的要到畢業後，或學期結束才會知道，我們並沒有辦法明確知道迴圈會執行多少次。

因為，這種情況的重複工作是由條件來決定迴圈是否繼續執行，稱為條件迴圈，重複執行寫作業或寫 Python 程式工作，需視是否畢業，或學期結束的條件而定，在 Python 是使用 while 條件迴圈來處理這種情況的重複執行程式碼。

後 2 個描述很明確可以知道需執行 5 次來說 " 大家好 !"，從 1 加到 100，就是重複執行 100 次加法運算，這些已經明確知道執行次數的工作，我們是直接使用 Python 的 for 計數迴圈來處理重複執行程式碼。

問題是，如果沒有使用 for 計數迴圈，我們就需寫出冗長的加法運算式，如下所示：

```
1 + 2 + 3 + ... + 98 + 99 + 100
```

上述加法運算式可是一個非常長的運算式，等到本節後學會了 for 迴圈，只需幾行程式碼就可以輕鬆計算出 1 加到 100 的總和。所以：

「迴圈的主要目的是簡化程式碼，可以將重複的複雜工作簡化成迴圈敘述，讓我們不用再寫出冗長的重複程式碼或運算式，就可以完成所需的工作。」

5-2　for 計數迴圈

Python 提供 for 和 while 迴圈來重複執行程式碼，在這一節說明和使用 for 計數迴圈。

5-2-1　使用 for 計數迴圈

Python 的 for 計數迴圈是一種執行固定次數的迴圈，其語法是使用 **range()** 函數來產生計數，如下所示：

```
for 計數器變數 in range(起始值, 終止值+1):
    程式敘述1
    程式敘述2
    ...
```

上述 for 迴圈的計數器變數是 for 關鍵字之後的變數，迴圈的執行次數是從 **range()** 括號的起始值開始，執行到終止值為止，因為不包含終止值，所以第 2 個參數值是【**終止值 +1**】。請注意！在 **range()** 函數的右括號後需加上「**:**」冒號，因為下一行是縮排程式敘述的程式區塊。

基本上，在 for 迴圈擁有一個變數來控制迴圈執行的次數，稱為計數器變數，或稱為控制變數（Control Variable），計數器變數每次增加或減少一個固定值，可以從起始值開始，執行到終止值為止。例如：我們準備將第 **5-1** 節的「重複說 5 次 "大家好 !"」使用 for 迴圈來實作，如下所示：

```
for i in range(1, 6):
    print("大家好!")
```

上述 for 迴圈的執行次數是從 1 執行到 6-1 = 5，共 5 次，可以顯示 5 次 " 大家好 !"，其流程圖（ch5-2-1.fpp）如下圖所示：

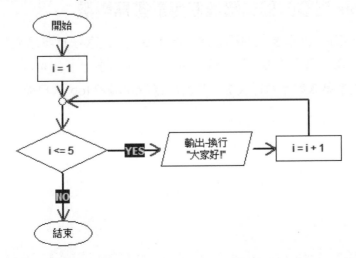

上述流程圖條件是「i <= 5」,條件成立執行迴圈;不成立結束迴圈執行,其結束條件是「i > 5」。流程圖並沒有區分計數或條件迴圈,在實務上,我們會將流程圖繪成水平方向的迴圈來表示計數迴圈;垂直方向是第 5-3 節的條件迴圈。

♀ 範例:使用 for 迴圈顯示 5 次大家好

Python程式:ch5-2-1.py

```
01  for i in range(1, 6):      # for計數迴圈
02      print("大家好!")
03
04  print("結束迴圈處理")
```

結果

Python 程式的執行結果顯示 5 次 " 大家好 !" 訊息文字,在第 1~2 行的 for 迴圈共執行 5 次,如下所示:

```
>>> %Run ch5-2-1.py
    大家好!
    大家好!
    大家好!
    大家好!
    大家好!
    結束迴圈處理
```

♀ 更多 for 迴圈範例:ch5-2-1a.py

同樣技巧,我們可以使用 for 迴圈來重複輸出其他內容的訊息文字,如下所示:

```
for i in range(1, 6):
    print("參加社團活動!")
```

上述 for 迴圈執行從 1 至 5 共 5 次,共輸出 5 次 " 參加社區活動 !" 訊息文字。

5-2-2 在 for 迴圈的程式區塊使用計數器變數

在第 5-2-1 節的 for 迴圈共執行 5 次,輸出 5 次 " 大家好 !" 訊息文字,讀者有注意到嗎?計數器變數值是從 1~5,就是輸出訊息文字的次數,我們可以在 for 迴圈的程式區塊使用計數器變數來顯示執行次數,其流程圖(ch5-2-2.fpp)如下圖所示:

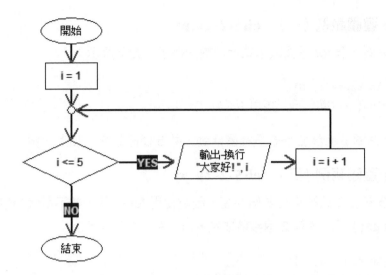

上述迴圈在每次輸出訊息文字的最後，就會顯示計數器變數 i 的值，其值就是迴圈執行到目前為止的次數。

🔎 範例：在 **for** 迴圈顯示執行次數

Python程式：ch5-2-2.py

```
01  for i in range(1, 6):     # for計數迴圈
02      print("第", i, "次大家好!")
03
04  print("結束迴圈處理")
```

結果

Python 程式的執行結果因為將計數器變數 i 值也輸出顯示，所以可以清楚看出 for 迴圈的執行次數，如下所示：

```
>>> %Run ch5-2-2.py

第 1 次大家好!
第 2 次大家好!
第 3 次大家好!
第 4 次大家好!
第 5 次大家好!
結束迴圈處理
```

📍 更多 for 迴圈範例（一）：ch5-2-2a.py

我們再來看一個 for 迴圈顯示執行次數的例子，如下所示：

```
for i in range(1, 6):
    print("參加第", i, "個社團活動!")
```

上述 for 迴圈顯示參加 1~5 個社團活動，共 5 個訊息文字加上次數。

📍 更多 for 迴圈範例（二）：ch5-2-2b.py

如果想多參加 3 個社團共 8 個社團，因為使用 for 迴圈，並不用大幅修改程式碼，只需更改 **range()** 函數的第 2 個參數成為 8+1 = 9，如下所示：

```
for i in range(1, 9):
    print("參加第", i, "個社團活動!")
```

上述 for 迴圈可以顯示 1~8 共 8 個社團活動的訊息文字。換句話說，for 迴圈可以大幅簡化重複執行的程式碼，只需更改條件的範圍，就可以適用在不同次數的重複工作。

5-2-3　for 迴圈的應用：計算總和

在 for 迴圈的程式區塊可以使用變數進行所需的數學運算，例如：第 5-2-2 節的 for 迴圈可以顯示執行次數，從執行次數值可以清楚看出，如果將每一次顯示的計數器變數值相加，就相當於是在執行 1 加到 5 的總和運算，如下所示：

```
1 + 2 + 3 + 4 + 5
```

上述運算式可以宣告 total 變數，改建立 for 迴圈來計算總和，如下所示：

```
total = 0
for i in range(1, 6):
    total = total + i
```

上述 for 迴圈每執行一次迴圈，就會將計數器變數 i 的值加入變數 total，執行完 5 次迴圈，可以計算出 1 加至 5 的總和。

更進一步，for 迴圈的 **range()** 函數，可以在第 2 個參數使用變數，如下所示：

```
for i in range(1, max_value+1):
    total = total + i
```

上述迴圈的範圍是從 1 至 max_value，可以讓使用者自行輸入 max_value 變數值來計算 1 加至 max_value 的總和，例如：輸入 10，就是 1 加至 10 的總和，其流程圖（ch5-2-3.fpp）如下圖所示：

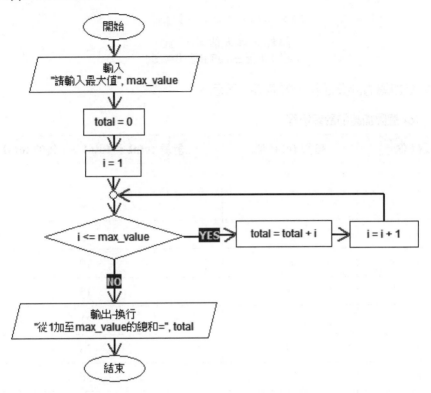

上述流程圖條件是「i <= max_value」，條件成立執行迴圈；不成立結束迴圈的執行。

⦿ 範例：計算 1 加至輸入值的總和

Python程式：ch5-2-3.py

```python
01  total = 0
02  max_value = int(input("請輸入最大值==> ")) # 輸入整數值
03
04  for i in range(1, max_value+1):      # for計數迴圈
05      total = total + i
06
07  print("從1加至max的總和=", total)
```

結果

Python 程式的執行結果因為在第 2 行輸入的最大值是 10，所以第 4~5 行的 for 迴圈執行 1~10 共 10 次，可以計算 1 加至 10 的總和，如下所示：

```
>>> %Run ch5-2-3.py

請輸入最大值==> 10
從1加至max的總和= 55
```

for 迴圈加總的計算過程，如表 5-1 所示。

》表 5-1　for 迴圈加總的計算過程

變數 i 值	變數 total 值	計算 total = total + i 後的 total 值
1	0	1
2	1	3
3	3	6
4	6	10
5	10	15
6	15	21
7	21	28
8	28	36
9	36	45
10	45	55

5-2-4　range() 範圍函數

Python 的 for 迴圈事實上是一種迭代（Iteration）操作，也就是依序從 in 關鍵字之後的集合取出其值，每次取一個，可以使用在 Python 容器資料型態，一一取出容器中的元素，特別適用在不知道有多少元素的情況。

事實上，for 迴圈之所以成為計數迴圈，就是因為 **range()** 函數，此函數可以依序產生 for 迴圈所需一序列的整數值。**range()** 函數是 Python 內建函數，可以分別有 1、2 和 3 個參數，如下所示：

🔍 1 個參數的 range() 函數：ch5-2-4.py

Python 的 **range()** 函數如果只有 1 個參數，參數是【終止值 +1】，預設的起始值是 0，如表 5-2 所示。

» 表 5-2   1 個參數的 range() 函數說明

range() 函數	整數值範圍
range(5)	0~4
range(10)	0~9
range(11)	0~10

例如：建立計數迴圈顯示值 0~4，如下所示：

```
for i in range(5):
    print("range(5)的值 =", i)
```

📍 2 個參數的 range() 函數：ch5-2-4a.py

Python 的 **range()** 函數如果有 2 個參數，第 1 參數是起始值，第 2 個參數是【**終止值 +1**】，如表 5-3 所示。

» 表 5-3   2 個參數的 range() 函數說明

range() 函數	整數值範圍
range(1, 5)	1~4
range(2, 10)	2~9
range(1, 11)	1~10

例如：建立計數迴圈顯示值 1~4，如下所示：

```
for i in range(1, 5):
    print("range(1, 5)的值 =", i)
```

📍 3 個參數的 range() 函數：ch5-2-4b.py

Python 的 **range()** 函數如果有 3 個參數，第 1 參數是起始值，第 2 個參數是【**終止值 +1**】，第 3 個參數是增量值，如表 5-4 所示。

» 表 5-4   3 個參數的 range() 函數說明

range() 函數	整數值範圍
range(1, 11, 2)	1、3、5、7、9
range(1, 11, 3)	1、4、7、10
range(1, 11, 4)	1、5、9
range(0, -10, -1)	0、-1、-2、-3、-4⋯-7、-8、-9
range(0, -10, -2)	0、-2、-4、-6、-8

例如：建立計數迴圈從 **1~10** 顯示奇數值，如下所示：

```
for i in range(1, 11, 2):
    print("range(1, 11, 2)的值 =", i)
```

5-3　while 條件迴圈

while 迴圈敘述不同於 for 迴圈是一種條件迴圈，當條件成立，就重複執行程式區塊的程式碼，其執行次數需視條件而定，通常並沒有非常明確的執行次數。

事實上，for 迴圈就是 while 迴圈的一種特殊情況，所有的 for 計數迴圈都可以輕易改寫成 while 迴圈。

5-3-1　使用 while 迴圈

while 迴圈是在程式區塊的開頭檢查條件，如果條件為 True 才允許進入迴圈執行，如果一直為 True，就持續重複執行迴圈，直到條件成為 False 為止，其語法如下所示：

```
while 條件運算式:
    程式敘述1
    程式敘述2
    ...
```

上述 while 迴圈是在程式區塊開頭檢查條件，如果條件為 True 就進入迴圈執行；False 結束執行，所以迴圈執行次數是直到條件 False 為止（別忘了在條件運算式後需加上「:」冒號）。

例如：計算 1 加到多少時的總和會大於等於 50，因為迴圈執行次數需視運算結果而定，迴圈執行次數未定，我們可以使用 while 條件迴圈來執行總和計算，如下所示：

```
while total < 50:
    i = i + 1
    total = total + i
```

上述變數 i 和 total 的初值都是 0，while 迴圈的變數 i 值從 1、2、3、4.... 相加計算總和是否大於等於 50，等到條件「total < 50」不成立結束迴圈，就可以計算出 (1+2+3+4+..+i) >= 50 的 i 值，其流程圖（ch5-3-1.fpp）如下圖所示：

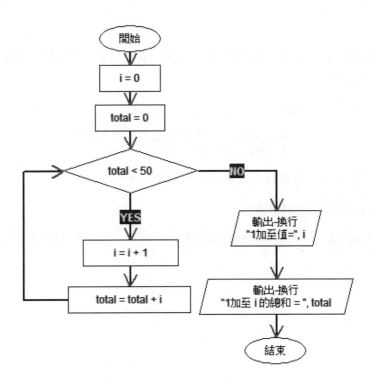

━● 說明 ●━

　　請注意！while 迴圈的程式區塊中一定有程式敘述更改條件值到達結束條件，將 while 條件變成 False，以便結束迴圈執行，不然，就會造成無窮迴圈，迴圈永遠不會結束（詳見第 5-5-3 節的說明），讀者在使用時請務必再次確認不會發生此情況！

🔍 範例：計算 1 加到多少時的總和會大於等於 50

```
                                            Python程式：ch5-3-1.py
01  i = 0
02  total = 0
03
04  while total < 50:   # while條件迴圈
05      i = i + 1
06      total = total + i
07
08  print("從1加至", i, "的總和會大於等於50")
09  print("1+2+3...+", i, " =", total)
```

解析

　　上述 while 迴圈是在第 5 行更改變數 i 的值來進行加總，因為位在加法運算式之前，所以變數 i 的初值是 0，第 1 次進入迴圈後加 1，然後執行加總，每次遞增變數 i 的值來到達結束條件「total >= 50」，就可以得到需加總到的 i 值是多少。

結果

Python 程式的執行結果可以看到從 1 加到 10 會大於等於 50，而 1 加至 10 的總和是 55，如下所示：

```
>>> %Run ch5-3-1.py
從1加至 10 的總和會大於等於50
1+2+3...+ 10 = 55
```

while 迴圈加總的計算過程，如表 5-5 所示：

》 表 5-5　while 迴圈加總的計算過程

i 值	total 值	i = i + 1 後的 i 值	total = total + i 的 total 值
0	0	1	1
1	1	2	3
2	3	3	6
3	6	4	10
4	10	5	15
5	15	6	21
6	21	7	28
7	28	8	36
8	36	9	45
9	45	10	55

while 迴圈結束後的 i 值是第 3 欄 i = i + 1 後的值，所以變數 i 的值是 10，total 的值是 55。

5-3-2　將 for 迴圈改成 while 迴圈

Python 的 for 計數迴圈是一種特殊版本的 while 迴圈，我們可以輕易將 for 迴圈改成 while 迴圈，也就是使用 while 迴圈來實作計數迴圈。

♀ 原始 for 迴圈

在 ch5-2-3.py 是使用 for 迴圈計算 1 加至 max_value 的總和，我們準備將此 for 迴圈改為 while 迴圈，**range()** 函數首先改寫成完整的 3 個參數，如下所示：

```
total = 0
...
for i in range(1, max_value+1, 1):
    total = total + i
```

♀ 將 for 迴圈改為 while 迴圈

在 for 迴圈的 **range()** 函數，第 1 個參數是計數器變數的初值，第 2 個參數是結束條件「**i <= max_value**」條件，這就是 while 迴圈的條件，for 迴圈的計數器變數 i 是 while 迴圈的計數器變數，如下所示：

```
i = 1
total = 0
...
while i <= max_value:
    total = total + i
    i = i + 1
```

上述程式碼使用變數 i 作為計數器變數，每次增加 1，可以改用 while 迴圈來計算 1 加至 max_value 的總和。

♀ for 迴圈轉換成 while 迴圈的基本步驟

因為 while 迴圈需要自行在 while 程式區塊處理計數器變數值的增減，以便到達迴圈的結束條件，其執行流程如下所示：

Step 1 在進入 while 迴圈之前需要指定計數器變數的初值。

Step 2 在 while 迴圈判斷條件是否成立，如為 **True**，就繼續執行迴圈的程式區塊；不成立 **False** 時，結束迴圈的執行。

Step 3 在迴圈程式區塊需要自行使用程式碼增減計數器變數值，然後回到 Step 2 測試是否繼續執行迴圈。

for 迴圈與 while 迴圈的轉換說明圖例，如下圖所示：

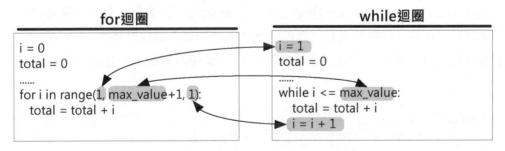

範例：計算 1 加至輸入值的總和

Python程式：ch5-3-2.py

```
01  i = 1
02  total = 0
03  max_value = int(input("請輸入最大值==> "))  # 輸入整數值
04
05  while i <= max_value:        # while條件迴圈
06      total = total + i
07      i = i + 1
08
09  print("從1加至max_value的總和=", total)
```

結果

Python 程式的執行結果和 ch5-2-3.py 完全相同，只是將原來的 for 計數迴圈改成 while 迴圈來實作。

5-4　改變迴圈的執行流程

Python 可以使用 break 和 continue 敘述來改變迴圈的執行流程，break 敘述跳出迴圈；continue 敘述能夠馬上繼續執行下一次迴圈。

5-4-1　break 敘述跳出迴圈

Python 的 break 敘述可以強迫終止 for 和 while 迴圈的執行。雖然迴圈敘述可以在開頭測試結束條件，但有時需要在迴圈的程式區塊中來測試結束條件，break 敘述可以在迴圈中搭配 if 條件敘述來進行條件判斷，成立就使用 break 敘述跳出迴圈的程式區塊，如下所示：

```
while True:
    print("第", i, "次")
    i = i + 1;
    if i > 5:
        break
```

上述 while 迴圈是無窮迴圈，在迴圈中使用 if 條件敘述進行判斷，當「i > 5」條件成立，就執行 break 敘述跳出迴圈，可以跳至 while 之後的程式敘述，顯示次數 1 到 5，因為 if 條件是在程式區塊的最後，事實上，這就是後測式迴圈，其流程圖（ch5-4-1.fpp）如下圖所示：

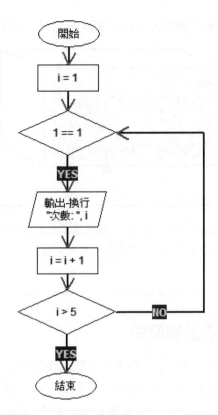

上述流程圖的決策符號「1 == 1」的條件為 True，所以是無窮迴圈，在迴圈使用「i > 5」決策符號跳出迴圈，即 Python 的 break 敘述。

🔍 範例：使用 **break** 敘述跳出 **while** 迴圈

Python程式：ch5-4-1.py

```
01  i = 1
02
03  while True:
04      print("第", i, "次")
05      i = i + 1
06      if i > 5:
07          break     # 跳出迴圈
```

結果

Python 程式的執行結果依序顯示第 1 次～第 5 次的訊息文字，在第 3~7 行是 while 無窮迴圈，當變數 i 的值到達 5 時，即第 6~7 行 if 條件成立，就執行第 7 行的 break 敘述跳出 while 迴圈，如下所示：

```
>>> %Run ch5-4-1.py
第  1  次
第  2  次
第  3  次
第  4  次
第  5  次
```

Python 程式使用 break 敘述跳出 while 迴圈的過程，如下圖所示：

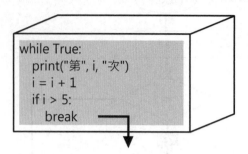

```
while True:
    print("第", i, "次")
    i = i + 1
    if i > 5:
        break
```

●─── 說明 ───●

因為 break 敘述只能跳出目前所在的迴圈，如果是兩層巢狀迴圈，當在內層迴圈使用 break 敘述，程式執行到 break 敘述只能跳出內層迴圈，進入外層迴圈，並不能直接跳出整個兩層巢狀迴圈。

5-4-2　continue 敘述繼續迴圈

在迴圈的執行過程中，相對第 5-4-1 節使用 break 敘述跳出迴圈，Python 的 continue 敘述可以馬上繼續執行下一次迴圈，而不執行程式區塊中位在 continue 敘述之後的程式碼，如果使用在 for 迴圈，一樣會更新計數器變數來取得下一個值，如下所示：

```
for i in range(1, 11):
    if i % 2 == 1:
        continue
    print("偶數:", i)
```

上述程式碼的 if 條件敘述是當計數器變數 i 為奇數時，就使用 continue 敘述馬上繼續執行下一次迴圈，而不執行之後的 **print()** 函數，可以馬上從頭開始執行下一次 for 迴圈，所以迴圈只顯示 1 到 10 之間的偶數，其流程圖（ch5-4-2.fpp）如下圖所示：

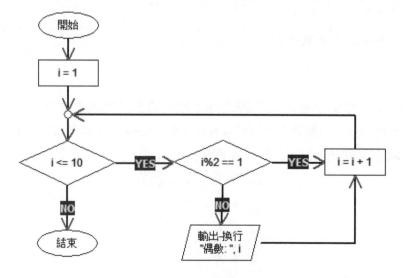

💡 **範例**：顯示 **1~10** 之間的偶數

```
01  i = 1
02
03  for i in range(1, 11):
04      if i % 2 == 1:
05          continue    # 繼續迴圈
06      print("偶數:", i)
```

結果

Python 程式的執行結果可以顯示 **1~10** 之間的偶數，因為第 **4~5** 行的 if 條件敘述判斷是否是奇數，如果是，就馬上執行下一次迴圈，而不會執行第 6 行的 **print()** 函數，如下所示：

```
>>> %Run ch5-4-2.py
偶數: 2
偶數: 4
偶數: 6
偶數: 8
偶數: 10
```

Python 程式使用 continue 敘述繼續 for 迴圈的過程，如下圖所示：

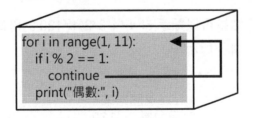

5-4-3　在迴圈使用 else 程式區塊

Python 迴圈可以加上 else 程式區塊，當迴圈的條件運算式不成立結束迴圈時，就執行 else 程式區塊的程式碼。請注意！如果迴圈是執行 break 關鍵字跳出迴圈，就不會執行 for 和 while 迴圈的 else 程式區塊。

📍 在 **for** 迴圈使用 else 程式區塊：**ch5-4-3.py**

在 for 迴圈使用 else 程式區塊，可以在 else 程式區塊顯示計算結果，例如：計算 1 加至 5 的總和，如下所示：

```
s = 0
for i in range(1, 6):
```

```
    s = s + i
else:
    print("for迴圈結束!")
    print("總和 =", s)
```

上述程式碼的 else 程式區塊可以顯示計算結果的總和。Python 程式的執行結果可以顯示 1 加至 5 的總和，這是在 else 程式區塊顯示執行結果，如下所示：

```
>>> %Run ch5-4-3.py

for迴圈結束!
總和 = 15
```

在 while 迴圈使用 else 程式區塊：ch5-4-3a.py

同樣的，在 while 迴圈一樣可以使用 else 程式區塊，讓我們在 else 程式區塊顯示計算結果，例如：計算 5! 的階層值，如下所示：

```
r = n = 1
while n <= 5:
    r = r * n
    n = n + 1
else:
    print("while迴圈結束!")
    print("5!階層值 =", r)
```

Python 程式的執行結果可以顯示 5!=5*4*3*2*1=120 的階層函數值，這是在 else 程式區塊顯示執行結果，如下所示：

```
>>> %Run ch5-4-3a.py

while迴圈結束!
5!階層值 = 120
```

5-5 巢狀迴圈與無窮迴圈

巢狀迴圈是在迴圈之中擁有其他迴圈，例如：在 for 迴圈擁有 for 和 while 迴圈；在 while 迴圈中擁有 for 和 while 迴圈等。

5-5-1 for 敘述的巢狀迴圈

Python 巢狀迴圈可以有二或二層以上，例如：在 for 迴圈中擁有另一個 for 迴圈，如下所示：

```
for i in range(1, 4):        # for外層迴圈
    for j in range(1, 6):  # for內層迴圈
        print("i =", i, "j =", j)
```

上述迴圈共有兩層，第一層 for 迴圈執行 1~3 共 3 次，第二層 for 迴圈執行 1~5 共 5 次，兩層迴圈共可執行 3 * 5 = 15 次。其執行過程的變數值，如表 5-6 所示。

》 表 5-6　for 敘述的巢狀迴圈

第一層迴圈的 i 值	第二層迴圈的 j 值					離開迴圈的 i 值
1	1	2	3	4	5	1
2	1	2	3	4	5	2
3	1	2	3	4	5	3

上述表格的每一列代表執行一次第一層迴圈，共有 3 次。第一次迴圈的變數 i 為 1，第二層迴圈的每 1 個儲存格代表執行一次迴圈，共 5 次，j 的值為 1~5，離開第二層迴圈後的變數 i 仍然為 1，依序執行第一層迴圈，i 的值為 2~3，而且每次 j 都會執行 5 次，所以共執行 15 次。其流程圖（ch5-5-1.fpp）如下圖所示：

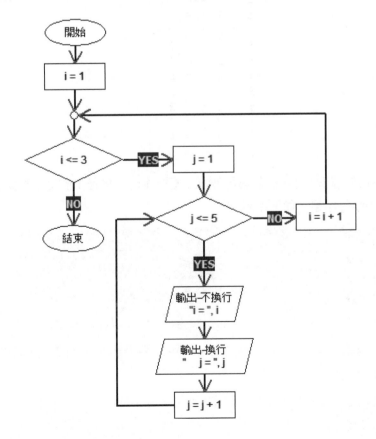

上述流程圖「i <= 3」決策符號建立的是外層迴圈的結束條件；「j <= 5」決策符號建立的是內層迴圈的結束條件。

📍 範例：使用 2 個 for 迴圈建立巢狀迴圈

Python程式：ch5-5-1.py

```
01  for i in range(1, 4):       # for外層迴圈
02      for j in range(1, 6):   # for內層迴圈
03          print("i =", i, "j =", j)
```

結果

Python 程式執行結果的外層迴圈執行 3 次，每一個內層迴圈執行 5 次，共執行 15 次，如下所示：

```
>>> %Run ch5-5-1.py
i = 1 j = 1
i = 1 j = 2
i = 1 j = 3
i = 1 j = 4
i = 1 j = 5
i = 2 j = 1
i = 2 j = 2
i = 2 j = 3
i = 2 j = 4
i = 2 j = 5
i = 3 j = 1
i = 3 j = 2
i = 3 j = 3
i = 3 j = 4
i = 3 j = 5
```

巢狀迴圈當外層 for 迴圈的計數器變數 i 值為 1 時，內層 for 迴圈的變數 j 值為 1 到 5，可以顯示的執行結果，如下所示：

```
i = 1 j = 1
i = 1 j = 2
i = 1 j = 3
i = 1 j = 4
i = 1 j = 5
```

當外層迴圈執行第二次時，i 值為 2，內層迴圈仍然為 1 到 5，此時顯示的執行結果，如下所示：

```
i = 2 j = 1
i = 2 j = 2
```

```
i = 2 j = 3
i = 2 j = 4
i = 2 j = 5
```

繼續外層迴圈,第三次的 i 值是 3,內層迴圈仍然為 1 到 5,此時顯示的執行結果,如下所示:

```
i = 3 j = 1
i = 3 j = 2
i = 3 j = 3
i = 3 j = 4
i = 3 j = 5
```

5-5-2　for 與 while 敘述的巢狀迴圈

Python 巢狀迴圈也可以搭配不同種類的迴圈,例如:在 for 迴圈之中擁有 while 迴圈,如下所示:

```
for i in range(1, 4):     # for外層迴圈
    j = 1
    while j <= 5:         # while內層迴圈
        print("i =", i, "j =", j)
        j = j + 1
```

💡 **範例:使用 for 和 while 迴圈建立巢狀迴圈**

Python程式:**ch5-5-2.py**

```
01  for i in range(1, 4):     # for外層迴圈
02      j = 1
03      while j <= 5:         # while內層迴圈
04          print("i =", i, "j =", j)
05          j = j + 1
```

結果

Python 程式的執行結果和 ch5-5-1.py 完全相同,在外層 for 迴圈執行 3 次,每一個內層 while 迴圈執行 5 次,共執行 15 次。

5-5-3　while 無窮迴圈

無窮迴圈（Endless Loops）是指迴圈不會結束，它會無止境的一直重複執行迴圈的程式區塊。while 無窮迴圈可以使用 True 關鍵字的條件來建立無窮迴圈，如下所示：

```
while True:
    pass
```

上述 while 迴圈因為條件必為 True，所以是無窮迴圈，並且使用 **pass** 關鍵字代表這是空程式區塊。基本上，while 無窮迴圈大都是因為計數器變數或條件出了問題，才會造成了無窮迴圈。例如：修改第 5-3-1 節 ch5-3-1.py 的 while 迴圈（Python 程式：ch5-5-3.py），如下所示：

```
i = 0
total = 0

while total < 50:
    total = total + i
```

上述 while 迴圈的程式區塊因為少了「**i = i + 1**」，所以 i 值永遠是 0，total 計算結果也是 0，永遠不可能大於 50，所以造成無窮迴圈，請按 Ctrl+C 鍵來中斷無窮迴圈的執行。

5-6　在迴圈中使用條件敘述

在 Python 的 for 和 while 迴圈之中，一樣可以搭配使用 if/else 條件敘述來執行條件判斷。例如：使用 while 迴圈建立猜數字遊戲，在迴圈中使用 if/else 條件判斷是否猜中數字，如下所示：

```
while True:
    guess = int(input("請輸入猜測的數字(1~100) => "))
    if target == guess:    # if條件敘述
        break              # 跳出迴圈
    if guess > target:     # if/else條件敘述
        print("數字太大!")
    else:
        print("數字太小!")
```

上述 Python 程式碼的流程圖（ch5-6.fpp），如下圖所示：

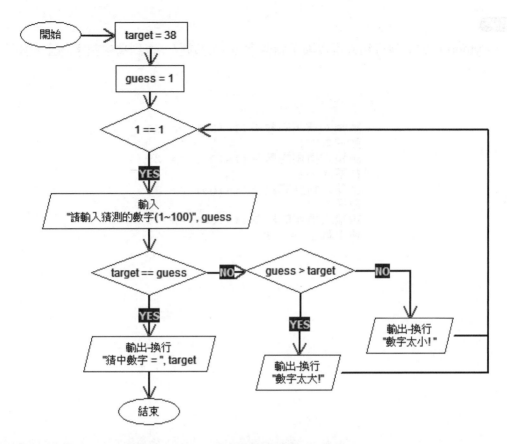

💡 **範例：使用 while 迴圈和 if/else 條件建立猜數字遊戲**

```
                                        Python程式：ch5-6.py
01  target = 38
02  guess = 1
03  while True:                  # while無窮迴圈
04      guess = int(input("請輸入猜測的數字(1~100) => "))
05      if target == guess:    # if條件敘述
06          break              # 跳出迴圈
07      if guess > target:     # if/else條件敘述
08          print("數字太大!")
09      else:
10          print("數字太小!")
11  print("猜中數字 = ", target)
```

解析

上述第 3~10 行是 while 無窮迴圈，在第 5~6 行的 if 條件加上 **break** 關鍵字來控制猜數字遊戲的進行，直到猜中正確的數字為止，第 7~10 行的 if/else 條件敘述，可以判斷輸入的數字是太大或太小，在第 11 行顯示猜中數字。

結果

Python 程式的執行結果可以顯示猜數字遊戲的過程,直到猜中數字為止,如下所示:

```
>>> %Run ch5-6.py
請輸入猜測的數字(1~100) => 50
數字太大!
請輸入猜測的數字(1~100) => 25
數字太小!
請輸入猜測的數字(1~100) => 35
數字太小!
請輸入猜測的數字(1~100) => 38
猜中數字 = 38
```

1. 請簡單說明 for 迴圈如何建立計數迴圈？range() 函數的用途為何？

2. 請比較 for 迴圈和 while 迴圈的差異？在 for 和 while 迴圈可以使用 _____ 關鍵字馬上繼續下一次迴圈的執行；使用 _____ 關鍵字來跳出迴圈。

3. 請撰寫 Python 程式執行從 1 到 100 的迴圈，但只顯示 40~67 之間的奇數，並且計算其總和。

4. 請建立 Python 程式依序顯示 1~20 的數值和其平方，每一數值成一列，如下所示：

```
1    1
2    4
3    9
.........
```

5. 請建立 Python 程式輸入繩索長度，例如：100 後，使用 while 迴圈計算繩索需要對折幾次才會小於 20 公分？

6. 請建立 Python 程式使用 while 迴圈計算複利的本利和，在輸入金額後，計算 5 年複利 5% 的本利和。

7. 請建立 Python 程式使用巢狀迴圈顯示下列的數字三角形，如下所示：

```
1
22
333
4444
55555
```

8. 請建立 Python 程式使用迴圈來輸入 4 個整數值，可以計算輸入值的乘績，如果輸入值是 0，就跳過此數字，只乘輸入值不為 0 的值。

Note

CHAPTER **6**

函數

🎯本章內容

6-1 認識函數

程式語言的程序（Subroutines 或 Procedures）是一個擁有特定功能的獨立程式單元，程序如果有回傳值，稱為函數（Functions）。一般來說，Python 不論是否有回傳值都稱為函數。

6-1-1 函數的結構

在日常生活或撰寫程式碼時，有些工作可能會重複出現，而且這些工作不是單一行程式敘述，而是完整的工作單元，例如：我們常常在自動販賣機購買果汁，此工作的完整步驟，如下所示：

> 1. 將硬幣投入投幣口
> 2. 按下按鈕，選擇購買的果汁
> 3. 在下方取出購買的果汁

上述步驟如果只有一次倒無所謂，如果幫 3 位同學購買果汁、茶飲和汽水三種飲料，這些步驟就需重複 3 次，如下所示：

> 1. 將硬幣投入投幣口　 ⎫
> 2. 按下按鈕，選擇購買的果汁　 ⎬ 購買果汁
> 3. 在下方取出購買的果汁　 ⎭
> 1. 將硬幣投入投幣口　 ⎫
> 2. 按下按鈕，選擇購買的茶飲　 ⎬ 購買茶飲
> 3. 在下方取出購買的茶飲　 ⎭
> 1. 將硬幣投入投幣口　 ⎫
> 2. 按下按鈕，選擇購買的汽水　 ⎬ 購買汽水
> 3. 在下方取出購買的汽水　 ⎭

相信沒有同學請你幫忙買飲料時，每一次都說出左邊 3 個步驟，而是很自然的簡化成 3 個工作，直接說：

```
購買果汁
購買茶飲
購買汽水
```

上述簡化的工作描述就是函數（Functions）的原型，因為我們會很自然的將一些工作整合成更明確且簡單的描述「購買 ??」。程式語言也是使用相同的觀念，可以將整個自動販賣機購買飲料的步驟使用一個整合名稱來代表，即【購買()】函數，如下所示：

```
購買(果汁)
購買(茶飲)
購買(汽水)
```

　　上述程式碼是函數呼叫，在括號中是傳入購買函數的資料，稱為參數（Parameters），透過傳入的參數就可以知道操作步驟是購買哪一種飲料，執行此函數的結果是拿到飲料，這就是函數的回傳值。

6-1-2　函數是一個黑盒子

　　函數是一個獨立功能的程式區塊，如同是一個黑盒子（Black Box），我們不需要了解函數定義的程式碼內容是什麼，只要告訴我們使用黑盒子的介面（Interface），就可以呼叫函數來使用函數的功能，如下圖所示：

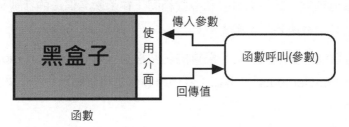

　　上述介面是函數和外部溝通的管道，一個對外的邊界，可以傳入參數和取得回傳值，將實際函數的程式碼隱藏在介面後，讓我們不用了解程式碼，也一樣可以呼叫函數來完成所需的特定功能。

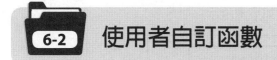
6-2　使用者自訂函數

　　在 Python 程式使用函數的第一步是定義函數的內容，然後才能呼叫函數，或多次呼叫同一函數。Python 函數主要分為兩種，其說明如下所示：

▷ 使用者自訂函數（User-defined Functions）：使用者自行建立的 Python 函數，在本章主要是說明如何建立使用者自訂函數。

▷ 內建函數（Build-in Functions）：Python 預設提供的函數。

6-2-1　建立和呼叫函數

　　Python 建立函數就是在撰寫函數定義（Function Definition）的函數標頭和程式區塊，其內容是需要重複執行的程式碼。

定義函數

Python是函數標頭和程式區塊組成函數定義,其語法如下所示:

```
def 函數名稱():
    程式敘述1
    程式敘述2
    ...
```

上述語法使用 def 關鍵字定義函數,第 1 行是函數標頭(Function Header),函數名稱如同變數是識別字,其命名方式和變數相同,在函數名稱後的括號是參數列,沒有參數,就是空括號,最後是「:」冒號。

當看到「:」冒號,表示下一行是縮排的函數程式區塊(Function Block),這就是函數程式碼的實作(Implements)。例如:我們準備建立可以顯示「玩一次遊戲」訊息文字的函數,如下所示:

```
# play()函數的定義
def play():
    print("玩一次遊戲")
```

上述函數名稱是 play,因為沒有參數,所以括號是空的,在程式區塊中是函數的程式碼。函數如同是擁有特定功能的積木,如下圖所示:

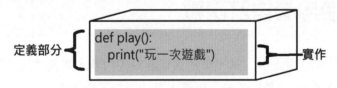

呼叫函數

在定義函數後,就可以使用函數呼叫的介面,在程式碼呼叫此函數,其語法如下所示:

```
函數名稱()
```

上述語法使用函數名稱來呼叫函數,因為沒有參數,所以之後是空括號。例如:呼叫 play() 函數,如下所示:

```
play()    # 呼叫函數
```

💡 **範例：建立與呼叫函數**

```
01  # play()函數的定義
02  def play():
03      print("玩一次遊戲")
04
05  print("開始玩遊戲...")
06  play()      # 呼叫函數
07  print("結束玩遊戲...")
```

結果

Python 程式執行結果顯示的第 2 行訊息文字，就是在第 6 行呼叫 **play()** 函數顯示的訊息文字，如下所示：

```
>>> %Run ch6-2-1.py

開始玩遊戲...
玩一次遊戲
結束玩遊戲...
```

📍 **函數的執行過程**

現在，讓我們看一看 ch6-2-1.py 函數呼叫的執行過程，首先在沒有縮排的第 5 行顯示一行訊息文字後，第 6 行呼叫 **play()** 函數，此時程式執行順序就會轉移至 **play()** 函數，即跳到執行第 2~3 行 **play()** 函數的程式區塊，如下圖所示：

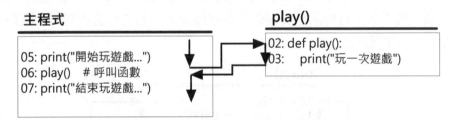

當執行完 **play()** 函數顯示第 3 行的訊息文字後，就返回繼續執行之後第 7 行的程式碼，顯示最後一行訊息文字。

6-2-2　多次呼叫同一個函數

函數的目的是為了之後可以重複呼叫此函數，如同工具箱的各種工具，如果需要時，就拿出來重複使用，同理，函數是程式工具箱中擁有特定功能的工具，如果程式需要此功能，就直接呼叫函數來進行處理，而不用每次都重複撰寫相同功能的程式碼。

例如：重複呼叫 2 次 **play()** 函數，顯示 2 次相同的訊息文字。

範例：多次呼叫同一個函數

Python程式：ch6-2-2.py

```
01  # play()函數的定義
02  def play():
03      print("玩一次遊戲")
04
05  print("開始玩遊戲...")
06  play()      # 第1次呼叫函數
07  print("再玩一次...")
08  play()      # 第2次呼叫函數
09  print("結束玩遊戲...")
```

結果

Python 程式執行結果顯示的第 2 行和第 4 行訊息文字，就是第 6 行和第 8 行呼叫 2 次 **play()** 函數顯示的 2 個相同的訊息文字，如下所示：

```
>>> %Run ch6-2-2.py

開始玩遊戲...
玩一次遊戲
再玩一次...
玩一次遊戲
結束玩遊戲...
```

現在，讓我們看一看 ch6-2-2.py 函數呼叫的執行過程，首先在第 5 行顯示一行訊息文字後，第 6 行第 1 次呼叫 **play()** 函數，跳到執行第 2~3 行 **play()** 函數的程式區塊，顯示第 3 行的訊息文字後，返回繼續執行第 7 行的程式碼，顯示一行訊息文字，如下圖所示：

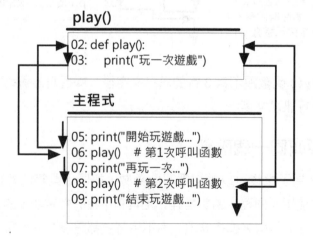

然後，在第 8 行第 2 次呼叫 **play()** 函數，再次跳到執行第 2~3 行 **play()** 函數的程式區塊，顯示第 3 行的訊息文字後，返回繼續執行第 9 行的程式碼，顯示最後一行訊息文字。

6-2-3　Python 主程式函數

Python 程式預設沒有主程式函數，沒有縮排的程式碼就是其他程式語言的主程式。當然，我們也可以指定 Python 函數作為主程式，例如：**main()** 函數（Python 程式：ch6-2-3.py），如下所示：

```
01  # play()函數的定義
02  def play():
03      print("玩一次遊戲")
04
05  # main()主程式
06  def main():
07      print("開始玩遊戲...")
08      play()      # 呼叫函數
09      print("結束玩遊戲...")
10
11  if __name__ == "__main__":
12      main()      # 呼叫主程式函數
```

上述程式是修改 ch6-2-1.py，在第 6~9 行將沒有縮排的程式碼建立成 **main()** 函數，第 11~12 行的 if 條件判斷 __name__ 特殊變數的值是否是 "__main__"，如下所示：

```
if __name__ == "__main__":
    main()      # 呼叫主程式函數
```

上述 if 條件如果成立，表示是執行此 Python 程式（而不是被其他 Python 程式所匯入），所以呼叫 **main()** 主程式函數，如果 if 條件不成立，此 Python 程式是當成其他 Python 程式工具箱的模組（詳見第 9-1 節說明），因為是當成模組，不是執行，所以不會呼叫 **main()** 函數。

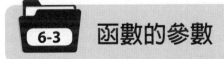

6-3　函數的參數

函數的參數是函數的資訊傳遞機制，可以從函數呼叫，將資料送入函數的黑盒子，簡單的說，參數是函數傳遞資料的使用介面，即呼叫函數和函數之間的溝通管道。

6-3-1　使用參數傳遞資料

在第 6-2 節建立的函數單純只能執行固定工作，每一次的執行結果都完全相同。當函數擁有參數列時，我們可以使用參數來傳遞資料，依據收到的資料進行運算，或執行對應的處理，讓函數擁有更大的彈性，換句話說，函數可以依據傳入不同的參數值，而得到不同的執行結果。

📍 建立擁有參數的函數

Python 函數可以在函數名稱後的括號中加上參數列，其語法如下所示：

```
def 函數名稱( 參數列 ):
    程式敘述1
    程式敘述2
    …
```

上述函數定義位在括號中的就是參數列，如果有多個參數，請使用「,」逗號分隔。例如：我們準備擴充第 6-2-1 節的 **play()** 函數，新增 1 個名為 b 的參數，如下所示：

```
# play()函數的定義
def play(b):
    print("玩一次", b, "元的遊戲")
```

上述 **play()** 函數擁有 1 個名為 b 的參數，可以讓我們在呼叫 **play()** 函數時，將資料傳入函數，如下圖所示：

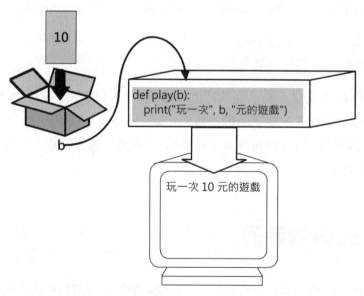

上述圖例參數 b 的值是 10，所以函數可以使用參數 b 的值來建立輸出結果，可以看到呼叫 **play()** 函數顯示傳入的參數值 10。

→ 說明 ←

　　請注意！函數參數 b 就是變數，只能在 **play()** 函數的程式區塊之中使用，其他地方並不能存取變數 b。

呼叫擁有參數的函數

　　函數如果擁有參數，在 Python 程式呼叫函數時，就需要在括號加入參數值，其語法如下所示：

> 函數名稱(參數值列)

　　上述語法的函數如果有參數，在呼叫時需要加上傳入的參數值列，如果有多個，請使用「,」逗號分隔。例如：**play()** 函數擁有 1 個參數 b，在呼叫 **play()** 函數時需要使用 1 個參數值來傳遞至函數，如下所示：

> play(10)　　# 呼叫函數

　　上述程式碼傳遞值 10 至 **play()** 函數，此時參數 b 的值就是 10。

範例：使用參數傳遞資料至函數

Python程式：ch6-3-1.py

```
01  # play()函數的定義
02  def play(b):
03      print("玩一次", b, "元的遊戲")
04
05  print("開始玩遊戲...")
06  play(10)     # 第1次呼叫函數
07  print("再玩一次...")
08  play(50)     # 第2次呼叫函數
09  print("結束玩遊戲...")
```

結果

　　Python 程式執行結果顯示的第 2 行和第 4 行訊息文字，就是在第 6 行和第 8 行呼叫 2 次 **play()** 函數顯示的訊息文字，分別傳遞參數值 10 和 50（文字值），同一個函數就可以顯示不同的訊息文字，如下所示：

```
>>> %Run ch6-3-1.py

開始玩遊戲...
玩一次 10 元的遊戲
再玩一次...
玩一次 50 元的遊戲
結束玩遊戲...
```

Python 使用參數傳遞資料 10 至 **play(b)** 函數的過程，如下圖所示：

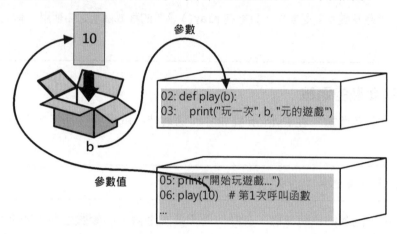

6-3-2　使用鍵盤輸入參數值

　　Python 程式呼叫函數的參數值除了使用文字值外，也可以使用變數，在這一節我們準備讓使用者輸入變數 price 值後，使用變數作為函數的參數值，如下所示：

```
play(price)    # 呼叫函數
```

上述程式碼使用變數 price 的值作為參數值來呼叫 **play()** 函數。

💡 範例：使用變數作為參數值

Python程式：ch6-3-2.py

```
01  # play()函數的定義
02  def play(b):
03      print("玩一次", b, "元的遊戲")
04
05  price = int(input("第1次玩多少錢的遊戲==> ")) # 輸入整數值
06  play(price)    # 第1次呼叫函數
07  price = int(input("第2次玩多少錢的遊戲==> ")) # 輸入整數值
08  play(price)    # 第2次呼叫函數
09  print("結束玩遊戲...")
```

結果

　　Python 程式的執行結果依序輸入 10 和 50 來指定給變數 price，變數 price 是在第 6 行和第 8 行作為呼叫 2 次 **play()** 函數的參數值，可以將變數值傳遞至 **play()** 函數來顯示不同的訊息文字，如下所示：

```
>>> %Run ch6-3-2.py
第1次玩多少錢的遊戲==> 10
玩一次 10 元的遊戲
第2次玩多少錢的遊戲==> 50
玩一次 50 元的遊戲
結束玩遊戲...
```

　　請注意！呼叫函數如果使用變數作為參數，函數參數和變數名稱就算相同也沒有關係，在本節範例是使用不同的參數和變數名稱。因為 Python 呼叫函數傳遞的並不是變數，而是變數儲存的文字值 10 和 50，這種參數傳遞方式稱為傳值呼叫（Call by Value），如下圖所示：

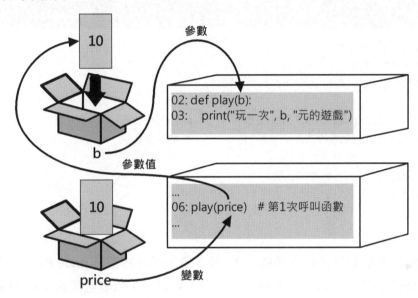

6-3-3　建立擁有多參數的函數

　　Python 函數可以擁有「,」逗號分隔的多個參數，例如：**play()** 函數擁有 2 個參數，如下所示：

```
# play()函數的定義
def play(b, t):
    print("玩", t, "次", b, "元的遊戲")
```

　　上述 **play()** 函數是修改上一節的同名函數，新增 1 個參數 t，現在的 **play()** 函數共有 2 個參數 t 和 b。

　　因為 **play()** 函數擁有 2 個參數，呼叫 **play()** 函數也需要使用 2 個參數值，如下所示：

```
play(price, t)    # 呼叫函數
```

上述呼叫函數的參數值可以是文字值、變數或運算式的運算結果。

─● 說明 ●─

函數有幾個參數，在呼叫時，就需要提供幾個參數值，在本節的 **play()** 函數有 2 個參數，呼叫時也需要 2 個參數值，如果只有 1 個參數值，就會產生錯誤，如下所示：

```
play(10, 3)      # 正確的參數值個數是2個
play(price)      # 錯誤！參數值個數少了1個
```

◉ 範例：建立擁有多個參數的函數

Python程式：ch6-3-3.py

```
01  # play()函數的定義
02  def play(b, t):
03      print("玩", t, "次", b, "元的遊戲")
04
05  price = int(input("玩多少錢的遊戲==> ")) # 輸入整數值
06  t = int(input("玩多少次遊戲==> "))          # 輸入整數值
07
08  play(price, t)    # 呼叫函數
09  print("結束玩遊戲...")
```

結果

Python 程式的執行結果依序輸入 10 和 3 值來指定給變數 price 和 t，在第 8 行呼叫 **play()** 函數的參數值就是這 2 個變數，可以將 2 個變數值傳遞至 **play()** 函數來顯示訊息文字，如下所示：

```
>>> %Run ch6-3-3.py

玩多少錢的遊戲==> 10
玩多少次遊戲==> 3
玩 3 次 10 元的遊戲
結束玩遊戲...
```

多參數 **play()** 函數呼叫的函數參數和參數值，如表 6-1 所示。

» 表 6-1 多參數 play() 函數呼叫的函數參數和參數值

函數參數	呼叫函數的參數值
b	變數 price 的值 10
t	變數 t 的值 3

　　因為函數參數和變數名稱就算同名也沒有關係，在本節 **play()** 函數的第 2 個參數和傳遞參數的變數名稱都是相同的 t，如下圖所示：

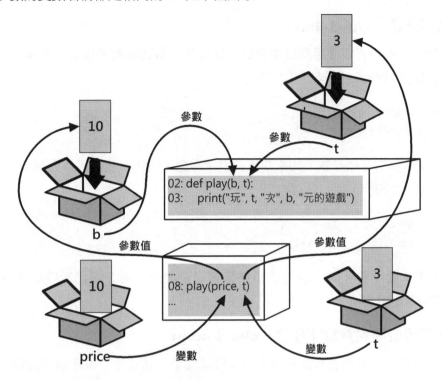

6-3-4　參數預設值、位置與關鍵字參數

　　Python 函數的參數不只可以指定參數的預設值，在呼叫時除了依據參數位置順序來傳遞外，還可以明確指明參數名稱來傳遞參數值。

♀ 函數參數的預設值：ch6-3-4.py

　　Python 函數的參數可以有預設值，當函數呼叫時沒有指定參數值，就使用參數的預設值（預設值參數在參數列的順序是在沒有預設值的參數之後，以此例是位在 length 參數之後）。例如：計算盒子體積的 **volume()** 函數，如下所示：

```
def volume(length, width = 2, height = 3):
    return length * width * height
```

　　上述 **volume()** 函數如果呼叫時沒有指定寬和高的參數，其預設值就是值 2 和 3，只有第 1 個位置的 length 是一定需要的參數值。**volume()** 函數呼叫如下所示：

```
print("盒子體積: ", volume(l, w, h))
print("盒子體積: ", volume(l, w))
print("盒子體積: ", volume(l))
```

上述函數呼叫分別指定長、寬和高,只有長和寬、最後只有長的參數,其他沒有指定參數值就是使用預設參數值。

關鍵字參數:ch6-3-4a.py

Python 函數也可以使用關鍵字參數,直接使用參數名稱來指定參數值,例如:將 3 個參數加總的 **total()** 函數,如下所示:

```
def total(a, b, c):
    return a + b + c
```

上述函數擁有 3 個參數,如果使用關鍵字參數來呼叫,我們可以先傳 b,再傳 c,最後傳入 a,如下所示:

```
r1 = total(1, 2, 3)
r2 = total(b=2, c=3, a=1)
```

上述第 1 個函數呼叫是以位置順序來傳遞參數值,第 2 個函數呼叫是關鍵字參數,直接指明參數名稱。

混合使用位置和關鍵字參數:ch6-4-4b.py

Python 可以混合位置和關鍵字參數來呼叫函數,請注意!位置順序的參數一定在關鍵字參數之前,如下所示:

```
r3 = total(1, c=3, b=2)
r4 = total(1, 2, c=3)
```

6-4　函數的回傳值

函數的參數可以從呼叫的函數傳遞資料至函數,反過來,函數的回傳值就是從函數傳遞資料回到呼叫函數的程式碼,例如:在 Python 程式呼叫 **play()** 函數,如下所示:

▷ 函數的參數:將資料從呼叫 **play()** 函數的參數值,透過函數參數傳遞至 **play()** 函數中。

▷ 函數的回傳值:將資料從 **play()** 函數回傳至呼叫 **play()** 函數的程式碼,可以將回傳值使用指定敘述指定給其他變數。

當函數有回傳值,函數和呼叫函數之間就擁有雙向的資料傳遞機制,如下圖所示:

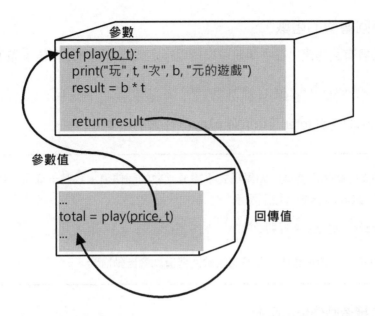

6-4-1　使用函數的回傳值

　　Python 函數是在函數程式區塊使用 return 敘述來回傳值，我們可以在呼叫函數的程式碼取得函數的回傳值。

♀ 建立擁有回傳值的函數

　　函數如果有回傳值，在函數程式區塊需要使用 return 敘述來回傳值，其語法如下所示：

```
def 函數名稱( 參數列 ):
    程式敘述1~n
    ...
    return 運算式
```

　　上述函數程式區塊使用 return 敘述回傳運算式值。例如：**play()** 函數可以回傳共花了多少錢來玩這幾次遊戲，如下所示：

```
# play()函數的定義
def play(b, t):
    print("玩", t, "次", b, "元的遊戲")
    result = b * t

    return result
```

　　上述 **play()** 函數的程式區塊可以計算參數相乘的總花費，即「b * t」，然後使用 return 敘述回傳金額的 result 變數值。

呼叫擁有回傳值的函數

函數如果擁有回傳值，在呼叫時可以使用指定敘述來取得回傳值，如下所示：

```
total = play(price, t)     # 呼叫函數
```

上述程式碼的變數 total 可以取得 **play()** 函數的回傳值。

● 說明 ●

雖然 **play()** 函數有回傳值，如果程式不需要函數的回傳值，我們一樣可以使用和第 6-3-3 節的方式來呼叫 **play()** 函數，如下所示：

```
play(price, t)      # 呼叫函數
```

上述函數呼叫沒有指定敘述，此時的函數回傳值就會自動捨棄。

範例：建立擁有回傳值的函數

Python程式：ch6-4-1.py

```
01  # play()函數的定義
02  def play(b, t):
03      print("玩", t, "次", b, "元的遊戲")
04      result = b * t
05
06      return result
07
08  price = int(input("玩多少錢的遊戲==> "))  # 輸入整數值
09  t = int(input("玩多少次遊戲==> "))           # 輸入整數值
10
11  total = play(price, t)          # 呼叫函數
12
13  print("總計的金額是:", total)  # 顯示總金額
```

結果

Python 程式的執行結果依序輸入 10 和 3 值來指定給變數 price 和 t，在第 11 行呼叫 **play()** 函數，可以在第 13 行顯示回傳的總金額，如下所示：

```
>>> %Run ch6-4-1.py

玩多少錢的遊戲==> 10
玩多少次遊戲==> 3
玩 3 次 10 元的遊戲
總計的金額是: 30
```

　　因為 **play()** 函數有回傳值，我們需要使用指定敘述來取得回傳值，變數 total 存入的值就是 **play()** 函數的回傳值，如下圖所示：

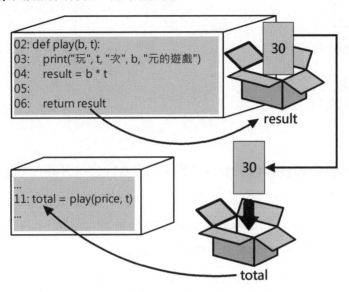

6-4-2　建立回傳多個值的函數

　　Python 函數可以使用 return 敘述同時回傳多個值，這就是回傳第 7 章元組（Tuple）的容器型態，例如：**bigger()** 函數可以同時回傳 2 個參數值建立的元組，其中第 1 個元素是最大值，如下所示：

```
def bigger(a, b):
    if a > b:
        return a, b
    else:
        return b, a
```

　　上述 return 敘述回傳「,」逗號分隔的多個值，如果參數 a 比較小，就回傳 a, b；反之是回傳 b, a。

◉ 範例：建立回傳多個值的函數

Python程式：ch6-4-2.py

```
01  # bigger()函數定義: 回傳2個參數的最大值
02  def bigger(a, b):
03      if a > b:
04          return a, b
05      else:
06          return b, a
```

```
                                           Python程式：ch6-4-2.py
07
08   t = bigger(10, 30)        # 呼叫函數
09   c, d = bigger(10, 30)
10   print(t)
11   print(c, d)
12   print(type(t))
```

解析

上述第 2~6 行的 **bigger()** 函數是在第 4 和第 6 行分別回傳不同順序的 2 個值。

結果

在 Python 程式的執行結果是在第 8~9 行取得回傳值，第 10~11 行顯示元組的內容，第 12 行是顯示元組的資料型態，如下所示：

```
>>> %Run ch6-4-2.py

(30, 10)
30 10
<class 'tuple'>
```

6-5　函數的實際應用

函數的目的是建立特定功能可重複使用的工具箱，在這一節我們準備建立一些可實際應用的 Python 函數，例如：將本節前的 **play()** 函數改寫成加法函數。

6-5-1　計算參數的總和

我們可以修改第 6-4-1 節的 **play()** 函數成為 **add()** 加法函數，可以計算和回傳 2 個參數的總和。

範例：計算 2 個參數的總和

```
                                           Python程式：ch6-5-1.py
01   # add()函數的定義
02   def add(a, b):
03       result = a + b
04
05       return result
06
```

```
                                              Python程式：ch6-5-1.py
07  x = int(input("請輸入第1個整數==> ")) # 輸入整數值
08  y = int(input("請輸入第2個整數==> ")) # 輸入整數值
09
10  total = add(x, y)              # 呼叫函數
11  print("x=", x)
12  print("y=", y)
13  print("x + y加法總和=", total)  # 顯示總和
```

結果

Python 程式的執行結果依序輸入 15 和 20，然後在第 10 行呼叫 **add()** 函數，2 個
輸入值是參數值，可以在第 3 行計算 2 個參數的總和，第 5 行回傳值，即 2 個參
數的總和，如下所示：

```
>>> %Run ch6-5-1.py

    請輸入第1個整數==>  15
    請輸入第2個整數==>  20
    x= 15
    y= 20
    x + y加法總和= 35
```

在本節 **add()** 函數的寫法是將加法運算結果先指定給變數 result 後，才回傳 result
變數值。記得嗎！return 敘述可以直接回傳運算式，所以，**add()** 函數另一種簡潔寫法
（Python 程式：ch6-5-1a.py），如下所示：

```
# add()函數的定義
def add(a, b):
    return a + b
```

上述函數直接回傳運算式「a + b」的值，也就是 2 個參數的總和。

6-5-2　找出最大值

我們只需活用第 4 章的 if/else 條件敘述，就可以建立函數來回傳 2 個參數中的最
大值，如下所示：

```
if a > b:
    return a
else:
    return b
```

上述 if/else 條件敘述判斷 2 個參數的大小，如果 a 比較大，就回傳參數 a；反之，回傳參數 b。

💡 **範例：找出 2 個參數的最大值**

Python程式：ch6-5-2.py

```python
01  # maxValue()函數的定義
02  def maxValue(a, b):
03      if a > b:
04          return a
05      else:
06          return b
07
08  x = int(input("請輸入第1個整數==> ")) # 輸入整數值
09  y = int(input("請輸入第2個整數==> ")) # 輸入整數值
10
11  result = maxValue(x, y)  # 呼叫函數
12  print("x=", x)
13  print("y=", y)
14  print("最大值:", result) # 顯示最大值
```

結果

Python 程式的執行結果依序輸入 20 和 15，然後在第 11 行呼叫 **maxValue()** 函數，2 個輸入值是參數值，可以在第 3~6 行的 if/else 條件敘述判斷哪一個參數比較大，然後第 4 和 6 行回傳最大值，如下所示：

```
>>> %Run ch6-5-2.py

    請輸入第1個整數==> 15
    請輸入第2個整數==> 20
    x= 15
    y= 20
    最大值: 20
```

6-6　變數範圍和內建函數

變數的有效範圍可以決定在程式碼之中，有哪些程式碼可以存取此變數值，稱為此變數的有效範圍（Scope）。

6-6-1　區域與全域變數

Python 變數依有效範圍分為兩種：全域變數和區域變數。

使用全域變數：ch6-6-1.py

在函數外宣告的變數是全域變數（Global Variables），變數沒有屬於哪一個函數，可以在函數之中和之外存取此變數值。如果需要，在函數可以使用 **global** 關鍵字來指明變數是使用全域變數，如下所示：

```python
t = 1
def increment():
    global t   # 全域變數t
    t += 1
    print("increment()中 : t = ", str(t))

print("全域變數初值: t = ", t)
increment()
print("呼叫increment()後 : t = ", t)
```

上述 **increment()** 函數使用 **global** 關鍵字宣告變數 t 是全域變數 t，**t += 1** 是更改全域變數 t 的值。

─● 說明 ●─

請注意！**global** 關鍵字只能宣告全域變數，並不能指定變數值，否則就會產生語法錯誤，如下所示：

```python
global t = 1    # 錯誤語法
```

事實上，在 Python 函數之中可以直接「取得」全域變數 x（不需 **global** 關鍵字來宣告，當更新全域變數值就需要宣告），如下所示：

```python
x = 50
def print_x():
    print("print_x()中 : x = ", x)
```

```
print("全域變數初值: x = ", x)
print_x()
print("呼叫print_x()後 : x = ", x)
```

上述 **print_x()** 函數顯示的變數是全域變數 x，其執行結果如下所示：

```
>>> %Run ch6-6-1.py

全域變數初值: t =   1
increment()中 : t =   2
呼叫increment()後 : t =   2
全域變數初值: x =   50
print_x()中 : x =   50
呼叫print_x()後 : x =   50
```

♀ 使用區域變數：ch6-6-1a.py

在函數程式區塊建立變數（使用指定敘述指定變數值）是一種區域變數（Local Variables），區域變數只能在建立變數的函數之中使用，在函數之外的程式碼並無法存取此變數，如下所示：

```
x = 50
def print_x():
    x = 100
    print("print_x()中 : x = ", x)

print("全域變數初值: x = ", x)
print_x()
print("呼叫print_x()後 : x = ", x)
```

上述 **print_x()** 函數之外有全域變數 x，在 **print_x()** 函數之中也有同名變數 x，這是區域變數，**print()** 函數顯示的是區域變數 x，並不是全域變數 x，其執行結果如下所示：

```
>>> %Run ch6-6-1a.py

全域變數初值: x =   50
print_x()中 : x =  100
呼叫print_x()後 : x =   50
```

6-6-2　Python 內建函數

在本章前已經說明過 type()、int()、str()、float()、range()、input() 和 print() 等函數，這些函數是 Python 內建函數（Built-in Functions）。

這一節筆者準備說明一些 Python 內建數學函數（Python 程式：ch6-6-2.py），如表 6-2 所示。更多數學函數請參閱第 9 章的 math 模組。

» 表 6-2　Python 內建數學函數

函數	說明
abs(x)	回傳參數 x 的絕對值
max(x1, x2, …, xn)	回傳函數參數之中的最大值
min(x1, x2, …, xn)	回傳函數參數之中的最小值
pow(a, b)	回傳第 1 個參數 a 為底，第 2 個參數 b 的次方值
round(number [, ndigits])	如果沒有第 2 個參數，回傳參數 number 最接近的整數值（即四捨五入值），如果有第 2 個參數的精確度，回傳指定位數的四捨五入值

學習評量

1. 請說明什麼是定義函數和使用函數？在 Python 如何定義函數？

2. 請舉例說明 Python 區域變數和全域變數是什麼？

3. 請建立 Python 程式寫出 2 個函數都擁有 2 個整數參數，第 1 個函數當參數 1 大於參數 2 時，回傳 2 個參數相乘的結果，否則是相加結果；第 2 個函數回傳參數 1 除以參數 2 的相除結果，如果第 2 個參數是 0，回傳 -1。

4. 請在 Python 程式建立 getMax() 函數傳入 3 個參數，可以回傳參數中的最大值；getSum() 和 getAverage() 函數共有 4 個參數，可以計算和回傳參數成績資料的總分與平均值。

5. 請在 Python 程式建立 bill() 函數，可以計算健身器材使用費，前 5 小時，每分鐘 0.5 元；超過 5 小時，每分鐘 1 元。

6. 在 Python 程式建立 rate_exchange() 匯率換算函數，參數是台幣金額和匯率，可以回傳兌換成的美金金額。

7. 計算體脂肪 BMI 值的公式是 W/(H*H)，H 是身高（公尺）和 W 是體重（公斤），請建立 bmi() 函數計算 BMI 值，參數是身高和體重。

8. 請在 Python 程式建立 print_stars() 函數，函數傳入顯示幾列的參數，可以顯示使用星號建立的三角形圖形，如下圖所示：

```
      *
     * *
    * * *
   * * * *
  * * * * *
 * * * * * *
* * * * * * *
```

（提示：需要使用三層迴圈顯示三角形）

CHAPTER

7

字串與容器型態

🎯 本章內容

7-1 字串型態

Python 字串（Strings）是一種不允許更改內容的資料型態，所有字串的變更都是建立一個全新的字串。

7-1-1 建立和輸出字串

字串是使用「'」單引號或「"」雙引號括起的一序列 Unicode 字元，可以是英文、數字、符號和中文字等字元。Python 字串如同社區大樓的一排信箱，一個信箱儲存的一個英文字元或中文字，門牌號碼就是索引值（從 0 開始），如下圖所示：

```
        0  1  2  3  4  5  6   7   8   9
str1 →  P  y  t  h  o  n  程  式  設  計
```

Python 可以使用指定敘述或 **str()** 物件方式建立字串，然後使用 **print()** 函數輸出字串內容（Python 程式：ch7-1-1.py），如下所示：

```python
str1 = "Python程式設計"
name1 = str("陳會安")
print("str1 = " + str1)
print(name1)
```

上述程式碼建立 2 個字串變數，**str()** 參數是字串文字值，第 1 個 **print()** 函數使用字串連接運算子「+」輸出字串變數 str1，第 2 個輸出字串變數 name1，其執行結果可以看到輸出的 2 個字串內容，如下所示：

```
>>> %Run ch7-1-1.py

str1 = Python程式設計
陳會安
```

7-1-2 取出字元和走訪字串

在建立字串後，我們可以使用索引值來取出字元，或 for 迴圈走訪字串的每一個字元。

♀ 走訪字串的每一個字元：**ch7-1-2.py**

字串是一序列 Unicode 字元，可以使用 for 迴圈走訪顯示每一個字元，正式的說法是迭代（Iteration），如下所示：

```
str1 = "AI程式書"
for ch in str1:
    print(ch, end=" ")
```

上述 for 迴圈在 in 關鍵字後是字串 str1，從字串第 1 個字元或中文字開始，每執行一次 for 迴圈，就取出一個字元或中文字指定給變數 ch，和移至下一個字元或中文字，直到最後 1 個為止，所以可以從第 1 個字元走訪至最後 1 個字元，如下圖所示：

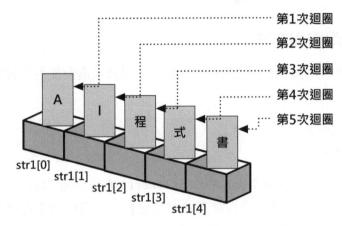

Python 程式的執行結果可以顯示空白字元間隔的字串內容，如下所示：

>>> %Run ch7-1-2.py

A I 程 式 書

📍 使用索引運算子取得指定字元：ch7-1-2a.py

Python 字串、串列和元組都可以使用索引方式來存取元素（索引值從 0 開始），如同社區大樓的信箱，使用門牌號碼來取出信件，字串就是取出每一個英文字元或中文字（元素值並不能更改），索引值可以是正的從 0~9，或負的從 -1~-10，如下圖所示：

```
        0   1   2   3   4   5   6   7   8   9
str1 → | P | y | t | h | o | n | 程| 式| 設| 計|
        -10 -9  -8  -7  -6  -5  -4  -3  -2  -1
```

Python 字串可以使用「[]」索引運算子取出指定索引值的字元，如下所示：

```
str1 = str("Python程式設計")
print(str1[0])
print(str1[1])
print(str1[-1])
print(str1[-2])
```

上述程式碼依序顯示字串 str1 的第 1 個字元、第 2 個字元，-1 是最後 1 個，-2 是倒數第 2 個字元，其執行結果如下所示：

```
>>> %Run ch7-1-2a.py
P
y
計
設
```

7-1-3　字串函數與方法

Python 內建字元和字串處理的相關函數，字串方法需要使用物件變數加上「.」句號來呼叫，如下所示：

```
str1 = "Python"
print(str1.islower())
```

上述程式碼建立字串 str1 後，呼叫 **islower()** 方法檢查內容是否都是小寫英文字母，請注意！字串方法不只可以使用在字串變數，也可以使用在字串文字值（因為 Python 都是物件，文字值也是），如下所示：

```
print("2022".isdigit())
```

📍 字元函數：ch7-1-3.py

Python 字元函數可以處理 ASCII 碼，其說明如表 7-1 所示。

» 表 7-1　字元函數的說明

字元函數	說明
ord()	回傳字元的 ASCII 碼
chr()	回傳參數 ASCII 碼的字元

📍 字串函數：ch7-1-3a.py

Python 字串函數可以取得字串長度、字串的最大和最小字元，其說明如表 7-2 所示。

» 表 7-2　字串函數的說明

字串函數	說明
len()	回傳參數字串的長度
max()	回傳參數字串的最大字元
min()	回傳參數字串的最小字元

檢查字串內容的方法：ch7-1-3b.py

字串物件提供檢查字串內容的相關方法，其說明如表 7-3 所示。

» 表 7-3　檢查字串內容方法的說明

字串方法	說明
isalnum()	如果字串內容是英文字母或數字，回傳 True；否則為 False
isalpha()	如果字串內容只有英文字母，回傳 True；否則為 False
isdigit()	如果字串內容只有數字，回傳 True；否則為 False
isidentifier()	如果字串內容是合法識別字，回傳 True；否則為 False
islower()	如果字串內容是小寫英文字母，回傳 True；否則為 False
isupper()	如果字串內容是大寫英文字母，回傳 True；否則為 False
isspace()	如果字串內容是空白字元，回傳 True；否則為 False

搜尋子字串方法：ch7-1-3c.py

字串物件關於搜尋子字串的相關方法說明，如表 7-4 所示。

» 表 7-4　搜尋子字串方法的說明

字串方法	說明
endswith(str1)	字串是以參數字串 str1 結尾，回傳 True；否則為 False
startswith(str1)	字串是以參數字串 str1 開頭，回傳 True；否則為 False
count(str1)	回傳字串出現多少次參數字串 str1 的整數值
find(str1)	回傳字串出現參數字串 str1 的最小索引位置值，沒有找到回傳 -1
rfind(str1)	回傳字串出現參數字串 str1 的最大索引位置值，沒有找到回傳 -1

轉換字串內容的方法：ch7-1-3d.py

字串物件的轉換字串內容方法可以輸出英文大小寫轉換的字串，或是取代參數的字串內容，其說明如表 7-5 所示。

» 表 7-5　轉換字串內容方法的說明

字串方法	說明
capitalize()	回傳只有第 1 個英文字母大寫；其他小寫的字串
lower()	回傳小寫英文字母的字串
upper()	回傳大寫英文字母的字串

字串方法	說明
title()	回傳字串中每 1 個英文字的第 1 個英文字母大寫的字串
swapcase()	回傳英文字母大寫變小寫；小寫變大寫的字串
replace(old, new)	將字串中參數 old 子字串取代成參數 new 子字串
split(str1)	字串是使用參數 str1 來切割成串列，例如：str2.split(",")、str3.split("\n") 分別使用 "," 和 "\n" 來分割字串
splitlines()	即 split("\n")，使用 "\n" 將字串切割成串列

7-2 串列型態

Python 串列（Lists）就是其他程式語言的陣列（Array），中文譯名還有清單和列表等，陣列是一種儲存大量循序資料的結構，可以將多個變數集合起來，使用一個名稱 lst1 代表，如下圖所示：

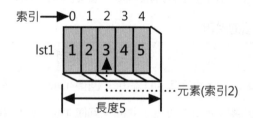

上述串列圖例如同排成一列的數個箱子，每一個箱子是一個變數，稱為元素（Elements）或項目（Items），以此例有 5 個元素，存取元素是使用索引值（Index），從 0 開始到串列長度減 1，即 0~4。請注意！不同於第 7-1 節的字串，串列允許更改內容，我們可以新增、刪除、插入和更改串列的元素。

7-2-1 建立與輸出串列

串列是使用「[ ]」方括號括起的多個項目，每一個項目（Items）使用「,」逗號分隔。

♀ 建立串列和輸出串列項目：ch7-2-1.py

Python 可以使用指定敘述指定變數值是串列，串列項目可以是相同資料型態，也可以是不同資料型態，如下所示：

```
lst1 = [1, 2, 3, 4, 5]
lst2 = [1, 'Python', 5.5]
```

上述第 1 行建立的串列項目都是整數，第 2 行的串列項目是 3 種不同資料型態。串列也可以使用 **list()** 物件方式來建立，如下所示：

```
lst3 = list(["tom", "mary", "joe"])
lst4 = list("python")
```

上述第 1 行程式碼建立參數字串項目的串列，第 2 行是將參數字串的每一個字元分割建立成串列。我們同樣是使用 **print()** 函數輸出串列項目，如下所示：

```
print(lst1)
print(lst2, lst3, lst4)
```

上述 **print()** 函數輸出串列變數 lst1~4 的內容，其執行結果如下所示：

```
>>> %Run ch7-2-1.py

  [1, 2, 3, 4, 5]
  [1, 'Python', 5.5] ['tom', 'mary', 'joe'] ['p', 'y', 't', 'h', 'o', 'n']
```

♀ 建立巢狀串列：**ch7-2-1a.py**

因為串列項目可以是另一個串列，在串列中的串列可以建立其他程式語言的多維陣列，即巢狀串列，如下所示：

```
lst1 = [1, ["tom", "mary", "joe"], [3, 4, 5]]
print(lst1)
print("lst1:" + str(lst1))
```

上述串列的第 1 個項目是整數，第 2 和第 3 個項目是另一個字串和整數型態的串列，我們一樣是呼叫 **str()** 函數來轉換輸出串列內容，其執行結果如下所示：

```
>>> %Run ch7-2-1a.py

  [1, ['tom', 'mary', 'joe'], [3, 4, 5]]
  lst1:[1, ['tom', 'mary', 'joe'], [3, 4, 5]]
```

7-2-2　存取與走訪串列項目

在建立串列後，可以使用索引值取出和更改串列項目，或使用 for 迴圈走訪串列的項目。

♀ 使用索引運算子取出串列項目：**ch7-2-2.py**

Python 串列和字串一樣可以使用「[]」索引運算子存取指定索引值的項目，索引值是從 0 開始，也可以是負值（即從最後至第 1 個倒數值），如下所示：

```
lst1 = [1, 2, 3, 4, 5, 6]
print(lst1[0])
print(lst1[1])
print(lst1[-1])
print(lst1[-2])
```

上述程式碼依序顯示串列 lst1 的第 1 和第 2 個項目，-1 是最後 1 個，-2 是倒數第 2 個，其執行結果如下所示：

```
>>> %Run ch7-2-2.py
1
2
6
5
```

如果存取串列項目的索引值超過串列範圍，Python 直譯器會顯示 index out of range 索引超過範圍的 IndexError 錯誤訊息。

○ 使用索引運算子更改串列項目：ch7-2-2a.py

當使用索引運算子取出項目後，可以使用指定敘述更改此項目，例如：更改第 2 個項目成為 10（索引值是 1），如下所示：

```
lst1 = [1, 2, 3, 4, 5, 6]
lst1[1] = 10
lst1[2] = "Python"
print(lst1)
```

不只如此，還可以更改第 3 個項目成為字串資料型態（索引值是 2），其執行結果如下所示：

```
>>> %Run ch7-2-2a.py
[1, 10, 'Python', 4, 5, 6]
```

○ 走訪串列項目：ch7-2-2b.py

如同字串，Python 一樣可以使用 for 迴圈走訪串列的每一個項目，如下所示：

```
lst1 = [1, 2, 3, 4, 5, 6]
for e in lst1:
    print(e, end=" ")
```

上述 for 迴圈的執行結果顯示空白分隔的串列項目，如下所示：

```
>>> %Run ch7-2-2b.py
1 2 3 4 5 6
```

走訪顯示串列項目的索引值：ch7-2-2c.py

如果需要顯示串列項目的索引值，請使用 **enumerate()** 函數，如下所示：

```python
animals = ['cat', 'dog', 'bat']
for index, animal in enumerate(animals):
    print(index, animal)
```

上述 index 是索引；animal 是項目值，其執行結果如下所示：

```
>>> %Run ch7-2-2c.py
      0 cat
      1 dog
      2 bat
```

存取巢狀串列：ch7-2-2d.py

因為 Python 巢狀串列有很多層，所以需要使用多個索引值來存取指定項目，例如：2 層巢狀串列的第 1 層有 3 個項目，每一個項目是另一個串列，所以需要使用 2 個索引值來存取，如下所示：

```python
lst2 = [[2, 4], ['cat', 'dog', 'bat'], [1, 3, 5]]
print(lst2[1][0])
lst2[2][1] = 7
print(lst2)
```

上述程式碼取得和顯示 **lst2[1][0]** 第 2 個項目中的第 1 個項目，然後更改 **lst2[2][1]** 第 3 個項目中的第 2 個項目是 7，其執行結果如下所示：

```
>>> %Run ch7-2-2d.py
  cat
  [[2, 4], ['cat', 'dog', 'bat'], [1, 7, 5]]
```

使用巢狀迴圈走訪巢狀串列：ch7-2-2e.py

當 Python 巢狀串列有兩層時，我們需要使用 2 層 for 迴圈走訪每一個項目（3 層是使用 3 層 for 迴圈），如下所示：

```python
lst2 = [[2, 4], ['cat', 'dog', 'bat'], [1, 3, 5]]
for e1 in lst2:
    for e2 in e1:
        print(e2, end=" ")
```

上述 2 層 for 迴圈的執行結果可以顯示空白分隔的串列項目，如下所示：

```
>>> %Run ch7-2-2e.py
  2 4 cat dog bat 1 3 5
```

7-2-3　插入、新增與刪除串列項目

Python 串列是一個容器，可以插入、新增和刪除串列的項目。

在串列新增項目：ch7-2-3.py

Python 可以呼叫 **append()** 方法新增參數的單一項目，新增就是新增在串列的最後，如下所示：

```
lst1 = [1, 5]
lst1.append(7)
print(lst1)
lst1.append(9)
print(lst1)
```

上述第 1 個 **append()** 方法新增參數的項目 7；第 2 個新增項目 9，其執行結果如下所示：

```
>>> %Run ch7-2-3.py
   [1, 5, 7]
   [1, 5, 7, 9]
```

在串列同時新增多個項目：ch7-2-3a.py

如果需要同時新增多個項目，請使用 **extend()** 方法，如下所示：

```
lst1 = [1, 5]
lst1.extend([7, 9, 11, 13])
print(lst1)
```

上述 **extend()** 方法擴充參數的串列，一次就可以新增 4 個項目，其執行結果如下所示：

```
>>> %Run ch7-2-3a.py
   [1, 5, 7, 9, 11, 13]
```

在串列插入項目：ch7-2-3b.py

Python 串列可以使用 **insert()** 方法在參數的指定索引值插入 1 個項目，如下所示：

```
lst1 = [1, 5]
lst1.insert(1, 3)
print(lst1)
```

上述 **insert()** 方法的第 1 個參數是插入的索引值，可以在此位置插入第 2 個參數的項目，即插入第 2 個項目值 3，其執行結果如下所示：

```
>>> %Run ch7-2-3b.py
    [1, 3, 5]
```

📍 刪除串列項目：**ch7-2-3c.py**

Python 可以使用 **del** 關鍵字刪除指定索引值的串列項目，如下所示：

```
lst1 = [1, 3, 5, 7, 9, 11, 13]
del lst1[2]
print(lst1)
del lst1[4]
print(lst1)
```

上述程式碼刪除索引值 2 的第 3 個項目 5 後，再刪除索引值 4 的第 5 個項目 11（11 原來是第 6 個，因為刪除了第 3 個，所以成為第 5 個），其執行結果如下所示：

```
>>> %Run ch7-2-3c.py
    [1, 3, 7, 9, 11, 13]
    [1, 3, 7, 9, 13]
```

📍 刪除和回傳最後 1 個項目：**ch7-2-3d.py**

Python 可以使用 **pop()** 方法刪除和回傳最後 1 個項目，如下所示：

```
lst1 = [1, 3, 5, 7, 9, 11, 13]
e1 = lst1.pop()
print(e1, lst1)
```

上述 **pop()** 方法刪除最後 1 個項目和回傳值，變數 e1 是最後 1 個項目 13。如果 **pop()** 方法有索引值的參數，就是刪除和回傳此索引值的項目，如下所示：

```
e2 = lst1.pop(1)
print(e2, lst1)
```

上述 **pop()** 方法刪除索引值 1 的第 2 個項目和回傳其值，所以變數 e2 是第 2 個項目 3，其執行結果如下所示：

```
>>> %Run ch7-2-3d.py
    13 [1, 3, 5, 7, 9, 11]
    3 [1, 5, 7, 9, 11]
```

刪除指定項目值的項目：ch7-2-3e.py

如果準備刪除指定項目值（不是索引值），我們可以使用 **remove()** 方法刪除參數的項目值，如下所示：

```
lst1 = [1, 3, 5, 7, 9, 11, 13]
lst1.remove(9)
print(lst1)
lst1.remove(4)
print(lst1)
```

上述程式碼首先刪除項目值 9，然後刪除項目值 4，當成功刪除項目值 9 後，因為沒有值 4，所以顯示錯誤訊息，其執行結果如下所示：

```
>>> %Run ch7-2-3e.py

 [1, 3, 5, 7, 11, 13]
 Traceback (most recent call last):
   File "C:\Python\ch07\ch7-2-3e.py", line 4, in <module>
     lst1.remove(4)
 ValueError: list.remove(x): x not in list
```

7-2-4　串列函數與方法

Python 提供內建串列函數，和串列物件的相關方法來處理串列。

串列函數：ch7-2-4.py

Python 串列函數可以取得項目數、排序串列、加總串列項目、取得串列中的最大和最小項目等。常用串列函數說明，如表 7-6 所示。

》表 7-6　串列函數的說明

串列函數	說明
len()	回傳參數串列的長度，即項目數
max()	回傳參數串列的最大項目
min()	回傳參數串列的最小項目
list()	回傳參數字串、元組和字典等轉換成的串列
enumerate()	回傳 enumerate 物件，其內容是串列索引和項目的元組
sum()	回傳參數串列項目的總和
sorted()	回傳參數串列的排序結果

串列方法：ch7-2-4a.py

Python 串列的 append()、extend()、insert()、pop() 和 remove() 方法已經說明過。其他常用串列方法的說明，如表 7-7 所示。

》 **表 7-7　串列方法的說明**

串列方法	說明
count(item)	回傳串列中等於參數 item 項目值的個數
index(item)	回傳串列第 1 個找到參數 item 項目值的索引值，項目值不存在，就會產生 ValueError 錯誤
sort()	排序串列的項目
reverse()	反轉串列項目，第 1 個是最後 1 個；最後 1 個是第 1 個

7-3　元組型態

Python 元組（Tuple）是唯讀版的串列，一旦指定元組的項目，就不能再更改元組的項目。

7-3-1　建立與輸出元組

Python 元組是使用「()」括號建立，每一個項目使用「,」逗號分隔。在 Python 使用元組的優點，如下所示：

▷ 因為元組項目不允許更改，走訪元組比起走訪串列更有效率，可以輕微增加程式的執行效能。

▷ 元組因為項目不允許更改，可以作為字典的鍵（Keys）來使用，但串列不可以。

▷ 如果程式需要使用不允許更改的唯讀串列，可以使用元組來實作，而且保證項目不會被更改。

Python 可以使用指定敘述指定變數值是一個元組，元組的項目可以是相同資料型態，也可以是不同資料型態（Python 程式：ch7-3-1.py），如下所示：

```
t1 = (1, 2, 3, 4, 5)
t2 = (1, 'Joe', 5.5)
t3 = tuple(["tom", "mary", "joe"])
t4 = tuple("python")
```

上述第 1 個元組項目都是整數，第 2 個元組項目是不同資料型態，第 3 個是以 **tuple()** 物件方式使用串列建立元組，最後將字串的每一個字元分割建立成元組。然後使用 **print()** 函數輸出元組項目，如下所示：

```
print(t1)
print(t2, t3)
print("t4 = " + str(t4))
```

上述 **print()** 函數輸出元組變數 t1~t3 的內容，也可以呼叫 **str()** 函數轉換成字串型態來輸出元組項目，其執行結果如下所示：

```
>>> %Run ch7-3-1.py

 (1, 2, 3, 4, 5)
 (1, 'Joe', 5.5) ('tom', 'mary', 'joe')
 t4 = ('p', 'y', 't', 'h', 'o', 'n')
```

7-3-2　取出與走訪元組項目

在建立元組後，可以使用索引值取出元組項目（因為是唯讀，只能取出項目，不允許更改項目），或使用 for 迴圈走訪元組的所有項目。

⬤ 使用索引運算子取出元組項目：**ch7-3-2.py**

Python 元組因為是唯讀串列，可以使用「[]」索引運算子取出指定索引值的項目，索引值是從 0 開始，也可以是負值，如下所示：

```
t1 = (1, 2, 3, 4, 5, 6)
print(t1[0])
print(t1[1])
print(t1[-1])
print(t1[-2])
```

上述程式碼依序顯示元組 t1 的第 1 和第 2 個項目，-1 是最後 1 個，-2 是倒數第 2 個，其執行結果如下所示：

```
>>> %Run ch7-3-2.py

 1
 2
 6
 5
```

❾ 走訪元組的每一個項目：ch7-3-2a.py

Python 的 for 迴圈一樣可以走訪元組的每一個項目，如下所示：

```
t1 = (1, 2, 3, 4, 5, 6)
for e in t1:
    print(e, end=" ")
```

上述 for 迴圈一一取出元組每一個項目和顯示出來，其執行結果如下所示：

```
>>> %Run ch7-3-2a.py
    1 2 3 4 5 6
```

7-3-3　元組函數與元組方法

Python 提供內建元組函數，和元組物件的相關方法來處理元組。

❾ 元組函數：ch7-3-3.py

Python 元組函數和和串列函數幾乎相同，只有 **list()** 換成了 **tuple()**，如表 7-8 所示。

》 表 7-8　元組函數的說明

元組函數	說明
tuple()	回傳參數字串、串列和字典等轉換成的元組

❾ 元組方法：ch7-3-3a.py

Python 元組方法可以搜尋項目和計算出現次數。常用元組方法的說明，如表 7-9 所示。

》 表 7-9　元組方法的說明

元組方法	說明
count(item)	回傳元組中等於參數項目值的個數
index(item)	回傳元組第 1 個找到參數項目值的索引值，項目值不存在，就會產生 ValueError 錯誤

7-4　字典型態

Python 字典（Dictionaries）是一種儲存鍵值資料的容器型態，可以使用鍵（Key）取出和更改值（Value），或使用鍵新增和刪除值。

7-4-1　建立與輸出字典

Python 字典是使用大括號「{}」定義成對的鍵和值（Key-value Pairs），每一對使用「,」逗號分隔，鍵和值是使用「:」冒號分隔，如下所示：

```
{
    "key1": "value1",
    "key2": "value2",
    "key3": "value3",
    ...
}
```

上述 key1~3 是鍵，其值必須是唯一，資料型態只能是字串、數值和元組型態。

📍 建立字典和輸出字典內容：ch7-4-1.py

Python 可以使用指定敘述指定變數值是一個字典，字典的鍵和值可以是相同資料型態，也可以是不同資料型態，如下所示：

```
d1 = {1: 'apple', 2: 'ball'}
d2 = dict([(1, "tom"), (2, "mary"), (3, "john")])
print(d1)
print("d2 = " + str(d2))
```

上述第 1 個字典的鍵是整數；值是字串，第 2 個字典使用 **dict()** 物件方式，以串列參數來建立字典，每一個項目是 2 個項目的元組（第 1 個是鍵；第 2 個是值），然後使用 **print()** 函數輸出字典內容，也可以呼叫 **str()** 函數轉換成字串型態來輸出字典，其執行結果如下所示：

```
>>> %Run ch7-4-1.py

{1: 'apple', 2: 'ball'}
d2 = {1: 'tom', 2: 'mary', 3: 'john'}
```

❉ 建立複雜結構的字典：**ch7-4-1a.py**

Python 字典的值可以是整數、字串外，還可以是串列或其他的字典，如下所示：

```
d1 = {
    "name": "joe",
    1: [2, 4, 6],
    "grade": {
              "english":80,
              "math":78
             }
    }
print(d1)
```

上述字典第 1 個鍵的值是字串，第 2 個是串列，最後 1 個是字典，其執行結果如下所示：

>>> %Run ch7-4-1a.py

　{'name': 'joe', 1: [2, 4, 6], 'grade': {'english': 80, 'math': 78}}

7-4-2　取出、更改、新增與走訪字典內容

在建立字典後，可以使用鍵（Key）取出、更改和新增字典值，或使用 for 迴圈走訪字典的鍵和值。

❉ 取出字典值：**ch7-4-2.py**

Python 字典也是使用「[]」索引運算子存取指定鍵的值，如下所示：

```
d1 = {"chicken": 2, "dog": 4, "cat":3}
print(d1["cat"])
print(d1["dog"])
print(d1["chicken"])
```

上述程式碼依序顯示字典 d1 的鍵是 "cat"、"dog" 和 "chicken" 的值 3、4 和 2，其執行結果如下所示：

```
>>> %Run ch7-4-2.py
3
4
2
```

📍 更改字典值：**ch7-4-2a.py**

更改字典值是使用指定敘述「**=**」等號，例如：更改鍵 **"cat"** 的值成為 4，如下所示：

```
d1 = {"chicken": 2, "dog": 4, "cat":3}
d1["cat"] = 4
print(d1)
```

上述程式碼的執行結果，如下所示：

```
>>> %Run ch7-4-2a.py

{'chicken': 2, 'dog': 4, 'cat': 4}
```

📍 新增字典的鍵值對：**ch7-4-2b.py**

當指定敘述更改的字典鍵不存在，就是新增字典的鍵值對，如下所示：

```
d1 = {"chicken": 2, "dog": 4, "cat":3}
d1["spider"] = 8
print(d1)
```

上述程式碼因為字典沒有 **"spider"** 鍵，所以就是新增鍵 **"spider"**；值 8 的鍵值對，其執行結果如下所示：

```
>>> %Run ch7-4-2b.py

{'chicken': 2, 'dog': 4, 'cat': 3, 'spider': 8}
```

📍 走訪字典的鍵來取出值：**ch7-4-2c.py**

Python 可以使用 for 迴圈走訪字典的鍵來取出值，如下所示：

```
d1 = {"chicken": 2, "dog": 4, "cat":3}
for animal in d1:
    legs = d1[animal]
    print(animal, legs, end=" ")
```

上述程式碼建立字典變數 **d1** 後，使用 for 迴圈走訪字典的所有鍵，可以顯示各種動物有幾隻腳的值，其執行結果如下所示：

```
>>> %Run ch7-4-2c.py

chicken 2 dog 4 cat 3
```

◉ 同時走訪字典的鍵和值：ch7-4-2d.py

如果需要同時走訪字典的鍵和值，請使用 **items()** 方法，如下所示：

```python
d1 = {"chicken": 2, "dog": 4, "cat":3}
for animal, legs in d1.items():
    print("動物:", animal, "/腳:", legs, "隻")
```

```
>>> %Run ch7-4-2d.py
        動物: chicken /腳: 2 隻
        動物: dog /腳: 4 隻
        動物: cat /腳: 3 隻
```

7-4-3　刪除字典值

Python 字典一樣可以使用 **del** 關鍵字和相關方法來刪除字典值。

◉ 使用 del 關鍵字刪除字典值：ch7-4-3.py

Python 可以使用 **del** 關鍵字刪除指定鍵的值，如下所示：

```python
d1 = {1:1, 2:4, "name":"joe", "age":20, 5:22}
del d1[2]
print(d1)
del d1["age"]
print(d1)
```

上述程式碼依序刪除鍵是 2 和 "age" 的字典值，其執行結果如下所示：

```
>>> %Run ch7-4-3.py
    {1: 1, 'name': 'joe', 'age': 20, 5: 22}
    {1: 1, 'name': 'joe', 5: 22}
```

◉ 刪除和回傳字典值：ch7-4-3a.py

Python 可以使用 **pop()** 方法刪除參數的鍵，和回傳值，如下所示：

```python
d1 = {1:1, 2:4, "name":"joe", "age":20, 5:22}
e1 = d1.pop(5)
print(e1, d1)
```

上述 **pop()** 方法刪除鍵是 5 的值，和回傳此值，變數 e1 是值 22，其執行結果如下所示：

```
>>> %Run ch7-4-3a.py
    22 {1: 1, 2: 4, 'name': 'joe', 'age': 20}
```

❑ 刪除字典的所有鍵值對：ch7-4-3b.py

Python 可以使用 **clear()** 方法刪除字典的所有鍵值對，即清空成一個空字典：{}，如下所示：

```
d1 = {1:1, 2:4, "name":"joe", "age":20, 5:22}
d1.clear()
print(d1)
```

7-4-4　字典函數與字典方法

Python 提供內建字典函數，和字典物件的相關方法來處理字典。

❑ 字典函數：ch7-4-4.py

Python 字典函數可以取得字典長度的鍵值對數、建立字典和排序字典的鍵等。常用字典函數說明，如表 7-10 所示。

》 表 7-10　字典函數的說明

字典函數	說明
len()	回傳參數字典的長度，即鍵值對數
dict()	回傳參數轉換成的字典
sorted()	回傳字典中，鍵排序結果的串列

❑ 字典方法：ch7-4-4a.py

Python 字典物件的 pop()、popitem() 和 clear() 方法已經說明過，其他常用字典方法的說明，如表 7-11 所示。

》 表 7-11　字典方法的說明

字典方法	說明
get(key, default)	回傳字典中參數 key 鍵的值，如果 key 鍵不存在，回傳 None，也可以指定第 2 個參數 default 當沒有 key 鍵時，回傳的預設值
keys()	回傳字典中所有鍵的 dict_keys 物件
values()	回傳字典中所有值的 dict_values 物件

上表 **keys()** 和 **values()** 方法可以回傳 dict_keys 和 dict_values 物件，在建立串列後，使用 for 迴圈來顯示鍵或值，如下所示：

```
d1 = {"tom":2, "bob":3, "mike":4}
t1 = d1.keys()
lst1 = list(t1)
for i in lst1:
    print(i, end=" ")
```

7-5　字串與容器型態的運算子

字串與容器型態提供多種運算子來連接、重複內容、判斷是否有此成員,和關係運算子,也可以使用切割運算子來分割字串和容器型態。

7-5-1　連接運算子

算術運算子的「+」加法可以使用在字串、串列、元組(字典不支援),此時是連接運算子,可以連接 2 個字串、串列和元組(Python 程式:ch7-5-1.py),如下所示:

▷ 連接 2 個字串成:Hello World!,如下所示:

```
str1, str2 = "Hello ", "World!"
str3 = str1 + str2
print(str3)
```

▷ 連接 2 個串列,即合併串列成:[2, 4, 6, 8, 10],如下所示:

```
lst1, lst2 = [2, 4], [6, 8, 10]
lst3 = lst1 + lst2
print(lst3)
```

▷ 連接 2 個元組,即合併元組成:(2, 4, 6, 8, 10),如下所示:

```
t1, t2 = (2, 4), (6, 8, 10)
t3 = t1 + t2
print(t3)
```

7-5-2　重複運算子

算術運算子的「*」乘法使用在字串、串列和元組（字典不支援）是重複運算子，可以重複第 2 個運算元次數的內容（Python 程式：ch7-5-2.py），如下所示：

▷ 重複 3 次 str1 字串內容是：HelloHelloHello，如下所示：

```python
str1 = "Hello"
str2 = str1 * 3
print(str2)
```

▷ 重複 3 次 lst1 串列的項目是：[1, 2, 1, 2, 1, 2]，如下所示：

```python
lst1 = [1, 2]
lst2 = lst1 * 3
print(lst2)
```

▷ 重複 3 次 t1 元組的項目是：(1, 2, 1, 2, 1, 2)，如下所示：

```python
t1 = (1, 2)
t2 = t1 * 3
print(t2)
```

7-5-3　成員運算子

Python 字串、串列、元組和字典都可以使用成員運算子 in 和 not in 來檢查是否屬於，或不屬於成員（Python 程式：ch7-5-3.py），如下所示：

▷ 檢查字串 "come" 是否存在 str 字串中，如下所示：

```python
str = "Welcome!"
print("come" in str)        # True
print("come" not in str)    # False
```

▷ 檢查項目 8 是否存在 lst1 串列，項目 2 是否不存在 lst1 串列，如下所示：

```python
lst1 = [2, 4, 6, 8]
print(8 in lst1)            # True
print(2 not in lst1)        # False
```

▷ 檢查項目 8 是否存在 t1 元組，項目 2 是否不存在 t1 元組，如下所示：

```python
t1 = (2, 4, 6, 8)
print(8 in t1)              # True
print(2 not in t1)          # False
```

▷ 檢查鍵 "tom" 是否存在字典 d1，是否不存在字典 d1，如下所示：

```
d1 = {"tom": 2, "joe": 3}
print("tom" in d1)         # True
print("tom" not in d1)     # False
```

7-5-4　關係運算子

　　整數和浮點數的關係運算子（==、!=、<、<=、> 和 >=）一樣可以使用在字串、串列和元組來進行比較（Python 程式：ch7-5-4.py），如下所示：

▷ 字串是一個字元和一個字元進行比較，直到分出大小為止，如下所示：

```
print("green" == "glow")    # False
print("green" != "glow")    # True
print("green" > "glow")     # True
print("green" >= "glow")    # True
print("green" < "glow")     # False
print("green" <= "glow")    # False
```

▷ 串列和元組的關係運算子是一個項目和一個項目依序的比較，如果是相同型態，就比較其值，不同型態，就使用型態名稱來比較。

▷ 字典只支援關係運算子「==」和「!=」，可以判斷 2 個字典是否相等，或不相等（字典不支援其他關係運算子），如下所示：

```
d1 = {"tom":30, "bobe":3}
d2 = {"bobe":3, "tom":30}
print(d1 == d2)             # True
print(d1 != d2)             # False
```

7-5-5　切割運算子

　　Python 的「[]」索引運算子也是一種切割運算子（Slicing Operator），可以從原始字串、串列和元組切割出所需的部分內容，其基本語法如下所示：

```
字串、串列或元組[start:end]
```

　　上述 [] 語法中使用「:」冒號分隔成 2 個索引位置，可以取回字串、串列和元組從索引位置 start 開始到 end-1 之間的部分內容，如果沒有 start，就是從 0 開始；沒有 end 就是到最後 1 個字元或項目。

　　例如：本節 str1 字串和 lst1 串列和 t1 元組都是相同內容（Python 程式分別是：ch7-5-5.py、ch7-5-5a 和 ch7-5-5b.py），如下所示：

```
str1 = 'Hello World!'
lst1 = list('Hello World!')
t1 = tuple('Hello World!')
```

　　上述程式碼建立串列和元組項目都是：['H', 'e', 'l', 'l', 'o', ' ', 'W', 'o', 'r', 'l', 'd', '!']。以字串為例的索引位置值可以是正，也可以是負值，如下圖所示：

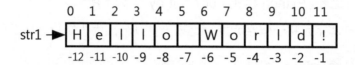

　　Python 切割運算子的範例，T 代表 str1、lst1 或 t1，如表 7-12 所示。

》 表 7-12　切割運算子的範例

切割內容	索引值範圍	取出的子字串、子串列和子元組
T[1:3]	1~2	"el" ['e', 'l'] ('e', 'l')
T[1:5]	1~4	"ello" ['e', 'l', 'l', 'o'] ('e', 'l', 'l', 'o')
T[:7]	0~6	"Hello W" ['H', 'e', 'l', 'l', 'o', ' ', 'W'] ('H', 'e', 'l', 'l', 'o', ' ', 'W')
T[4:]	4~11	"o World!" ['o', ' ', 'W', 'o', 'r', 'l', 'd', '!'] ('o', ' ', 'W', 'o', 'r', 'l', 'd', '!')
T[1:-1]	1~(-2)	"ello World" ['e', 'l', 'l', 'o', ' ', 'W', 'o', 'r', 'l', 'd'] ('e', 'l', 'l', 'o', ' ', 'W', 'o', 'r', 'l', 'd')
T[6:-2]	6~(-3)	"Worl" ['W', 'o', 'r', 'l'] ('W', 'o', 'r', 'l')

1. 請說明什麼是 Python 字串？簡單說明串列和巢狀串列？如何建立字串與串列變數？

2. 請說明什麼元組？元組和串列的差異為何？什麼是字典？

3. 請問如何在字串、串列和元組使用切割運算子？

4. 請建立 Python 程式輸入 2 個字串，然後連接 2 個字串成為一個字串後，顯示連接後的字串內容。

5. 請在 Python 程式建立 10 個項目的串列，串列項目值是索引值 +1，然後計算項目值的總和與平均。

6. 請在 Python 程式建立一個空串列，在輸入 4 筆學生成績資料：95、85、76、56 一一新增至串列後，計算成績的總分和平均。

7. 請建立 Python 程式使用串列：["tom", "mary", "joe"] 建立成元組，然後建立對應的成績元組，項目是 85, 76 和 58，在顯示學生數、成績總分和平均後，讓使用者輸入學號來查詢學生姓名和成績。

8. 請改用字典建立學習評量 7. 的 Python 程式，姓名是鍵；成績是值。

Note

CHAPTER **8**

檔案、類別與例外處理

◎本章內容

8-1　檔案處理

Python 提供檔案處理（File Handling）的內建函數，可以讓我們將資料寫入檔案，和讀取檔案的資料。

8-1-1　開啓與關閉檔案

Python 是使用 **open()** 函數開啟檔案，因為同一 Python 程式可以開啟多個檔案，所以使用回傳的檔案物件（File Object），或稱為檔案指標（File Pointer）來識別是不同的檔案。

◉ 開啓與關閉檔案：ch8-1-1.py

在 Python 程式可以使用 **open()** 函數開啟檔案；**close()** 方法關閉檔案，如下所示：

```
fp = open("note.txt", "w")
if fp != None:
    print("檔案開啓成功!")
fp.close()
```

上述 **open()** 函數的第 1 個參數是檔案名稱或檔案完整路徑，第 2 個參數是檔案開啟的模式字串，支援的開啟模式字串說明，如表 8-1 所示。

》**表 8-1　檔案開啓模式字串說明**

模式字串	當開啟檔案已經存在	當開啟檔案不存在
r	開啓唯讀檔案	產生錯誤
w	清除檔案內容後寫入	建立寫入檔案
a	開啓檔案從檔尾開始寫入	建立寫入檔案
r+	開啓讀寫檔案	產生錯誤
w+	清除檔案內容後讀寫內容	建立讀寫檔案
a+	開啓檔案從檔尾開始讀寫	建立讀寫檔案

上表模式字串只需加上「+」符號，就表示增加檔案更新功能，所以「r+」成為可讀寫檔案。當 **open()** 函數成功開啟檔案會回傳檔案指標，我們可以使用 if 條件檢查檔案是否開啟成功，如下所示：

```
if fp != None:
    print("檔案開啓成功!")
```

上述 if 條件檢查檔案指標 fp，如果不是 None，就表示檔案開啟成功，在執行完檔案操作後，請使用檔案指標 fp 的檔案物件執行 **close()** 方法來關閉檔案，其執行結果如下所示：

```
>>> %Run ch8-1-1.py
檔案開啟成功！
```

○ 開啟檔案的檔案路徑：ch8-1-1a.py

Python 開啟檔案的路徑如果使用「\」符號，在 Windows 作業系統需要使用逸出字元「\\」，如下所示：

```
fp = open("temp\\note.txt", "w")
```

上述參數 "temp\\note.txt" 就是路徑「temp\note.txt」。另一種方式是使用「/」符號來取代「\」符號（Python 程式：ch8-1-1b.py），如下所示：

```
fp = open("temp/note.txt", "w")
```

8-1-2　寫入資料到檔案

當 Python 程式成功開啟檔案後，可以呼叫 **write()** 方法將參數字串寫入檔案。

○ 寫入換行資料至檔案：ch8-1-2.py

請注意！不同於 **print()** 函數預設加上換行的「\n」新行字元，**write()** 方法如需換行，請自行在字串後加上新行字元，如下所示：

```
"陳會安\n"
Python程式開啟寫入檔案note.txt後，寫入2行姓名資料，如下所示：
fp = open("note.txt", "w")
fp.write("陳會安\n")
fp.write("江小魚\n")
print("已經寫入2個姓名到檔案note.txt!")
fp.close()
```

上述程式碼開啟寫入檔案 note.txt 後，呼叫 2 次 **write()** 方法來寫入資料，在資料後都有加上新行字元來換行，其執行結果如下所示：

```
>>> %Run ch8-1-2.py
已經寫入2個姓名到檔案note.txt!
```

請使用【記事本】開啟「Python/ch08」目錄下的 note.txt，可以看到檔案內容有 2 行姓名，如下圖所示：

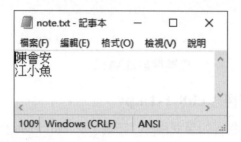

🔵 寫入沒有換行的資料至檔案：ch8-1-2a.py

Python 程式準備寫入資料至「temp/note.txt」檔案，此時呼叫的 **write()** 方法並沒有使用新行字元，如下所示：

```python
fp = open("temp/note.txt", "w")
fp.write("陳會安")
fp.write("江小魚")
print("已經寫入2個姓名到檔案note.txt!")
fp.close()
```

在執行 Python 程式後，開啟「temp/note.txt」檔案，可以看到寫入的 2 個字串並沒有換行，如下圖所示：

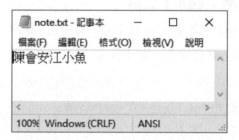

8-1-3　在檔案新增資料

在第 8-1-2 節寫入資料到檔案前會清除檔案內容，如同在全新檔案寫入資料，如果想在檔案現有資料最後新增資料，例如：在 note.txt 檔案最後再新增姓名資料，請使用 "a" 模式字串開啟新增檔案，如下所示：

```python
fp = open("note.txt", "a")
```

❂ 新增換行資料至檔案：**ch8-1-3.py**

在 Python 程式開啟新增檔案 note.txt 後，再新增 1 行姓名資料至檔尾，如下所示：

```
fp = open("note.txt", "a")
fp.write("陳允傑\n")
print("已經新增1個姓名到檔案note.txt!")
fp.close()
```

上述程式碼的 **open()** 函數是使用 **"a"** 模式字串，所以 **write()** 方法寫入的字串是在現有檔案的最後，也就是新增資料至檔尾，其執行結果如下所示：

>>> **%Run** ch8-1-3.py

已經新增1個姓名到檔案note.txt!

請使用【記事本】開啟「Python/ch08」目錄下的 note.txt，可以看到檔案內容有 3 行姓名，如下圖所示：

❂ 新增沒有換行資料至檔案：**ch8-1-3a.py**

Python 程式準備新增資料至「temp/note.txt」檔案，此時呼叫的 **write()** 方法並沒有使用新行字元，如下所示：

```
fp = open("temp/note.txt", "a")
fp.write("陳允傑")
print("已經新增1個姓名到檔案note.txt!")
fp.close()
```

在執行 Python 程式後，開啟「temp/note.txt」檔案，可以看到寫入的字串並沒有換行，如下圖所示：

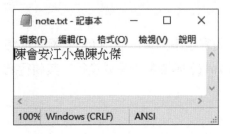

8-1-4　讀取檔案的全部內容

檔案物件提供多種方法來讀取檔案內容，在這一節是讀取檔案的全部內容，下一節只讀取檔案的部分內容。因為是讀取檔案，**open()** 函數是使用 **"r"** 模式字串來開啟檔案，如下所示：

```
fp = open("note.txt", "r")
```

◉ 使用 read() 方法讀取檔案全部內容：ch8-1-4.py

當檔案物件的 **read()** 方法沒有參數時，就是讀取檔案的全部內容，如下所示：

```
fp = open("note.txt", "r")
str1 = fp.read()
print("檔案內容:")
print(str1)
fp.close()
```

上述程式碼讀取整個檔案成為一個字串，然後顯示字串內容，其執行結果如下所示：

```
>>> %Run ch8-1-4.py
      檔案內容：
      陳會安
      江小魚
      陳允傑
```

◉ 使用 readlines() 方法讀取檔案全部內容：ch8-1-4a.py

Python 程式也可以使用檔案物件的 **readlines()** 方法，讀取檔案內容成為一個串列，每一行是一個項目，如下所示：

```
fp = open("note.txt", "r")
list1 = fp.readlines()
print("檔案內容:")
print(list1)
for line in list1:
    print(line, end="")
fp.close()
```

上述程式碼讀取檔案內容至串列後，使用 for 迴圈顯示每一行的內容，因為檔案的每一行都有換行，所以 **print()** 函數就不需要換行，其執行結果如下所示：

```
>>> %Run ch8-1-4a.py
```
```
檔案內容:
['陳會安\n', '江小魚\n', '陳允傑\n']
陳會安
江小魚
陳允傑
```

8-1-5　讀取檔案的部分內容

Python 程式可以呼叫 **read()** 或 **readline()** 方法讀取檔案的部分內容，**read()** 方法可以讀取參數的指定字元數；**readline()** 方法是一次讀取一行。

使用 **read()** 方法讀取檔案的部分內容：**ch8-1-5.py**

在檔案物件的 **read()** 方法可以加上參數值來讀取所需的字元數，如下所示：

```python
fp = open("note.txt", "r")
str1 = fp.read(1)
str2 = fp.read(2)
print("檔案內容:")
print(str1)
print(str2)
fp.close()
```

上述程式碼從目前檔案指標讀取 1 個字元和 2 個字元（中文字佔 2 個字元；英文字母是 1 個字元），其執行結果如下所示：

```
>>> %Run ch8-1-5.py
```
```
檔案內容:
陳
會安
```

使用 **readline()** 方法讀取檔案的部分內容：**ch8-1-5a.py**

Python 程式可以使用 **readline()** 方法只讀取檔案的 1 行文字內容，如下所示：

```python
fp = open("note.txt", "r")
str1 = fp.readline()
str2 = fp.readline()
print("檔案內容:")
print(str1)
print(str2)
fp.close()
```

上述程式碼讀取目前檔案指標至此行最後 1 個字元(含新行字元「\n」)的一行內容,每呼叫 1 次可以讀取 1 行,因為讀取的行有新行字元,**print()** 函數也會換行,所以執行結果在中間空一行,如下所示:

```
>>> %Run ch8-1-5a.py
檔案內容:
陳會安

江小魚
```

8-1-6　with/as 程式區塊和走訪檔案物件

Python 檔案處理需要在處理完後自行呼叫 **close()** 方法來關閉檔案,對於這些需要善後的操作,如果擔心忘了執行事後清理工作,我們可以改用 with/as 程式區塊讀取檔案內容。

因為 Python 檔案物件就是檔案內容的容器物件,我們一樣可以使用 for 迴圈走訪檔案物件來讀取資料。

📍 使用 with/as 程式區塊讀取檔案全部內容:ch8-1-6.py

Python 程式改用 with/as 程式區塊讀取檔案全部內容,如下所示:

```python
with open("note.txt", "r") as fp:
    str1 = fp.read()
    print("檔案內容:")
    print(str1)
```

上述程式碼建立讀取檔案內容的程式區塊(別忘了 fp 後的「:」冒號),當執行完程式區塊,就會自動關閉檔案,其執行結果如下所示:

```
>>> %Run ch8-1-6.py
檔案內容:
陳會安
江小魚
陳允傑
```

📍 走訪檔案物件來讀取資料:ch8-1-6a.py

Python 程式開啟 2 次 note.txt 檔案,然後分別使用 for 迴圈走訪檔案物件來讀取每一行的資料,如下所示:

```python
fp = open("note.txt", "r")
print("檔案內容(有換行):")
for line in fp:
```

```
    print(line)
fp.close()
fp = open("note.txt", "r")
print("檔案內容(沒換行):")
for line in fp:
    print(line, end="")
fp.close()
```

上述程式碼的第 1 個 for 迴圈顯示檔案物件的每一行，**print()** 函數有換行，第 2 個 for 迴圈再次顯示檔案物件的每一行，因為 **print()** 函數沒有換行，執行結果可以顯示 2 次檔案中的每一行，只差在 **print()** 函數，第 1 個有換行，第 2 個沒有換行，如下所示：

```
>>> %Run ch8-1-6a.py
檔案內容(有換行):
陳會安

江小魚

陳允傑

檔案內容(沒換行):
陳會安
江小魚
陳允傑
```

請注意！因為檔案指標如同水流一般是單向前進，並不會回頭，在第 1 次開啟檔案讀到檔尾後，指標並不會回頭，我們需要開啟 2 次檔案，才能再從頭開始來讀取每一行。

8-2　二進位檔案讀寫

在第 8-1 節的檔案處理是文字檔案處理，我們處理的是字串資料，二進位檔案（Binary Files）讀寫不只可以處理字串，還可以存取整數和整個串列。

換句話說，我們可以將整個 Python 容器型態存入二進位檔案後，再原封不動的將資料讀取出來。

8-2-1　將資料寫入二進位檔案

Python 二進位檔案處理需要使用 pickle 模組。在 Python 程式首先需要匯入模組（關於模組和套件的說明，請參閱第 9 章），如下所示：

```
import pickle
```

上述程式碼使用 import 關鍵字匯入名為 pickle 的模組後，就可以使用此模組的函數或方法來執行二進位檔案處理。

○ 開啓和關閉二進位檔案：**ch8-2-1.py**

Python 一樣是使用 **open()** 函數開啟二進位檔案，只是開啟模式字串不同，如下所示：

```
fp = open("note.dat", "wb")
if fp != None:
    print("二進位檔案開啓成功!")
fp.close()
```

上述函數開啟檔案 note.dat，第 2 個參數的模式字串多了字元 "b"，表示開啟寫入的二進位檔案 (讀取是 "rb")。關閉二進位檔案一樣是使用 **close()** 方法，其執行結果如下所示：

```
>>> %Run ch8-2-1.py
二進位檔案開啟成功!
```

○ 將資料寫入二進位檔案：**ch8-2-1a.py**

Python 程式是呼叫 pickle 模組的 **dump()** 方法將資料寫入二進位檔案，我們準備開啟 note.dat 二進位檔案後，呼叫 3 次 pickle 模組的 **dump()** 方法來依序寫入整數、字串和串列，如下所示：

```
import pickle

fp = open("note.dat", "wb")
print("寫入整數: 11")
pickle.dump(11, fp)
print("寫入字串: '陳會安'")
pickle.dump("陳會安", fp)
print("寫入串列: [1, 2, 3, 4]")
pickle.dump([1, 2, 3, 4], fp)
fp.close()
```

上述程式碼依序寫入整數、字串和一個串列。請注意！寫入順序很重要，因為第 8-2-2 節需要使用相同順序再將資料讀取出來，其執行結果如下所示：

```
>>> %Run ch8-2-1a.py
寫入整數: 11
寫入字串: '陳會安'
寫入串列: [1, 2, 3, 4]
```

8-2-2　從二進位檔案讀取資料

Python 程式是使用 pickle 模組的 **load()** 方法從二進位檔案讀取資料，首先開啟讀取的二進位檔案，如下所示：

```
fp = open("note.dat", "rb")
```

上述程式碼使用 **open()** 函數開啟檔案，第 2 個參數 "rb" 是開啟讀取的二進位檔案。

◉ 從二進位檔案讀取資料：ch8-2-2.py

在 Python 程式開啟 note.dat 二進位檔案後，呼叫 3 次 pickle 模組的 **load()** 方法依序讀取整數、字串和串列，如下所示：

```python
import pickle

fp = open("note.dat", "rb")
i = pickle.load(fp)
print("讀取整數 = ", str(i))
str1 = pickle.load(fp)
print("讀取姓名 = ", str1)
list1 = pickle.load(fp)
print("讀取串列 = ", str(list1))
fp.close()
```

上述程式碼依序讀取整數、字串和串列，可以看到順序和第 8-2-1 節的寫入順序相同，其執行結果如下所示：

```
>>> %Run ch8-2-2.py
讀取整數 =  11
讀取姓名 =  陳會安
讀取串列 =  [1, 2, 3, 4]
```

◉ 使用二進位檔案存取字典資料：ch8-2-2a.py

Python 程式的 pickle 模組一樣可以處理字典資料，我們可以將字典變數存入二進位檔案後，原封不動的再從二進位檔案讀取字典資料，如下所示：

```python
import pickle

data = {
    "name": "Joe Chen",
    "age": 22,
    "score": 95,
```

```
    }
with open("dic.dat", "wb") as f:
    pickle.dump(data, f)
with open("dic.dat", "rb") as f:
    new_data = pickle.load(f)
print(new_data)
```

上述程式碼建立字典變數 data 後，使用二個 with/as 程式區塊，第 1 個是呼叫 **dump()** 方法寫入字典，第 2 個是呼叫 **load()** 方法讀取字典資料，其執行結果如下所示：

```
>>> %Run ch8-2-2a.py
    {'name': 'Joe Chen', 'age': 22, 'score': 95}
```

8-3　類別與物件

Python 是一種物件導向程式語言，事實上，Python 所有內建資料型態都是物件，包含：模組和函數等也都是物件。

8-3-1　定義類別和建立物件

物件導向程式是使用物件建立程式，每一個物件儲存資料（Data）和提供行為（Behaviors），透過物件之間的通力合作來完成功能。Python 程式：ch8-3-1.py 的執行結果可以顯示學生物件的成績資料，如下所示：

```
>>> %Run ch8-3-1.py
    姓名 ＝ 陳會安
    成績 ＝ 85
    s1.name ＝ 陳會安
    s1.grade ＝ 85
```

♀ 使用 class 定義類別

類別（Class）是物件的模子和藍圖，我們需要先定義類別，才能依據類別的模子來建立物件。例如：定義 Student 類別，如下所示：

```
class Student:
    def __init__(self, name, grade):
        self.name = name
        self.grade = grade
```

```
    def displayStudent(self):
        print("姓名 = " + self.name)
        print("成績 = " + str(self.grade))
```

上述程式碼使用 class 關鍵字定義類別，在之後是類別名稱 Student，然後是「:」冒號，在之後是類別定義的程式區塊（Function Block）。

一般來說，類別擁有儲存資料的資料欄位（Data Field）、定義行為的方法（Methods），和一個特殊名稱的方法稱為建構子（Constructors），其名稱是 **__init__**。

類別建構子 __init__

類別建構子是每一次使用類別建立新物件時，就會自動呼叫的方法，Python 類別的建構子名稱是 **__init__**，不允許更名，請注意！在 init 前後是 2 個「_」底線，如下所示：

```
    def __init__(self, name, grade):
        self.name = name
        self.grade = grade
```

上述建構子寫法和 Python 函數相同，在建立新物件時，可以使用參數來指定資料欄位 name 和 grade 的初值。

建構子和方法的 self 變數

在 Python 類別建構子和方法的第 1 個參數是 self 變數，這是一個特殊變數，絕對不可以忘記此參數。不過，self 不是 Python 語言的關鍵字，只是約定俗成的變數名稱，self 變數的值是參考呼叫建構子或方法的物件，以建構子 **__init__()** 方法來說，參數 self 的值就是參考新建立的物件，如下所示：

```
    self.name = name
    self.grade = grade
```

上述程式碼 **self.name** 和 **self.grade** 就是指定新物件資料欄位 name 和 grade 的值。

資料欄位：name 和 grade

類別的資料欄位，或稱為成員變數（Member Variables），在 Python 類別定義資料欄位並不需要特別語法，只要是使用 self 開頭存取的變數，就是資料欄位，在 Student 類別的資料欄位有 name 和 grade，如下所示：

```
    self.name = name
    self.grade = grade
```

上述程式碼是在建構子指定資料欄位的初值，沒有特別語法，name 和 grade 就是類別的資料欄位。

📍 方法：**displayStudent()**

類別的方法就是 Python 函數，只是第 1 個參數一定是 self 變數，而且在存取資料欄位時，不要忘了使用 self 變數來存取（因為有 self 才是存取資料欄位），如下所示：

```
def displayStudent(self):
    print("姓名 = " + self.name)
    print("成績 = " + str(self.grade))
```

📍 使用類別建立物件

當定義類別後，就可以使用類別建立物件，也稱為實例（Instances），同一類別可以如同工廠生產般的建立多個物件，如下所示：

```
s1 = Student("陳會安", 85)
```

上述程式碼建立物件 s1，**Student()** 是呼叫 Student 類別的建構子方法，擁有 2 個參數來建立物件，然後使用「.」運算子呼叫物件方法，如下所示：

```
s1.displayStudent()
```

同樣語法，我們可以存取物件的資料欄位，如下所示：

```
print("s1.name = " + s1.name)
print("s1.grade = " + str(s1.grade))
```

8-3-2　類別的繼承

繼承是物件的再利用，當定義好類別後，其他類別可以繼承此類別的資料和方法，新增或取代繼承類別的資料和方法，而不用修改其繼承類別的程式碼。Python 程式：ch8-3-2.py 的執行結果可以顯示 Car 物件的資料，如下所示：

```
>>> %Run ch8-3-2.py

名稱 = Ford
車型 = GT350
車輛廠牌 = Ford
```

📍 父類別 Vehicle

在 Python 實作類別繼承，首先定義父類別 Vehicle，如下所示：

```
class Vehicle:
    def __init__(self, name):
        self.name = name

    def setName(self, name):
        self.name = name

    def getName(self):
        return self.name
```

上述類別擁有建構子，**setName()** 和 **getName()** 二個方法來存取資料欄位 name，資料欄位有 name。

📍 子類別 Car

在子類別 Car 定義是繼承父類別 Vehicle，如下所示：

```
class Car(Vehicle):
    def __init__(self, name, model):
        super().__init__(name)
        self.model = model

    def displayCar(self):
        print("名稱 = " + self.getName())
        print("車型 = " + self.model)
```

上述 Car 類別繼承括號中的 Vehicle 父類別，新增 model 資料欄位，在建構子可以使用 **super()** 呼叫父類別的建構子，如下所示：

```
super().__init__(name)
```

因為繼承 Vehicle 父類別，所以在子類別的 **displayCar()** 方法可以呼叫父類別的方法，如下所示：

```
def displayCar(self):
    print("名稱 = " + self.getName())
    print("車型 = " + self.model)
```

上述 **getName()** 方法並不是 Car 類別的方法，而是繼承自父類別 Vehicle 的方法。

8-4 建立例外處理

當 Python 程式執行時偵測出錯誤就會產生例外（Exception），例外處理（Exception Handling）就是建立 try/except 程式區塊，以便 Python 程式碼在執行時產生例外時，能夠撰寫程式碼來進行補救處理。

簡單的說，例外處理是希望程式碼產生錯誤時可以讓我們進行補救，而不是讓直譯器顯示錯誤訊息且中止程式的執行，我們可以在 Python 程式使用例外處理程式敘述來處理這些錯誤。

8-4-1 例外處理程式敘述

Python 例外處理程式敘述主要分為 try 和 except 二個程式區塊，其基本語法，如下所示：

```
try:
    # 產生例外的程式碼
except <Exception Type>:
    # 例外處理
```

上述語法的程式區塊說明，如下所示：

▷ try 程式區塊：在 try 程式區塊的程式碼是用來檢查是否產生例外，當例外產生時，就丟出指定例外類型（Exception Type）的物件。

▷ except 程式區塊：當 try 程式區塊的程式碼丟出例外，我們需要準備一到多個 except 程式區塊來處理不同類型的例外。

♀ 建立檔案不存在的例外處理：ch8-4-1.py

如果 Python 程式開啟的檔案不存在，就會產生 **FileNotFoundError** 例外，我們可以使用 try/except 處理檔案不存在的例外，如下所示：

```
try:
    fp = open("myfile.txt", "r")
    print(fp.read())
    fp.close()
except FileNotFoundError:
    print("錯誤: myfile.txt檔案不存在!")
```

上述 try 程式區塊開啟和關閉檔案，如果檔案不存在，**open()** 函數就會丟出 **FileNotFoundError** 例外，我們是在 except 程式區塊進行例外處理（即錯誤處理），可以顯示錯誤訊息文字，其執行結果如下所示：

>>> %Run ch8-4-1.py
錯誤：`myfile.txt`檔案不存在！

Python 程式：ch8-4-1a.py 沒有例外處理程式敘述，所以直譯器在執行時，就會顯示錯誤訊息，如下所示：

```
>>> %Run ch8-4-1a.py
 Traceback (most recent call last):
   File "C:\Python\ch08\ch8-4-1a.py", line 1, in <module>
     fp = open("myfile.txt", "r")
 FileNotFoundError: [Errno 2] No such file or directory: 'myfile.txt'
```

🔾 串列索引值不存在的例外處理：：**ch8-4-1b.py**

如果 Python 程式存取的串列索引值不存在，就會產生 **IndexError** 例外，我們可以使用 try/except 處理串列索引值不存在的例外，如下所示：

```
lst1 = [1, 2, 3, 4, 5]
try:
    print(lst1[6])
except IndexError:
    print("錯誤：串列的索引值錯誤!")
```

上述 try 程式區塊顯示串列元素，因為索引值 6 不存在，所以丟出 **IndexError** 例外，我們是在 except 程式區塊進行例外處理（即錯誤處理），可以顯示錯誤訊息文字，其執行結果如下所示：

>>> %Run ch8-4-1b.py
錯誤：串列的索引值錯誤！

8-4-2 同時處理多種例外

Python 程式的 try/except 程式敘述，可以使用多個 except 程式區塊來同時處理多種不同的例外。在本節的 Python 程式是使用 **eval()** 函數來進行測試，所以在建立前，需要先了解 **eval()** 函數的使用。

使用 eval() 內建函數：ch8-4-2.py

Python 的 **eval()** 內建函數可以在執行期執行參數的 Python 程式片段，如下所示：

```
m = 10
eval("print('Python')")
eval("print(33 + 22)")
eval("print(55 / 9)")
eval("print('m' * 6)")
eval("print(m+10)")
```

上述程式碼呼叫 **eval()** 函數執行參數字串的 **print()** 函數，依序顯示字串和數學運算的結果，其執行結果如下所示：

```
>>> %Run ch8-4-2.py
Python
55
6.111111111111111
mmmmmm
20
```

同時處理多種例外的 try/except 程式敘述：ch8-4-2a.py

　　Python 例外處理程式敘述有 1 個 try 程式區塊和 3 個 except 程式區塊，在 try 程式區塊是使用 **eval()** 函數配合同時指定敘述來輸入 2 個使用「,」號分隔的整數，即指定變數 n1 和 n2 的值，如下所示：

```
try:
    n1, n2 = eval(input("輸入2個整數(n1,n2) => "))
    r = n1 / n2
    print("變數r的值 = " + str(r))
```

上述 **input()** 函數可以輸入 Python 程式碼字串，如果輸入 "10,5"，在執行後，可以分別指定 n1 和 n2 變數的值，相當於執行下列 Python 程式碼，如下所示：

```
n1, n2 = 10,5
```

如果輸入的格式不對，因為執行結果無法成功指定變數值，就會產生錯誤和丟出例外，我們共使用 3 個 except 程式區塊來處理不同的例外，如下所示：

```
except ZeroDivisionError:
    print("錯誤: 除以0的錯誤!")
except SyntaxError:
    print("錯誤: 輸入數字需以逗號分隔!")
except:
    print("錯誤: 輸入錯誤!")
```

上述 3 個 except 程式區塊的第 1 個是處理 **ZeroDivisionException**,第 2 個是 **SyntaxError**,第 3 個沒有指明,換句話說,如果不是前 2 種,就是執行此程式區塊的例外處理。

Python 程式的執行結果首先輸入 5,0,因為 n2 變數值是 0,就會產生除以 0 的例外,如下所示:

```
>>> %Run ch8-4-2a.py
輸入2個整數(n1,n2) => 5,0
錯誤: 除以0的錯誤!
```

如果是輸入以空白分隔的 2 個數字 5 0,因為語法錯誤,少了「,」逗號,所以產生錯誤,如下所示:

```
>>> %Run ch8-4-2a.py
輸入2個整數(n1,n2) => 5 0
錯誤: 輸入數字需以逗號分隔!
```

如果只輸入 1 個數字 15,因為輸入的資料錯誤,所以也會產生錯誤,如下所示:

```
>>> %Run ch8-4-2a.py
輸入2個整數(n1,n2) => 15
錯誤: 輸入錯誤!
```

8-4-3　else 和 finally 程式區塊

Python 的 try/except 例外處理程式敘述還可以加上 else 和 finally 兩個選項的程式區塊,其語法如下所示:

```
try:
    # 產生例外的程式碼
except <Exception Type>:
    # 例外處理
else:
    # 如果沒有例外,就會執行
finally:
    # 不論是否有產生例外,都會執行
```

上述語法新增的 2 個程式區塊說明,如下所示:

▷ else 程式區塊:這是選項的程式區塊,可有可無,如果 try 程式區塊沒有產生例外,就會執行此程式區塊。

▷ finally 程式區塊:這是選項的程式區塊,可有可無,不論例外是否產生,都會執行此程式區塊的程式碼。

使用 else 程式區塊：ch8-4-3.py

Python 程式是修改 ch8-4-1b.py，保留 except 程式區塊和新增 else 程式區塊，當輸入不同的索引值後，可以顯示不同的錯誤訊息文字，如下所示：

```
lst1 = [1, 2, 3, 4, 5]
try:
    idx = int(input("輸入索引值 => "))
    print(lst1[idx])
except IndexError:
    print("錯誤: 串列的索引值錯誤!")
else:
    print("Else: 輸入的索引沒有錯誤!")
```

上述執行結果如果輸入 6，就會顯示和 8-4-1 節相同的訊息文字，如下所示：

```
>>> %Run ch8-4-3.py

輸入索引值 => 6
錯誤: 串列的索引值錯誤!
```

如果輸入 4，因為沒有錯誤，顯示串列元素值和 else 程式區塊的訊息文字，如下所示：

```
>>> %Run ch8-4-3.py

輸入索引值 => 4
5
Else: 輸入的索引沒有錯誤!
```

使用 else 和 finally 程式區塊：ch8-4-3a.py

Python 程式是修改 ch8-4-3.py，再新增 finally 程式區塊，當輸入不同的索引值後，可以顯示不同的訊息文字，如下所示：

```
lst1 = [1, 2, 3, 4, 5]
try:
    idx = int(input("輸入索引值 => "))
    print(lst1[idx])
except IndexError:
    print("錯誤: 串列的索引值錯誤!")
else:
    print("Else: 輸入的索引沒有錯誤!")
finally:
    print("Finally: 你有輸入資料!")
```

　　上述執行結果不論輸入存在或不存在的索引值，都會顯示 finally 程式區塊的訊息文字，如下所示：

```
>>> %Run ch8-4-3a.py
輸入索引值 => 4
5
Else: 輸入的索引沒有錯誤！
Finally: 你有輸入資料！
```

學習評量

1. 請問 Python 檔案處理是呼叫 _____ 函數來開啟檔案？請說明 2 種方法讀取檔案全部內容？Python 二進位檔案處理是使用 _____ 模組。

2. 請問 Python 如何建立類別和物件？類別建構子和方法的第 1 個參數 self 變數是作什麼用？

3. 請問 Python 例外處理程式敘述至少有哪 2 個程式區塊？else 和 finally 程式區塊的用途為何？

4. 請建立 Python 程式輸入欲處理的檔案路徑後，可以顯示檔案的全部內容。

5. 請建立 Python 程式輸入檔案路徑後，讀取檔案內容來計算出共有幾行，程式在讀完後可以顯示檔案的總行數。

6. 請建立 Python 程式輸入程式檔的路徑後，讀取程式碼檔案內容，並 ,1 在每一行程式碼前加上行號（例如：01: import pickle），可以輸出成名為 output.txt 的文字檔案。

7. 請使用 Python 程式定義 Box 盒子類別，可以計算盒子體積與面積，資料欄位有 width、height 和 length 儲存寬、高和長，volume() 方法計算體積和 area() 方法計算面積。

8. 請建立 Bicycle 單車類別，內含色彩、車重、輪距、車型和車價等資料欄位，然後繼承此類別建立 RacingBike（競速單車），新增幾段變速的資料欄位和顯示單車資訊的方法。

CHAPTER

9

Python模組與套件

🎯 本章內容

9-1　Python 模組與套件

Python 模組（Modules）就是副檔名 .py 的 Python 程式檔案，套件是一個內含多個模組集合的目錄，而且在根目錄有一個名為 __init__.py 的 Python 檔案（在名稱前後是 2 個「_」底線）。

當撰寫的程式碼愈來愈多時，就可以將相關 Python 程式檔案的模組群組成套件，以方便其他 Python 程式重複使用這些 Python 程式碼。

9-1-1　建立與匯入自訂模組

Python 模組是一個擁有 Python 程式碼的檔案（副檔名 .py），事實上，所有 Python 程式檔案都可以作為模組，讓其他 Python 程式檔案匯入使用模組中的變數、函數或類別等。

◉ 建立自訂模組：**mybmi.py**

請建立名為 mybmi.py 的 Python 程式檔案，如下所示：

```
name = None

def bmi(h, w):
    r = w/h/h
    return r
```

上述 Python 程式檔案擁有 1 個變數和 1 個 **bmi()** 函數計算 BMI 值。

◉ 匯入和使用自訂模組：**ch9-1-1.py**

當建立自訂模組 mybmi.py 後，其他 Python 程式檔案如果需要使用 **bmi()** 函數，可以直接匯入此模組來使用，其基本語法如下所示：

```
import 模組名稱1[, 模組名稱2…]
```

上述語法使用 import 關鍵字匯入之後的模組名稱，如果不只一個，請使用「,」分隔，模組名稱是 Python 程式檔案名稱（不需副檔名 .py），例如：匯入自訂模組 mybmi.py，如下所示：

```
import mybmi
```

上述程式碼匯入 mybmi 模組，即 mybmi.py 程式檔案（位在相同目錄）。我們可以存取模組變數和呼叫模組函數，其語法如下所示：

```
模組名稱.變數或函數
```

上述語法使用「.」運算子存取模組的變數和呼叫函數，在「.」運算子之前是模組名稱；之後是模組的變數或函數名稱，例如：Python 程式準備使用自訂模組 mybmi 來指定姓名 name 變數值，和呼叫 **bmi()** 函數計算 BMI 值，如下所示：

```
mybmi.name = "陳會安"
print("姓名=", mybmi.name)
r = mybmi.bmi(1.75, 75)
print("BMI值=", r)
```

上述程式碼存取 mybmi 模組的 name 變數和呼叫 **bmi()** 函數，其執行結果如下所示：

```
>>> %Run ch9-1-1.py

姓名= 陳會安
BMI值= 24.489795918367346

>>>
```

9-1-2　使用模組擴充 Python 程式功能

Python 之所以功能強大，就是因為能夠直接使用眾多標準和網路上現成模組 / 套件來擴充 Python 功能，如同第 9-1-1 節的自訂模組，我們可以匯入 Python 模組來使用模組提供的函數，而不用自己撰寫相關程式碼。在這一節我們準備在 Python 程式匯入 random 內建模組，然後使用此模組的功能來產生整數亂數值。

◉ 匯入和使用 random 模組：ch9-1-2.py

Python 程式一樣是使用 import 關鍵字來匯入內建模組或第三方開發的套件，例如：匯入名為 random 的內建模組，然後呼叫此模組的 **randint()** 方法來產生 1~100 之間的整數亂數值，如下所示：

```
import random

value = random.randint(1, 100)
print(value)
```

上述程式碼匯入名為 random 的模組後，呼叫 **randint()** 方法產生第 1 個參數和第 2 個參數範圍之間的整數亂數值，其執行結果如下所示：

```
>>> %Run ch9-1-2.py
73
```

模組的別名：**ch9-1-2a.py**

在 Python 程式檔匯入模組，除了使用模組名稱來呼叫函數，如果模組名稱太長，我們可以使用 as 關鍵字替模組取一個別名，然後改用別名來呼叫函數，如下所示：

```
import random as R

value = R.randint(1, 100)
print(value)
```

上述程式碼匯入 random 模組時，使用 as 關鍵字取了別名 R，所以，我們可以改用別名 R 來呼叫 **randint()** 函數。

⚲ 匯入模組的部分名稱：**ch9-1-2b.py**

當使用 import 關鍵字匯入模組時，預設是匯入模組的全部內容，在實務上，如果模組十分龐大，但只使用到模組的 1 或 2 個函數，此時請改用 form/import 程式敘述只匯入模組的部分名稱，其語法如下所示：

```
from 模組名稱 import 名稱1[,名稱2..]
```

上述語法匯入 from 子句的模組名稱，但只匯入 import 子句的變數或函數名稱，如果需匯入的名稱不只 1 個，請使用「,」逗號分隔。例如：匯入第 9-1-1 節 mybmi 模組的 **bmi()** 函數，如下所示：

```
from mybmi import bmi

r = bmi(1.75, 75)
print("BMI值=", r)
```

上述程式碼只匯入 mybmi 模組的 **bmi()** 函數。請注意！form/import 程式敘述匯入的變數或函數是匯入到目前的程式檔案，成為目前檔案的變數和函數範圍，所以在存取和呼叫時，就不需要使用模組名稱來指定所屬的模組，直接使用 **bmi()** 即可，其執行結果如下所示：

```
>>> %Run ch9-1-2b.py
BMI值= 24.489795918367346
```

📍 將模組所有名稱匯入成為目前範圍：**ch9-1-2c.py**

我們在 Python 程式使用 from/import 程式敘述匯入的名稱，如同是在此程式檔案建立的識別字，如果想將模組所有名稱都匯入成為目前範圍，以便使用時不用指明模組名稱，請使用「*」萬用字元代替匯入的名稱清單，如下所示：

```
from mybmi import *

name = "陳會安"
print("姓名 = " + name)
r = bmi(1.75, 75)
print("BMI值 = " + str(r))
```

上述程式碼匯入 mybmi 模組的所有名稱，即變數 name 和 **bmi()** 函數，所以，在存取變數和呼叫函數時，都不需要指明 mybmi 模組。

📍 顯示模組的所有名稱：**ch9-1-2d.py**

對於 Python 程式匯入的模組，我們可以呼叫 **dir()** 函數顯示此模組的所有名稱，如下所示：

```
import random

print(dir(random))
```

上述程式碼匯入 random 模組後，呼叫 **dir()** 函數，參數是模組名稱，可以顯示此模組的所有名稱，如下圖所示：

```
>>> %Run ch9-1-2d.py
['BPF', 'LOG4', 'NV_MAGICCONST', 'RECIP_BPF', 'Random', 'SG_MAGICCONST', 'SystemRandom', 'TWOPI', '_Sequence', '_Set', '__all__', '__builtins__', '__cached__', '__doc__', '__file__', '__loader__', '__name__', '__package__', '__spec__', '_accumulate', '_acos', '_bisect', '_ceil', '_cos', '_e', '_exp', '_floor', '_inst', '_log', '_os', '_pi', '_random', '_repeat', '_sha512', '_sin', '_sqrt', '_test', '_test_generator', '_urandom', '_warn', 'betavariate', 'choice', 'choices', 'expovariate', 'gammavariate', 'gauss', 'getrandbits', 'getstate', 'lognormvariate', 'normalvariate', 'paretovariate', 'randbytes', 'randint', 'random', 'randrange', 'sample', 'seed', 'setstate', 'shuffle', 'triangular', 'uniform', 'vonmisesvariate', 'weibullvariate']
```

9-2 　os 模組：檔案操作與路徑處理

　　Python 的 os 模組是內建模組，提供作業系統目錄處理的相關功能，os.path 模組是處理路徑字串，和取得檔案的完整路徑字串。

9-2-1 　os 模組

　　Python 的 os 模組提供目錄處理的相關方法，可以刪除檔案、建立目錄和更名 / 刪除目錄 / 檔案。在 Python 程式使用 os 模組需要先匯入此模組，如下所示：

```
import os
```

● 取得目前工作目錄和顯示檔案 / 目錄清單：ch9-2-1.py

　　Python 程式可以呼叫 os 模組的 **getcwd()** 方法回傳目前工作目錄，**listdir(path)** 方法回傳參數 path 路徑下的檔案和目錄清單（儲存在串列），如下所示：

```
import os

path = os.getcwd() + "\\temp"
os.chdir(path)
print(path)
print(os.listdir(path))
```

　　上述程式碼取得目前工作目錄後，建立「temp」子目錄的完整路徑，然後顯示此目錄下的檔案和目錄清單（共有 1 個檔案和 1 個目錄），其執行結果如下所示：

```
>>> %Run ch9-2-1.py

C:\Python\ch09\temp
['ball0.jpg', 'test']
```

● 建立與切換目錄：ch9-2-1a.py

　　在 os 模組可以使用 **chdir(path)** 方法切換至參數路徑的目錄，和呼叫 **mkdir(path)** 方法建立參數路徑的目錄，如下所示：

```
path = os.getcwd() + "\\temp"
print("目前工作路徑: ", os.getcwd())
print(path)
os.chdir(path)
print("chdir(): ", os.getcwd())
```

```
os.mkdir('newDir')
print("mkdir(): ", os.listdir(path))
```

上述程式碼呼叫 **chdir()** 方法切換至「C:\Python\ch09\temp」目錄後，建立名為 newDir 的新目錄，其執行結果如下所示：

```
>>> %Run ch9-2-1a.py

目前工作路徑:  C:\Python\ch09
C:\Python\ch09\temp
chdir():  C:\Python\ch09\temp
mkdir():  ['ball0.jpg', 'newDir', 'test']
```

目錄和檔案更名：ch9-2-1b.py

在 os 模組的 **rename(old, new)** 方法可以更名參數 old 的檔案或目錄成為新名稱 new 的檔案或目錄名稱，如下所示：

```
path = os.getcwd() + "\\temp"
os.chdir(path)
os.rename('newDir','newDir2')
print("rename(): ", os.listdir(path))
```

上述程式碼呼叫 **rename()** 方法將目錄 newDir 更名成 newDir2 目錄，其執行結果如下所示：

```
>>> %Run ch9-2-1b.py

rename():  ['ball0.jpg', 'newDir2', 'test']
```

刪除目錄和檔案：ch9-2-1c.py

在 os 模組可以使用 **rmdir(path)** 方法刪除參數路徑的目錄，和呼叫 **remove(path)** 方法刪除參數路徑的檔案，請注意！**remove()** 方法如果刪除目錄會產生 OSError 錯誤，如下所示：

```
path = os.getcwd() + "\\temp"
os.chdir(path)
os.rmdir('newDir2')
fp = open("aa.txt", "w")
fp.close()
print("rmdir(): ", os.listdir(path))
os.remove("aa.txt")
print("remove(): ", os.listdir(path))
```

上述程式碼先呼叫 **rmdir()** 方法刪除 newDir2 目錄後，建立名為 **aa.text** 的新檔案後，再呼叫 **remove()** 方法刪除此檔案，其執行結果如下所示：

```
>>> %Run ch9-2-1c.py
rmdir():  ['aa.txt', 'ball0.jpg', 'test']
remove(): ['ball0.jpg', 'test']
```

9-2-2　os.path 模組處理路徑字串

os.path 模組提供方法取得指定檔案的完整路徑，和路徑字串處理的相關方法，可以取得路徑字串中的檔名和路徑，或合併建立存取檔案的完整路徑字串。

在 Python 程式使用 os.path 模組需要先匯入此模組（取別名 path），如下所示：

```
import os.path as path
```

📍 取得檔案完整路徑、檔名和副檔名：ch9-2-2.py

在 os.path 模組可以使用 **realpath(fname)** 方法回傳參數檔名的完整路徑字串，如果需要取得檔名，請使用 **split(fname)** 方法將參數分割成路徑和檔案字串的元組，如果需要取得副檔名，請使用 **splittext(fname)** 方法將參數分割成路徑（僅含檔名）和副檔名字串的元組，如下所示：

```
import os.path as path

fname = path.realpath("ch9-2-2.py")
print(fname)
r = path.split(fname)
print("os.path.split() =", r)
r = path.splitext(fname)
print("os.path.splitext() =", r)
```

上述程式碼的執行結果可以依序顯示檔案的完整路徑，取得的檔名和副檔名元組，如下所示：

```
>>> %Run ch9-2-2.py
C:\Python\ch09\ch9-2-2.py
os.path.split() = ('C:\\Python\\ch09', 'ch9-2-2.py')
os.path.splitext() = ('C:\\Python\\ch09\\ch9-2-2', '.py')
```

⊙ 分割檔案路徑成為路徑和檔名：ch9-2-2a.py

在 os.path 模組可以使用 **dirname(fname)** 方法回傳參數 fname 的路徑字串；**basename(fname)** 方法回傳參數 fname 的檔名字串，如下所示：

```
fname = path.realpath("ch9-2-2.py")
print(fname)
p = path.dirname(fname)
print("p = os.path.dirname() =", p)
f = path.basename(fname)
print("f = os.path.basename() =", f)
```

上述程式碼的執行結果依序顯示檔案完整路徑，檔案路徑部分，和檔案名稱部分（含副檔名），如下所示：

```
>>> %Run ch9-2-2a.py

C:\Python\ch09\ch9-2-2.py
p = os.path.dirname() = C:\Python\ch09
f = os.path.basename() = ch9-2-2.py
```

⊙ 合併路徑和檔名：ch9-2-2b.py

如果已經取得路徑和檔名，我們可以使用 os.path 模組的 **join(path, fname)** 方法合併路徑和檔名，其回傳值是合併參數 path 路徑和 fname 檔名的完整檔案路徑字串，如下所示：

```
p = "C:\Python\ch09"
f = "ch9-2-2.py"
print(p, f)
r = path.join(p, f)
print("os.path.join(p,f) =", r)
```

上述程式碼和執行結果可以看到完整的檔案路徑字串，如下所示：

```
>>> %Run ch9-2-2b.py

C:\Python\ch09 ch9-2-2.py
os.path.join(p,f) = C:\Python\ch09\ch9-2-2.py
```

9-2-3　os.path 模組檢查檔案是否存在

os.path 模組提供檢查檔案是否存在，路徑字串是檔案，或目錄的方法。相關方法的說明，如表 9-1 所示。

» 表 9-1　os.path 模組方法的說明

方法	說明
exists(fname)	檢查參數 fname 的檔案是否存在，如果存在，回傳 True；否則為 False
isdir(fname)	檢查參數 fname 是否是目錄，如果是，回傳 True；否則為 False
isfile(fname)	檢查參數 fname 是否是檔案，如果是，回傳 True；否則為 False

Python 程式：ch9-2-3.py 匯入 os 和 os.path 模組後，檢查「temp」子目錄下的檔案和目錄是否存在、是檔案或是目錄，如下所示：

```python
import os
import os.path as path

fpath = os.getcwd() + "\\temp"
if path.exists(fpath+"\\ball0.jpg"):
    print("存在!")
if path.isdir(fpath+"\\test"):
    print("是目錄!")
if path.isfile(fpath+"\\ball0.jpg"):
    print("是檔案!")
```

上述程式碼首先檢查 ball0.jpg 圖檔是否存在；test 是否是目錄，和 ball0.jpg 是否是檔案。

9-3　math 模組：數學函數

Python 除了內建數學函數外，還可以使用 math 內建模組的數學、三角和對數函數。在 Python 程式需要匯入此模組，如下所示：

```python
import math
```

在匯入 math 模組後，就可以取得常數值和呼叫相關的數學方法。

◎ math 模組的數學常數：ch9-3.py

math 模組提供 2 個常用的數學常數，其說明如表 9-2 所示。

» 表 9-2　math 模組常數的說明

常數	說明
e	自然數 e=2.718281828459045
pi	圓周率 π=3.141592653589793

math 模組的數學方法：ch9-3a.py

在 math 模組提供三角函數（Trigonometric）、指數（Exponential）和對數（Logarithmic）方法。相關方法說明如表 9-3 所示。

» 表 9-3　math 模組方法的說明

方法	說明
fabs(x)	回傳參數 x 的絕對值
acos(x)	反餘弦函數
asin(x)	反正弦函數
atan(x)	反正切函數
atan2(y, x)	參數 y/x 的反正切函數值
ceil(x)	回傳 x 值大於或等於參數 x 的最小整數
cos(x)	餘弦函數
exp(x)	自然數的指數 ex
floor(x)	回傳 x 值大於或等於參數 x 的最大整數
log(x)	自然對數
pow(x, y)	回傳第 1 個參數 x 為底，第 2 個參數 y 的次方值
sin(x)	正弦函數
sqrt(x)	回傳參數的平方根
tan(x)	正切函數
degrees(x)	將參數 x 的徑度轉換成角度
radians(x)	將參數 x 的角度轉換成徑度

請注意！上表三角函數的參數單位是徑度，並不是角度，如果是角度，請使用 **radians()** 方法先轉換成徑度。

9-4　turtle 模組：海龜繪圖

海龜繪圖（Turtle Graphics）是一種入門的電腦繪圖方法，你可以想像在沙灘上有一隻海龜在爬行，使用其爬行留下的足跡來繪圖，這就是海龜繪圖。

9-4-1　認識 Python 海龜繪圖

海龜繪圖是使用電腦程式來模擬這隻在沙灘上爬行的海龜，海龜使用相對位置的前進和旋轉指令來移動位置和更改方向，我們只需重複執行這些操作，就可以透過海龜行走經過的足跡來繪出幾何圖形。

基本上，海龜繪圖的這隻海龜擁有三種屬性：目前位置、方向和畫筆（即足跡），畫筆可以指定色彩和寬度，下筆繪圖或提筆不繪圖。Python 海龜圖示在沙灘行走的座標系統說明，如下所示：

▷ 海龜本身是使用圖示來標示。

▷ 初始座標是視窗中心點 (0, 0)，方向是面向東方 0 度。

▷ 線條的色彩預設是黑色；線寬是 1 像素且下筆繪圖。

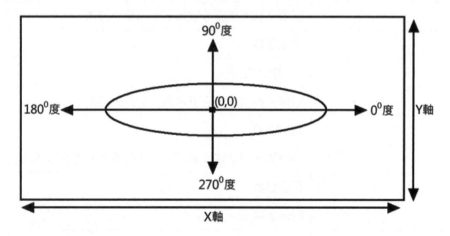

📍 Python 的 turtle 模組

Python 的 turtle 模組是內建模組，並不需要額外安裝，我們只需匯入 turtle 模組，就可以使用海龜繪圖，如下所示：

```
import turtle
```

9-4-2　Python 海龜繪圖的基本使用

Python 程式在匯入 turtle 模組後，就可以使用 turtle 模組的 4 種基本行走和轉向方法來繪圖，如表 9-4 所示。

》 表 9-4　turtle 模組方法的說明

方法	說明
turtle.forward(x)	從目前方向向前走 x 步
turtle.back(x)	從目前方向後退走 x 步
turtle.left(x)	從目前方向反時鐘向左轉 x 度
turtle.right(x)	從目前方向順時鐘向右轉 x 度

控制海龜的行走和轉向：ch9-4-2.py

Python 程式可以使用 4 個基本方法來控制海龜的行走和轉向。首先匯入 turtle 模組和取得螢幕 screen 物件的 Windows 視窗後，呼叫 **setup()** 方法指定螢幕尺寸是 (500, 400)，如下所示：

```python
import turtle

screen = turtle.Screen()
screen.setup(500, 400)

turtle.forward(100)
turtle.left(90)
turtle.forward(100)

screen.exitonclick()
```

上述程式碼呼叫 **forward()** 方法向前走 100 步後，使用 **left()** 方法向左轉 90 度後，再前行 100 步，最後使用 **screen.exitonclick()** 方法避免關閉 Windows 視窗，我們需要按下滑鼠按鍵，來關閉海龜繪圖的 Windows 視窗，其執行結果如下圖所示：

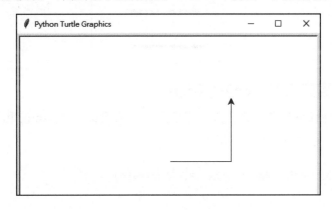

◉ 更改海龜的圖示形狀與色彩：ch9-4-2a.py

在 turtle 模組可以使用 **color()** 方法更改海龜圖示的色彩 (參數是色彩名稱)；**shape()** 方法是更改海龜圖示的形狀，如下所示：

```
turtle.color("blue")
turtle.shape("turtle")
turtle.forward(100)
```

上述 **shape()** 方法的參數可以是 "arrow"、"turtle"、"circle"、"square"、"triangle" 和 "classic"，其執行結果如下圖所示：

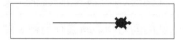

◉ 提筆 / 下筆、畫筆色彩與尺寸：ch9-4-2b.py

在 turtle 模組可以使用 **pensize()** 方法更改畫筆尺寸 (參數是像素值的寬度)；**pencolor()** 方法更改畫筆色彩 (參數是色彩名稱)，**penup()** 方法是提筆不繪圖；**pendown()** 方法是下筆繪圖，如下所示：

```
turtle.pensize(5)
turtle.pencolor("blue")
turtle.forward(100)
turtle.penup()
turtle.left(90)
turtle.forward(50)
turtle.pendown()
turtle.left(90)
turtle.forward(100)
```

上述程式碼的第 2 個 **forward()** 方法因為是提筆，所以只向上前進 50 步，並沒有繪出線條，所以繪出的是二條平行線，如下圖所示：

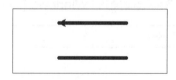

◉ 設定沙灘視窗的位置：ch9-4-2c.py

在 **screen.setup()** 方法除了指定螢幕尺寸，還可以使用 startx 和 starty 參數指定螢幕的顯示位置 (20, 50)，如下所示：

```
screen.setup(500, 400, startx=20, starty=50)
```

9-4-3　使用海龜繪圖繪出幾何圖形

Python 只需使用海龜繪圖方法配合 for 迴圈的重複操作，就可以輕鬆繪出各種基本的幾何圖形。

📍 **繪出正方形：ch9-4-3.py**

在 Python 程式的 for 迴圈共執行 4 次，每次轉 90 度來繪出 4 個邊的正方形，如下所示：

```
for i in range(1, 5):
    turtle.forward(100)
    turtle.left(90)
```

📍 **繪出六角形：ch9-4-3a.py**

在 Python 程式的 for 迴圈共執行 6 次，每次轉 60 度來繪出 6 個邊的六角形，如下所示：

```
for i in range(1, 7):
    turtle.forward(100)
    turtle.left(60)
```

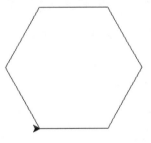

📍 **繪出三角形：ch9-4-3b.py**

在 Python 程式的 for 迴圈共執行 3 次，每次轉 120 度來繪出 3 個邊的三角形，如下所示：

```
for i in range(1, 4):
    turtle.forward(100)
    turtle.left(120)
```

繪出星形：ch9-4-3c.py

在 Python 程式的 for 迴圈共執行 5 次,每次轉 144 度來繪出 5 個邊的星形,如下所示:

```
for i in range(1, 6):
    turtle.forward(150)
    turtle.left(144)
```

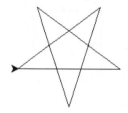

繪出圓形：ch9-4-3d.py

在 Python 程式的 for 迴圈共執行 360 次,每次轉 1 度來繪出 360 個邊的圓形,如下所示:

```
for i in range(360):
    turtle.forward(2)
    turtle.left(1)
```

9-5 # pywin32 套件：Office 軟體自動化

Python 的 pywin32 套件是 Windows API 擴充套件，我們可以透過 pywin32 套件操作 Windows 作業系統的應用程式，例如：Office 辦公室軟體，請注意！pywin32 是第三方套件，需要額外安裝。

9-5-1　Python 套件管理：安裝 pywin32 套件

套件管理（Package Manager）就是管理 Python 程式開發所需的套件，可以安裝新套件、檢視安裝的套件清單或移除不需要的套件，Python 預設套件管理工具是 pip，這是一個命令列工具來管理套件。

♀ 使用 pip 安裝 Python 套件

pip 是命令列工具，需要在命令提示字元視窗執行，Anaconda 是執行「開始 →Anaconda3 (64-bit)→Anaconda Prompt」命令，如下圖所示：

WinPython 是執行 fChart 主選單的【Python 命令提示字元 (CLI)】命令，如下圖所示：

上述 2 個視窗是命令列 CLI 視窗，請在提示字元「>」後輸入所需的命令列指令，如果 Python 開發環境有尚未安裝的 Python 套件，例如：pywin32 套件，我們可以輸入命令列指令來進行安裝，如下所示：

```
pip install pywin32 Enter
```

上述 install 參數是安裝（uninstall 參數是解除安裝），可以安裝之後名為 pywin32 的套件。如果需要指定安裝的版本（避免版本不相容問題），請使用「==」指定安裝的版本號碼，如下所示：

```
pip install pywin32==303 Enter
```

♀ 使用 **pip** 檢視已經安裝的 **Python** 套件清單

我們可以使用 pip list 指令來檢視已安裝的 Python 套件清單，如下所示：

```
pip list Enter
```

9-5-2 Word 軟體自動化

當成功安裝 pywin32 套件後，就可以在 Python 程式匯入 pywin32 套件來控制 Office 軟體。首先是 Word 軟體自動化，如下所示：

```
import win32com
from win32com.client import Dispatch
import os
```

上述程式碼的前 2 行是匯入 pywin32 套件，第 3 行匯入 os 模組是為了取得工作目錄來建立檔案的絕對路徑。

♀ 啟動 **Word** 開啟現存文件：**ch9-5-2.py**

Python 程式在匯入 pywin32 套件後，就可以建立 COM 物件來啟動 Word 軟體，和開啟存在的 Word 文件，如下所示：

```
...
app = win32com.client.Dispatch("Word.Application")
app.Visible = 1
app.DisplayAlerts = 0
docx = app.Documents.Open(os.getcwd()+"\\test.docx")
```

上述 **win32com.client.Dispatch()** 的參數是 Word 軟體名稱字串，可以建立啟動 Word 軟體的物件，然後指定 2 個屬性，其說明如下所示：

▷ visible 屬性：視窗是否可見，0 或 False 是不可見；1 或 True 是可見。

▷ DisplayAlerts 屬性：是否顯示警告訊息 0 或 False 是不顯示；1 或 True 是顯示。

接著呼叫 **Documents.Open()** 方法開啟 Word 文件，參數是文件檔案的絕對路徑（使用 **os.getcwd()** 方法取得工作路徑），其執行結果可以看到 Word 軟體開啟的 test.docx 文件內容，如下圖所示：

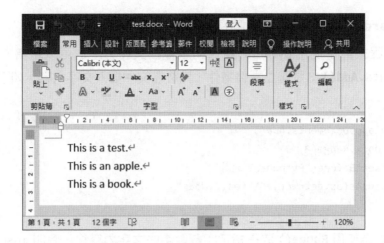

取得 Word 文件的段落數和段落內容：ch9-5-2a.py

當成功使用 pywin32 套件開啟 test.docx 文件後，我們可以計算文件的段落數，和走訪段落來顯示各段落的文字內容，如下所示：

```
...
docx = app.Documents.Open(os.getcwd()+"\\test.docx")
print ("段落數: ", docx.Paragraphs.count)
for i in range(len(docx.Paragraphs)):
    para = docx.Paragraphs[i]
    print(para.Range.text)
docx.Close()
app.Quit()
```

上述程式碼使用 **Paragraphs.count** 屬性取得段落數後，使用 for 迴圈走訪段落，**Paragraphs[i]** 以索引值取出段落後，使用 **Range.text** 顯示段落內容，最後呼叫 **Close()** 方法關閉文件和 **Quit()** 方法離開 Word 軟體，其執行結果可以顯示文件的段落數和各段落的內容，如下所示：

```
>>> %Run ch9-5-2a.py

段落數:  3
This is a test.
This is an apple.
This is a book.
```

◉ 新增 Word 文件插入文字後儲存檔案：ch9-5-2b.py

Python 程式除了使用 pywin32 套件開啟存在文件外，也可以新增文件，即呼叫 **app.Documents.Add()** 方法建立文件物件，然後在文件插入文字內容，如下所示：

```
...
docx = app.Documents.Add()
pos = docx.Range(0, 0)
pos.InsertBefore("Python程式設計")
docx.SaveAs(os.getcwd()+"\\test2.docx")
...
```

上述程式碼使用 **Range()** 取得指定字數範圍的文字內容後，呼叫 **insertBefore()** 方法插入文件內容在此之前，即可呼叫 **SaveAs()** 方法儲存成 test2.docx 文件，在此文件檔插入的文字內容，如下圖所示：

9-5-3　Excel 軟體自動化

Python 程式一樣可以使用 pywin32 套件執行 Excel 軟體自動化，開啟現存試算表來取得儲存格值，或新增試算表和指定儲存格的值。

◉ 啟動 Excel 開啟試算表取得儲存格值：ch9-5-3.py

Python 程式只需指定 "Excel.Application" 軟體名稱字串，就可以啟動 Excel 軟體來開啟存在的試算表檔案 test.xlsx，如下所示：

```
app = win32com.client.Dispatch("Excel.Application")
app.Visible = 1
app.DisplayAlerts = 0
xlsx = app.Workbooks.Open(os.getcwd()+"\\test.xlsx")
sheet = xlsx.Worksheets(1)
row = sheet.UsedRange.Rows.Count
```

```
col = sheet.UsedRange.Columns.Count
print(row, col)
```

上述程式碼開啟試算表檔案後，使用 **Worksheets(1)** 取得第 1 個工作表，然後顯示已使用的儲存格範圍。在下方取得指定儲存格的值，或取得儲存格範圍的內容，如下所示：

```
print("Cells(2, 1)=", sheet.Cells(2, 1).Value)
print("Cells(2, 2)=", sheet.Cells(2, 2).Value)
value = sheet.Range("A1:B3").Value
print(value)
xlsx.Close(False)
app.Quit()
```

上述程式碼顯示儲存格內容後，呼叫 **Close()** 方法關閉試算表，參數 False 是不儲存變更，最後呼叫 **Quit()** 離開 Excel 軟體，其執行結果可以顯示已使用的儲存格範圍，和儲存格的內容，如下所示：

```
>>> %Run ch9-5-3.py

3 3
Cells(2, 1)= 4.0
Cells(2, 2)= 5.0
((1.0, 2.0), (4.0, 5.0), (7.0, 8.0))
```

❓ 新增 Excel 試算表指定儲存格值後儲存檔案：ch9-5-3a.py

Python 程式除了使用 pywin32 套件開啟存在 Excel 試算表外，也可以新增 Excel 試算表，即呼叫 **app.Workbooks.Add()** 方法建立試算表物件，即可取得第 1 個工作表，如下所示：

```
...
xlsx = app.Workbooks.Add()
sheet = xlsx.Worksheets(1)
sheet.Cells(1, 1).Value = 1
sheet.Cells(1, 2).Value = 2
sheet.Cells(2, 1).Value = 3
sheet.Cells(2, 2).Value = 4
sheet.Cells(3, 1).Value = 5
sheet.Cells(3, 2).Value = 6
xlsx.SaveAs(os.getcwd()+"\\test2.xlsx")
...
```

上述程式碼指定 6 個儲存格的值後，呼叫 **SaveAs()** 方法儲存成 test2.xlsx 試算表，在此試算表來指定的儲存格值，如下圖所示：

9-5-4　PowerPoint 軟體自動化

同理，Python 程式也可以使用 pywin32 套件來建立 PowerPoint 軟體自動化，能夠自動播放簡報，在暫停 1 秒自動切換 2 次至下一頁後，再切換回到前一頁。

Python 程式：ch9-5-4.py 首先匯入相關套件，匯入 time 模組的目的是為了暫停 1 秒鐘，如下所示：

```
...
app = win32com.client.Dispatch("PowerPoint.Application")
app.Visible = 1
app.DisplayAlerts = 0
pptx = app.Presentations.Open(os.getcwd()+"\\test.pptx")
```

上述程式碼使用 "PowerPoint.Application" 字串啟動 PowerPoint 軟體後，開啟簡報檔 test.pptx。在下方呼叫 **SlideShowSettings.Run()** 方法開始簡報播放，**time.sleep(1)** 方法暫停一秒鐘，如下所示：

```
pptx.SlideShowSettings.Run()
time.sleep(1)
pptx.SlideShowWindow.View.Next()
time.sleep(1)
pptx.SlideShowWindow.View.Next()
time.sleep(1)
pptx.SlideShowWindow.View.Previous()
time.sleep(1)
```

```
pptx.SlideShowWindow.View.Exit()
os.system('taskkill /F /IM POWERPNT.EXE')  #app.Quit() not work
```

　　上述 **View.Next()** 方法是切換至下一頁；**View.Previous()** 方法是切換至前一頁，**SlideShowWindow.View.Exit()** 方法停止簡報播放，最後因為 **Quit()** 方法無法成功關閉 PowerPoint 軟體，所以改用 **os.system()** 方法直接結束 PowerPoint 任務的行程。

學習評量

1. 在 Python 程式檔案 test.py 內含 mytest 變數和 avg_test() 函數,請寫出匯入此模組的程式碼 _____,存取變數 mytest 的程式碼 _____,呼叫 avg_test() 函數的程式碼 _____。

2. 請問什麼是模組別名?如何匯入模組的部分名稱?和將模組的所有名稱匯入至目前的範圍?

3. 請問目錄處理是使用 _____ 模組,檢查檔案是否存在是使用 _____ 模組,Python 數學函數是 _____ 模組。

4. 請問什麼是海龜繪圖?Python 程式是使用 _____ 模組來建立海龜繪圖。

5. 請問什麼是 pywin32 套件?如何在 Python 開發環境安裝 pywin32 套件?

6. 請建立 Python 程式匯入 ch6-5-2.py 模組,然後讓使用者輸入 2 個整數後,呼叫模組的 maxValue() 函數來回傳最大值。

7. 請建立 Python 程式使用海龜繪圖繪出 2 個長方形成十字形。

8. 請建立 Python 程式輸入 PowerPoint 檔案路徑後,使用 pywin32 套件開啟簡報檔,和自動間隔 2 秒鐘播放前 3 頁簡報。

CHAPTER **10**

OpenCV影像處理與 Webcam

🎯 本章內容

10-1 OpenCV 安裝與基本使用

OpenCV（Open Source Computer Vision Library）是一套跨平台 BSD 授權的電腦視覺庫（Computer Vision Library），這是英特爾公司發起並參與開發，可以幫助我們開發影像處理、電腦視覺的人臉偵測和物體辨識等人工智慧的相關應用。

10-1-1 安裝和使用 OpenCV 讀取和顯示圖檔

在 Python 開發環境安裝 OpenCV 套件的命令列指令，如下所示：

```
pip install opencv-python==4.5.4.60 Enter
```

當成功安裝 OpenCV 後（同時會安裝第 10-4 節的 NumPy 套件），就可以在 Python 程式使用 OpenCV 進行影像處理和 Webcam 網路攝影機。在 Python 程式使用 OpenCV 影像處理需要匯入 cv2，如下所示：

```
import cv2
```

Python 程式：ch10-1-1.py 是使用 OpenCV 讀取和顯示圖檔，首先呼叫 **imread()** 方法讀取圖檔 "penguins.jpg" 後，再呼叫 **imshow()** 方法顯示圖檔內容的影像，如下所示：

```
import cv2

img = cv2.imread("penguins.jpg")
cv2.imshow("Penguins", img)
```

上述 **imread()** 方法的參數是圖檔路徑字串，**imshow()** 方法的第 1 個參數是視窗標題文字，第 2 個是影像，在顯示圖檔後，使用 **waitKey(0)** 方法等待使用者按下任何按鍵後，才呼叫 **destroyAllWindows()** 方法關閉顯示影像的視窗，如下所示：

```
cv2.waitKey(0)
cv2.destroyAllWindows()
```

Python 程式的執行結果可以看到 OpenCV 讀取和顯示的 "penguins.jpg" 圖檔（按任何按鍵可關閉視窗），如下圖所示：

10-1-2　取得影像資訊和調整影像尺寸

當成功使用 **imread()** 方法讀取圖檔後，Python 程式可以使用 **shape** 屬性取得影像尺寸和色彩數，呼叫 **resize()** 方法來調整影像尺寸。

📍 取得影像資訊：**ch10-1-2.py**

在 OpenCV 可以使用 **shape** 屬性取得影像尺寸和色彩數，如下所示：

```
img = cv2.imread("penguins.jpg")
print(img.shape)
h, w, c = img.shape
print("影像高:", h)
print("影像寬:", w)
```

上述程式碼取得 **shape** 屬性值，可以回傳影像高、影像寬和色彩數的元組，彩色影像的色彩數是 3，其執行結果如下所示：

```
>>> %Run ch10-1-2.py

(354, 234, 3)
影像高: 354
影像寬: 234
```

📍 調整影像尺寸：**ch10-1-2a.py**

OpenCV 可以使用 **resize()** 方法來調整影像尺寸，如下所示：

```
img = cv2.imread("penguins.jpg")
print(img.shape)
resized_img = cv2.resize(img, (400, 300))
print(resized_img.shape)
```

上述 **resize()** 方法的第 1 個參數是讀取的影像 img，第 2 個參數是 (寬 , 高) 元組的新尺寸，其執行結果可以看到影像前後的 **shape** 屬性值，如下所示：

```
>>> %Run ch10-1-2a.py
(354, 234, 3)
(300, 400, 3)
```

然後顯示調整尺寸後的影像內容，如下所示：

```
cv2.imshow("Penguins:resized", resized_img)
```

10-1-3 讀取灰階影像和寫入圖檔

當 Python 程式使用 **imread()** 方法讀取圖檔時，可以指定參數轉換成灰階影像，如果需要將影像寫入圖檔是使用 **imwrite()** 方法。

📍 讀取圖檔成灰階影像：ch10-1-3.py

在 **imread()** 方法的第 2 個參數可以使用常數來指定 3 種讀取格式，如表 10-1 所示。

》表 10-1　讀取格式常數的說明

常數	說明
cv2.IMREAD_COLOR	讀取彩色影像，此為預設值。
cv2.IMREAD_GRAYSCALE	讀取灰階影像
cv2.IMREAD_UNCHANGED	影像沒有改變，包含透明度的影像內容讀取

例如：讀取圖檔成為灰階影像，如下所示：

```
gray_img = cv2.imread("koala.jpg", cv2.IMREAD_GRAYSCALE)
cv2.imshow("Koala:gray", gray_img)
```

上述 **imread()** 方法的第 2 個參數指定讀取成灰階影像，其執行結果可以顯示灰階影像，如下圖所示：

將影像內容寫入圖檔：**ch10-1-3a.py**

OpenCV 可以呼叫 **imwrite()** 方法將影像寫入圖檔，如下所示：

```
img = cv2.imread("koala.jpg")
cv2.imwrite("result.png", img)
```

上述程式碼讀取彩色影像 img 後，呼叫 **imwrite()** 方法寫入圖檔，第 1 個參數是圖檔名稱，自動依據副檔名來儲存成指定格式的圖檔，當執行後，在相同目錄下可以看到建立名為 "result.png" 的圖檔。

 10-2 OpenCV 影像處理

OpenCV 支援多種影像處理操作，可以執行影像幾何轉換、色彩空間轉換、在影像上繪圖和加上文字。

10-2-1　影像幾何轉換

影像幾何轉換是針對影像內容的影像進行縮放、翻轉、剪裁、旋轉和位移等操作。除了使用 OpenCV 內建功能外，imutils 套件可以讓我們更容易執行相關的影像處理。在 Python 開發環境安裝 imutils 套件的命令列指令，如下所示：

```
pip install imutils==0.5.4 Enter
```

調整影像尺寸：ch10-2-1.py

在第 10-1-2 節是使用 **resize()** 方法調整影像尺寸，此方法會改變影像的長寬比例，如需保持比例，請改用 imutils 模組的方法來調整影像尺寸，首先匯入 imutils，如下所示：

```
import imutils
```

然後呼叫 **imutils.resize()** 方法調整影像尺寸，如下所示：

```
img = cv2.imread("koala.jpg")
resized_img = imutils.resize(img, width=200)
```

上述方法的第 1 個參數是讀取的影像 img，然後指定 width 或 height 參數值來調整尺寸（只需指定其中之一即可），imutils 模組會自動維持影像長寬比例，其執行結果如下圖所示：

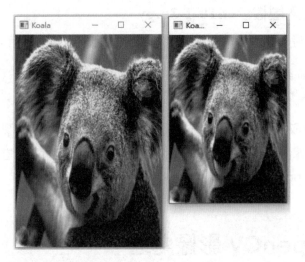

改變影像比例：ch10-2-1a.py

OpenCV 的 **resize()** 方法在調整影像尺寸時會改變長寬比例，我們就可以使用此方法來改變影像比例，如下所示：

```
img = cv2.imread("koala.jpg")
width = int(img.shape[1] * 0.8)
height = int(img.shape[0] * 0.5)
resized_img = cv2.resize(img, (width, height))
```

上述程式碼改變寬和高比例分別是 0.8 和 0.5，可以更改影像尺寸和調整影像的長寬比例，其執行結果如下圖所示：

剪裁影像：**ch10-2-1b.py**

OpenCV 讀取的影像是 NumPy 陣列（詳見第 10-4 節的説明），剪裁影像就是在切割 NumPy 陣列（如同第 7-5-5 節使用切割運算子來切割巢狀串列），如下所示：

```
img = cv2.imread("koala.jpg")
x = 10; y = 10
w = 150; h= 200
crop_img = img[y:y+h, x:x+w]
```

上述程式碼使用切割運算子來剪裁影像，首先指定左上角座標 x 和 y，然後是寬 w 和高 h 後，即可切割 NumPy 陣列來剪裁影像，其執行結果如右圖所示：

旋轉和位移影像：**ch10-2-1c.py**

OpenCV 並沒有旋轉和位移影像的方法，我們可以改用 imutils 模組來旋轉和位移影像。首先使用 imutils 套件來旋轉影像，如下所示：

```
img = cv2.imread("koala.jpg")
rotated_img = imutils.rotate(img, angle=90)
```

上述 **imutils.rotate()** 方法可以旋轉影像，第 1 個參數是影像，angle 參數是旋轉角度，如下圖所示：

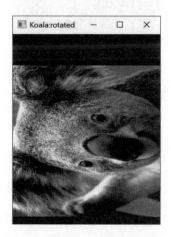

位移影像是使用 **imutils.translate()** 方法，如下所示：

```
img = cv2.imread("koala.jpg")
translated_img = imutils.translate(img, 25, -75)
```

上述方法的第 2 個參數值如果是正值，就是向右位移；負值是向左位移，第 3 個參數值如為正值是向下位移；負值是向上位移，以此例是向右位移 25 點，和向上位移 75 點，如下圖所示：

翻轉影像：**ch10-2-1d.py**

OpenCV 可以使用 **flip()** 方法來翻轉影像，如下所示：

```
img = cv2.imread("koala.jpg")
fliped_img = cv2.flip(img, -1)
```

上述方法的第 2 個參數值 0 是沿 x 軸垂直翻轉影像；大於 0 是沿 y 軸水平翻轉影像；小於 0 是水平和垂直都翻轉影像，如下圖所示：

10-2-2　影像色彩空間轉換

　　色彩空間是數位影像描述色彩的方法，我們可以使用色彩三原色紅、綠和藍色來描述，即 RGB 格式，除此之外，還有 BGR、HSV、HIS 和 HSL 等多種色彩格式。

─● 說明 ●─

　　請注意！很多 Python 套件，例如：Pillow 預設影像色彩是 RGB 格式；OpenCV 預設影像色彩是 BGR 格式，只是因為 **imread()** 和 **imshow()** 方法都是使用 BGR 格式，所以並不需要特別進行色彩空間轉換。

🅠 轉換成灰階色彩：**ch10-2-2.py**

　　OpenCV 可以呼叫 **cvtColor()** 方法轉換彩色成灰階影像，方法的第 2 個參數值是 **cv2.COLOR_BGR2GRAY** 常數，如下所示：

```
gray_img = cv2.cvtColor(img, cv2.COLOR_BGR2GRAY)
```

🅠 轉換成 RGB 色彩：**ch10-2-2a.py**

　　如果影像需要 RGB 格式，第 2 個參數值是 **cv2.COLOR_BGR2RGB** 常數，可以將 BGR 轉換成 RGB（如果需要將 RGB 轉換成 BGR 格式，請使用 **cv2.COLOR_RGB2BGR** 常數），如下所示：

```
img = cv2.imread("penguins.jpg")
rgb_img = cv2.cvtColor(img, cv2.COLOR_BGR2RGB)
cv2.imshow("Penguins:rgb", rgb_img)
```

10-2-3 在影像上繪圖和加上文字

我們可以在影像上繪圖或加上文字，例如：畫線、畫長方形、畫圓形、畫橢圓形、多邊形和新增文字內容等。

🔍 使用 OpenCV 在影像上繪圖：ch10-2-3.py

OpenCV 繪圖方法的基本語法，如下所示：

```
cv2.line(影像,開始座標,結束座標,顏色,線寬)
cv2.rectangle(影像,開始座標,結束座標,顏色,線寬)
cv2.circle(影像,圓心座標,半徑,顏色,線條寬度)
cv2.ellipse(影像,中心座標,軸長,旋轉角度,起始角度,結束角度,顏色,線寬)
cv2.polylines(影像,點座標串列,是否關閉,顏色,線寬)
```

上述方法依序是畫線、畫長方形、畫圓形、畫橢圓形和畫多邊形。Python 程式讀取影像後，可以在影像上呼叫上述方法來繪出圖形，如下所示：

```
img = cv2.imread("koala.jpg")
cv2.line(img, (0,0), (200,200), (0,0,255), 5)
cv2.rectangle(img, (20,70), (120,160), (0,255,0), 2)
cv2.rectangle(img, (40,80), (100,140), (255,0,0), -1)
cv2.circle(img,(90,210), 30, (0,255,255), 3)
cv2.circle(img,(140,170), 15, (255,0,0), -1)
points = np.array([[220,220],[230,110],[240,120],
                   [240,140],[220,240]], np.int32)
cv2.polylines(img, [points], True, (255, 0, 255), 3)
cv2.imshow("Koala", img)
```

上述程式碼依序畫出直線、2 個長方形（第 2 個線寬是負值，即填滿）和 2 個圓形，最後是一個關閉的多邊形，多邊形的座標串列是使用第 10-4 節的 NumPy 整數二維陣列，其執行結果如下圖所示：

♀ 使用 OpenCV 在影像上加上文字內容：ch10-2-3a.py

OpenCV 可以使用 **putText()** 方法在影像上加上文字，其基本語法如下所示：

```
cv2.putText(影像,文字,座標,字型常數,大小,顏色,線寬,線型常數)
```

Python 程式讀取影像後，可以呼叫上述方法在影像上加上文字內容，如下所示：

```
img = cv2.imread("penguins.jpg")
cv2.putText(img, 'OpenCV', (10, 40),
            cv2.FONT_HERSHEY_SIMPLEX,
            1, (0,255,255), 5, cv2.LINE_AA)
cv2.putText(img, 'Hello!', (10, 100),
            cv2.FONT_HERSHEY_SIMPLEX,
            1, (255,0,255), 5, cv2.LINE_AA)
cv2.imshow("Penguins", img)
```

上述程式碼呼叫 2 次 **putText()** 方法依序寫上 OpenCV 和 Hello! 二行不同色彩的文字，**cv2.FONT_HERSHEY_SIMPLEX** 是字型；**cv2.LINE_AA** 是線型常數，其執行結果如下圖所示：

10-3 OpenCV 視訊處理與 Webcam

視訊（Video）就是一種動態影像，或稱影片，這是一連串連續的靜態影像所組成，每一個靜態影像稱為影格（Frame）或稱幀，其每秒播放的靜態影像數稱為影格率（Frame per Second，FPS）或稱為幀率。

10-3-1 OpenCV 視訊處理

OpenCV 支援讀取和播放視訊檔案，我們可以取得視訊的相關資訊、計算視訊的影格數和影格率（FPS）。

◯ 播放視訊檔：ch10-3-1.py

Python 程式是建立 OpenCV 的 VideoCapture 物件來播放視訊檔，如下所示：

```
import cv2

cap = cv2.VideoCapture("YouTube.mp4")
```

上述程式碼的參數是視訊檔路徑，如果是本機連接的 Webcam 網路攝影機，參數是數字編號（請參閱第 10-3-2 節），然後使用 while 迴圈來播放視訊的每一個影格，如下所示：

```
while(cap.isOpened()):
  ret, frame = cap.read()
  if ret:
      cv2.imshow("Frame", frame)
  if cv2.waitKey(1) & 0xFF == ord("q"):
      break
```

上述 while 迴圈呼叫 **isOpened()** 方法判斷是否已經開啟視訊檔，如果是，呼叫 VideoCapture 物件的 **read()** 方法讀取每一個影格（幀），回傳值 ret 可以判斷是否讀取成功；frame 是讀取到的影格，第 1 個 if 條件判斷是否成功讀取到影格，如果是，就呼叫 **imshow()** 方法顯示影格，第 2 個 if 條件判斷使用者是否按下 Q 鍵來結束播放。

當結束播放，就釋放 VideoCapture 物件和關閉視窗，如下所示：

```
cap.release()
cv2.destroyAllWindows()
```

Python 程式的執行結果可以看到播放的視訊內容，如下圖所示：

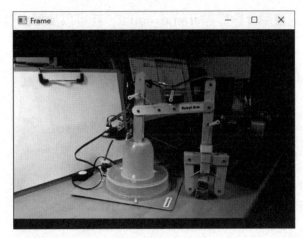

📍 取得視訊的相關資訊：**ch10-3-1a.py**

在 Python 程式建立 VideoCapture 物件後，可以取得視訊相關資訊的尺寸和編碼，如下所示：

```
cap = cv2.VideoCapture("YouTube.mp4")
```

上述程式碼建立 VideoCapture 物件 cap 後，在下方取得視訊尺寸，如下所示：

```
width = cap.get(cv2.CAP_PROP_FRAME_WIDTH)
height = cap.get(cv2.CAP_PROP_FRAME_HEIGHT)
print("影格尺寸:", width, "x", height)
```

上述程式碼使 **get()** 方法取得視訊資訊，參數是各種屬性值的常數，
依序是影格的寬和高，詳細常數說明的 URL 網址，如下所示：

▷ https://docs.opencv.org/4.5.4/d4/d15/group__videoio__flags__base.html

我們可以使用 **get()** 方法取得視訊資訊；**set()** 方法更改視訊資訊。然後取得視訊編碼，如下所示：

```
fourcc = int(cap.get(cv2.CAP_PROP_FOURCC))
codec = (chr(fourcc&0xFF)+chr((fourcc>>8)&0xFF)+
        chr((fourcc>>16)&0xFF)+chr((fourcc>>24)&0xFF))
print("Codec編碼:", codec)
```

上述程式碼取得整數編碼 fourcc 後，使用位元運算取得 4 個字元的編碼字串，其執行結果如下所示：

```
>>> %Run ch10-3-1a.py

影格尺寸: 480.0 x 360.0
Codec編碼: avc1
```

計算視訊的總影格數：ch10-3-1b.py

Python 程式只需使用計數變數 frame_count，就可以計算出整個視訊檔的總影格數，如下所示：

```
cap = cv2.VideoCapture("YouTube.mp4")

frame_count = 0
while True:
  ret, frame = cap.read()
  if not ret:
      break
  frame_count = frame_count + 1

print("總影格數 =", frame_count)
```

上述程式碼使用 frame_count 變數計算影格數，if 條件判斷是否已經沒有影格，如果還有，就將影格數加 1，其執行結果可以顯示視訊的總影格數，如下所示：

```
>>> %Run ch10-3-1b.py
總影格數 =  880
```

取得視訊的影格率（FPS）：ch10-3-1c.py

VideoCapture 物件的 **get()** 方法，可以使用 **cv2.CAP_PROP_FPS** 參數值取得視訊的影格率（FPS），如下所示：

```
fps = cap.get(cv2.CAP_PROP_FPS)
print("FPS =", fps)
```

上述程式碼取得視訊的影格率，其執行結果如下所示：

```
>>> %Run ch10-3-1c.py
FPS = 29.97002997002997
```

10-3-2　OpenCV 網路攝影機操作

OpenCV 的 VideoCapture 物件除了可以播放視訊，還可以播放網路攝影機 Webcam 的影像。

取得網路攝影機的影像：ch10-3-2.py

在 OpenCV 的 VideoCapture 物件除了開啟視訊檔案，也可以開啟攝影機，參數 0 或 -1 是第一台攝影機，1 是第 2 台…，以此類推，其他部分的程式碼和播放視訊檔並沒有什麼不同，如下所示：

```
cap = cv2.VideoCapture(0)

while(cap.isOpened()):
  ret, frame = cap.read()
  cv2.imshow("Frame", frame)
  if cv2.waitKey(1) & 0xFF == ord("q"):
      break

cap.release()
cv2.destroyAllWindows()
```

上述程式碼少了 if 條件判斷 ret 是否成功讀取，因為視訊檔有播完影格的情況，但攝影機除非故障，並不會有播完影格的問題，其執行結果如下圖所示：

📍 更改視訊的解析度：**ch10-3-2a.py**

在 Python 程式建立 VideoCapture 物件後，可以呼叫 **set()** 方法更改影格的寬、高和影格率（請注意！如果 Webcam 硬體沒有支援此解析度，執行 **set()** 方法並不會有作用），如下所示：

```
cap = cv2.VideoCapture(0)
cap.set(cv2.CAP_PROP_FRAME_WIDTH, 320)
cap.set(cv2.CAP_PROP_FRAME_HEIGHT, 180)
cap.set(cv2.CAP_PROP_FPS, 25)

while(cap.isOpened()):
  ret, frame = cap.read()
  cv2.imshow("Frame", frame)
  if cv2.waitKey(1) & 0xFF == ord("q"):
      break
...
```

上述程式碼的執行結果可以看到開啟的視窗尺寸小了很多。

📍 將影格寫入視訊檔案：**ch10-3-2b.py**

OpenCV 可以建立 VideoWrite 物件來寫入視訊檔案，如下所示：

```
cap = cv2.VideoCapture(0)

fourcc = cv2.VideoWriter_fourcc(*"XVID")
out = cv2.VideoWriter("output.avi", fourcc, 20, (640,480))
```

上述程式碼首先建立視訊編碼 fourcc，可用的編碼字串，如表 10-2 所示。

》表 10-2　視訊編碼的名稱、編碼字串、副檔名

編碼名稱	編碼字串	視訊檔副檔名
YUV	*'I420'	.avi
MPEG-l	*'PIMT'	.avi
MPEG-4	*'XVID'	.avi
MP4	*'MP4V'	.mp4
Ogg Vorbis	*'THEO'	.ogv

然後建立 VideoWriter 物件來寫入視訊檔，第 1 個參數是檔名、第 2 個參數是編碼，第 3 個參數是影格率，最後是影格尺寸的元組。Python 程式是在 while 迴圈呼叫 **write()** 方法將影格寫入視訊檔，如下所示：

```
while(cap.isOpened()):
  ret, frame = cap.read()
  if ret == True:
    out.write(frame)
    cv2.imshow("Frame", frame)
    if cv2.waitKey(1) & 0xFF == ord("q"):
      break
  else:
    break
...
```

上述程式碼的執行結果可以建立名為 output.avi 的視訊檔，直到使用者按下 Q 鍵才會結束寫入視訊檔。

10-4 OpenCV 影像資料：NumPy 陣列

基本上，OpenCV 使用 **imread()** 方法讀取的影像是 NumPy 陣列，NumPy 套件全名是 Numeric Python 或 Numerical Python，提供一維、二維和多維陣列物件，支援高效率陣列的數學、邏輯、維度操作、排序、選取元素，和基本線性代數與統計等。

事實上，人工智慧應用的影像就是儲存成 NumPy 陣列，我們需要使用 NumPy 套件處理影像來進行人工智慧的物體和文字識別。

10-4-1 建立陣列

NumPy 陣列（Arrays）類似 Python 串列（Lists），不過陣列元素的資料型態必須是相同的。NumPy 套件的核心是 ndarray 物件，這是一序列的整數 int 或浮點數 float 值，每一個值的陣列元素都是相同的資料型態。在 Python 程式需要匯入 NumPy 套件的別名 np，如下所示：

```
import numpy as np
```

🔾 使用串列與元組建立一維陣列：ch10-4-1.py

在匯入 NumPy 套件後，使用 **array()** 方法建立 NumPy 陣列，如下所示：

```
import numpy as np

a = np.array([1, 2, 3, 4, 5])
print(type(a))
print(a[0], a[1], a[2], a[3], a[4])
```

上述程式碼使用 **array()** 方法建立陣列，參數是串列（也可以是元組），然後使用 **type()** 函數顯示陣列型態是 numpy.ndarray 物件，因為是陣列，可以從索引值 0 開始取出陣列的每一個元素，如下圖所示：

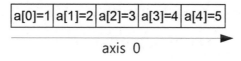

```
| a[0]=1 | a[1]=2 | a[2]=3 | a[3]=4 | a[4]=5 |
                    axis 0
```

上述一維陣列 axis 軸是方向，值 0 是橫向，其執行結果如下所示：

```
>>> %Run ch10-4-1.py

   <class 'numpy.ndarray'>
   1 2 3 4 5
```

◉ 更改一維陣列的元素值：**ch10-4-1a.py**

NumPy 陣列可以使用索引來更改陣列元素值，如下所示：

```
a = np.array([1, 2, 3, 4, 5])
a[0] = 5
print(a)
a[3] = 0
print(a)
```

上述程式碼更改第 1 個（索引值 0）和第 4 個（索引值 3）元素的值，其執行結果可以看到更改後的陣列元素值，如下所示：

```
>>> %Run ch10-4-1a.py

[5 2 3 4 5]
[5 2 3 0 5]
```

◉ 使用巢狀串列建立二維陣列：**ch10-4-1b.py**

NumPy 二維陣列是使用巢狀串列來建立，如下所示：

```
b = np.array([[1,2,3],[4,5,6]])
print(b[0, 0], b[0, 1], b[0, 2])
print(b[1, 0], b[1, 1], b[1, 2])
```

上述 **array()** 方法的參數是 Python 巢狀串列，可以建立 2 X 3 的二維陣列，2 X 3 稱為形狀（Shape），二維陣列的 axis 軸 0 是直向；1 是橫向，如下圖所示：

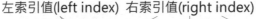
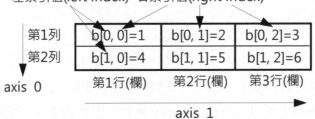

上述圖例是二維陣列，陣列索引值有 2 個：[左索引值 , 右索引值]，我們需要使用 2 個索引來取出指定的元素，其執行結果如下所示：

```
>>> %Run ch10-4-1b.py

1 2 3
4 5 6
```

◉ 更改二維陣列的元素值：**ch10-4-1c.py**

NumPy 二維陣列需要使用 2 個索引值來存取二維陣列的元素值，例如：更改左上角和右下角的 2 個元素值，如下所示：

```
b = np.array([[1,2,3],[4,5,6]])
b[0, 0] = 6
b[1, 2] = 1
print(b)
```

```
>>> %Run ch10-4-1c.py

 [[6 2 3]
  [4 5 1]]
```

♀ 建立指定元素型態的陣列：**ch10-4-1d.py**

Python 程式在建立 NumPy 陣列時，可以指定陣列元素是哪一種資料型態，如下所示：

```
a = np.array([1, 2, 3, 4, 5], int)
print(a)
b = np.array((1, 2, 3, 4, 5), dtype=float)
print(b)
```

上述 **array()** 方法的第 2 個參數是元素型態，第 1 個是整數 int；第 2 個明確指定 **dtype** 參數值是 float 浮點數，其執行結果如下所示：

```
>>> %Run ch10-4-1d.py

 [1 2 3 4 5]
 [1. 2. 3. 4. 5.]
```

10-4-2　陣列屬性

NumPy 陣列是物件，提供相關屬性來顯示陣列資訊。相關屬性的說明如表 10-3 所示。

》 表 10-3　陣列屬性的說明

屬性	說明
dtype	陣列元素的資料型態，整數 int32/64 或浮點數 float32/64 等
size	陣列的元素總數
shape	N X M 陣列的形狀（Shape）
itemsize	陣列元素佔用的位元組數
ndim	幾維陣列，一維是 1；二維是 2
nbytes	整個陣列佔用的位元組數

請使用上表屬性顯示 NumPy 陣列的相關屬性值（Python 程式：ch10-4-2.py），如下所示：

```
a = np.array([[1,2,3],[4,5,6]])
print(a.dtype)
print(a.size)
print(a.shape)
print(a.itemsize)
print(a.ndim)
print(a.nbytes)
```

上述程式碼建立 2 X 3 的二維陣列後，顯示陣列的各種屬性值，其執行結果如下所示：

```
>>> %Run ch10-4-2.py
 int32
 6
 (2, 3)
 4
 2
 24
```

10-4-3　陣列內容與形狀操作

NumPy 可以使用 **reshape()** 方法轉換陣列維度，將二維改成一維；一維變成二維，也可以平坦化陣列、合併陣列、擴充與刪除陣列的維度、取得陣列最大 / 最小值或使用切割運算子來切割出部分陣列內容。

◉ 將一維陣列轉換成二維陣列：**ch10-4-3.py**

Python 程式可以使用 **reshape()** 方法將一維陣列轉換成 3 X 2 的二維陣列，如下所示：

```
a = np.array([1,2,3,4,5,6])
print(a)
b = a.reshape((3, 2))
print(b)
```

上述程式碼首先建立 1~6 元素值的一維陣列後，呼叫 **reshape()** 方法轉換成參數 3 X 2 元組的二維陣列，其執行結果如下所示：

```
>>> %Run ch10-4-3.py
 [1 2 3 4 5 6]
 [[1 2]
  [3 4]
  [5 6]]
```

◯ 切割出部分陣列元素：**ch10-4-3a.py**

NumPy 陣列一樣可以使用第 7-5-5 節的切割運算子來切割出部分陣列元素，如下所示：

```
a = np.array([1, 2, 3, 4, 5, 6, 7, 8, 9])
print(a)
b, c, d = a[1:3], a[:4], a[3:]
print(b, c, d)
```

上述切割運算子索引範圍依序是：1,2、0,1,2,3 和 3,4,5,6,7,8，其執行結果如下所示：

```
>>> %Run ch10-4-3a.py

[1 2 3 4 5 6 7 8 9]
[2 3] [1 2 3 4] [4 5 6 7 8 9]
```

◯ 平坦化陣列：**ch10-4-3b.py**

平坦化陣列可以將二維陣列平坦化成一維陣列，在 NumPy 是使用 **flatten()** 方法來執行平坦化陣列，如下所示：

```
a = np.array([1, 2, 3, 4, 5, 6, 7, 8, 9])
b = a.reshape((3, 3))
print(b)
c = b.flatten()
print(c)
```

上述程式碼使用 **reshape()** 方法建立二維陣列 b 後，呼叫陣列 b 的 **flatten()** 方法，其執行結果如下所示：

```
>>> %Run ch10-4-3b.py

[[1 2 3]
 [4 5 6]
 [7 8 9]]
[1 2 3 4 5 6 7 8 9]
```

◯ 合併多個二維陣列：**ch10-4-3c.py**

NumPy 的 **np.concatenate()** 方法可以合併多個二維陣列，參數 axis 軸指定合併方向，值 0 是直向（預設值），可以合併在目前二維陣列的下方；值 1 是橫向，陣列是合併在目前陣列的右方，如下所示：

```
a = np.array([[1,2],[3,4]])
b = np.array([[5,6],[7,8]])
```

```
c = np.concatenate((a, b), axis=0)
print(c)
d = np.concatenate((a, b), axis=1)
print(d)
```

上述 NumPy 陣列 c 是直向合併；d 是橫向合併，其執行結果如下所示：

```
>>> %Run ch10-4-3c.py

   [[1 2]
    [3 4]
    [5 6]
    [7 8]]
   [[1 2 5 6]
    [3 4 7 8]]
```

⦿ 擴充與刪除陣列的維度：ch10-4-3d.py

因為機器學習的輸入資料和回傳結果都是 NumPy 多維陣列，有時我們需要擴充陣列維度來符合輸入資料的形狀，或刪除陣列維度來方便存取資料。在 NumPy 擴充維度是使用 **np.expand_dims()** 方法，如下所示：

```
a = np.array([[1,2,3,4,5,6,7,8]])
b = a.reshape(2, 4)
print(b.shape)
c = np.expand_dims(b, axis=0)
d = np.expand_dims(b, axis=1)
print(c.shape, d.shape)
```

上述程式碼使用 **reshape()** 方法建立二維陣列 (2, 4) 後，呼叫 2 次 **np.expand_dims()** 方法擴充維度，axis 參數指定擴充哪一維（從 0 開始），其執行結果可以看到增加的維度 1 是在第 1 個（axis=0）和第 2 個（axis=1），如下所示：

```
>>> %Run ch10-4-3d.py

   (2, 4)
   (1, 2, 4) (2, 1, 4)
```

刪除陣列維度是使用 **np.squeeze()** 方法，可以刪除陣列 shape 屬性值是 1 的維度，如下所示：

```
e = np.squeeze(c)
f = np.squeeze(d)
print(e.shape, f.shape)
```

上述程式碼刪除陣列 c 和 d 中 shape 屬性值是 1 的維度，其執行結果的 shape 屬性值都成為 (2, 4)。

⚲ 取得陣列最大 / 最小值和索引：**ch10-4-3e.py**

NumPy 陣列可以使用 **np.max()** 方法取得陣列最大元素值；**np.min()** 方法取得最小值，如果欲取得陣列哪一個索引值是最大值或最小值，請使用 **np.argmax()** 和 **np.argmin()** 方法，如下所示：

```python
a = np.array([[11,22,13,74,35,6,27,18]])

min_value = np.min(a)
max_value = np.max(a)
print(min_value, max_value)

min_idx = np.argmin(a)
max_idx = np.argmax(a)
print(min_idx, max_idx)
```

上述程式碼的執行結果可以顯示陣列的最小值和最大值，然後是最小值和最大值的索引值，如下所示：

```
>>> %Run ch10-4-3e.py

    6 74
    5 3
```

1. 請說明什麼是 OpenCV？OpenCV 如何處理 Webcam 攝影機？

2. 請問 OpenCV 如何在影像繪圖和加上文字？什麼是 imutils 套件？

3. 請問什麼是影像幾何轉換？何謂色彩空間？

4. 請說明什麼是 NumPy 陣列？NumPy 陣列和 Python 串列的差異？

5. 請建立 Python 程式讀取 "cat.jpg" 圖檔後，轉換成灰階和旋轉 90 度，最後在影像上寫上你的名字。

6. 請建立 Python 程式使用灰階播放 "YouTube.mp4" 視訊檔，然後寫入視訊檔，換句話說，就是將彩色視訊檔轉換成灰階視訊檔。

7. 請寫出 Python 程式使用串列建立 NumPy 陣列，其輸出結果如下所示：：

```
串列: [12.23, 13.32, 100, 36.32]
一維陣列:  [ 12.23  13.32 100.    36.32]
```

8. 請寫出 Python 程式建立一維 NumPy 陣列 [4,5,2,3,1,6,7,8,9,11,15,34]，在轉換成 (3, 4) 形狀的陣列後，將每一個元素乘以 3 後，顯示新陣列的內容，最後再平坦化成一維陣列和顯示出來。

CHAPTER **11**

認識人工智慧、機器學習與深度學習

🎯 **本章內容**

11-1　人工智慧概論

隨著 Python 語言的興起，人工智慧和機器學習成為資訊界火紅的研究項目，事實上，人工智慧本身只是一個泛稱，所有能夠讓電腦有智慧的技術都可稱為「人工智慧」（Artificial Intelligence，AI）。

11-1-1　人工智慧簡介

事實上，人工智慧在資訊科技並不算是很新的領域，只因早期電腦的運算效能不佳，人工智慧受限於電腦運算能力，所以實際應用非常侷限，直到 CPU 效能大幅提昇和繪圖 GPU 應用在人工智慧上，再加上深度學習的重大突破，才讓人工智慧的夢想逐漸成真。

認識人工智慧

人工智慧（Artificial Intelligence，AI）也稱為人工智能，這是讓機器變得更聰明的一種科技，也就是讓機器具備和人類一樣的思考邏輯與行為模式。簡單的說，人工智慧就是讓機器展現出人類的智慧，像人類一樣的思考，基本上，人工智慧是一個讓電腦執行人類工作的廣義名詞術語，其衍生的應用和變化至今仍然沒有定論。

人工智慧屬於計算機科學領域的範疇，其發展過程包括學習（大量讀取資訊和判斷何時與如何使用該資訊）、感知、推理（使用已知資訊來做出結論）、自我校正和操縱或移動物品等。

知識工程（Knowledge Engineering）是過往人工智慧主要研究的核心領域，能夠讓機器在大量讀取資料後，就能夠自行識別物件，進行歸類、分群和統整，並且找出規則來判斷資料之間的關聯性，進而建立知識，在知識工程的發展下，人工智慧可以讓機器具備專業知識。

而我們現在開發的人工智慧系統都屬於一種弱人工智慧（Narrow AI）形式，機器擁有能力做一件或幾件事情，而且做這些事的智慧程度與人類相當，甚至可能超越人類（請注意！只限於這些事），例如：自駕車、人臉辨識、下棋和自然語言處理等，當然，我們在電腦遊戲中加入的人工智慧或機器學習，也都屬於弱人工智慧。

從原始資料轉換成智慧的過程

人工智慧是在研究如何從原始資料轉換成智慧的過程，這是需要經過多個不同層次的處理步驟，如下圖所示：

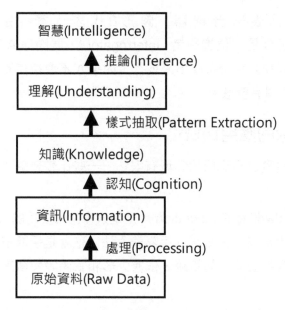

上述圖例可以看出原始資料經過處理後成為資訊；資訊在認知後成為知識，知識在樣式抽取後，即可理解，最後進行推論，就成為智慧。

圖靈測試

圖靈測試（Turing Test）是計算機科學和人工智慧之父 - 艾倫圖靈（Alan Turing）在1950 年提出，一個定義機器是否擁有智慧的測試，能夠判斷機器是否能夠思考的著名試驗。

圖靈測試提出了人工智慧的概念，讓我們相信機器是有可能具備智慧的能力，簡單的說，圖靈測試是在測試機器是否能夠表現出與人類相同或無法區分的智慧表現，如下圖所示：

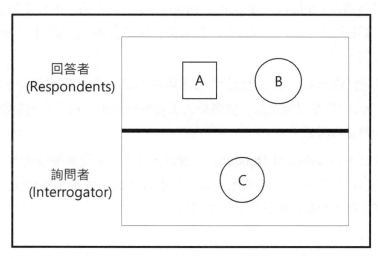

　　上述正方形A代表一台機器，圓形B代表人類，這兩位是回答者（Respondents），人類C是一位詢問者（Interrogator），展開與A和B的對話，對話是透過文字模式的鍵盤輸入和螢幕輸出來進行，如果A不會被辨別出是一台機器的身份，就表示這台機器A具有智慧。

11-1-2　人工智慧的應用領域

　　目前人工智慧在真實世界應用的領域有很多，一些比較普遍的應用領域，如下所示：

▷ 手寫辨識（Handwriting Recognition）：這是大家常常使用的人工智慧應用領域，想想看智慧型手機或平板電腦的手寫輸入法，這就是手寫辨識，系統可以辨識寫在紙上、或觸控螢幕上的筆跡，依據外形和筆劃等特徵來轉換成可編輯的文字內容。

▷ 語音識別（Speech Recognition）：這是能夠聽懂和了解語音說話內容的系統，還能分辨出人類口語的不同音調、口音、背景雜訊或感冒鼻音等，例如：Apple公司智慧語音助理系統 Siri 等。

▷ 電腦視覺（Computer Vision）：處理多媒體影像或視訊的人工智慧系統，能夠依需求抽取特徵來了解這些影像或視訊的內容是什麼，例如：Google 搜尋相似影像、人臉識別的犯罪預防或公司門禁管理等。

▷ 專家系統（Expert Systems）：使用人工智慧技術提供建議和做決策的系統，通常是使用資料庫儲存大量財務、行銷、醫療等不同領域的專業知識，以便依據這些資料來提供專業的建議。

▷ 自然語言處理（Natural Language Processing）：能夠了解自然語言（即人類語言）的文字內容，我們可以輸入自然語言的句子和系統直接對談，例如：Google搜尋引擎。

▷ 電腦遊戲（Game）：人工智慧早已應用在電腦遊戲，只需是擁有電腦代理人（Agents）的各種棋類遊戲，都屬於人工智慧的應用，最著名的當然是 AlphaGo人工智慧圍棋程式。

▷ 智慧機器人（Intelligent Robotics）：機器人基本上涉及多種領域的人工智慧，才足以完成不同任務，這是依賴安裝在機器人上的多種感測器來偵測外部環境，可以讓機器人模擬人類的行為或表情等。

11-2　認識機器學習

機 器 學 習（Machine Learning）是 應 用 統 計 學 習 技 術（Statistical Learning Techniques）來自動找出資料中隱藏的規則和關聯性，然後建立預測模型來進行推論和預測。

11-2-1　機器學習簡介

機器學習的定義是：「從過往資料和經驗中自我學習並找出其運行的規則，以達到人工智慧的方法。」，機器學習就是目前人工智慧發展的核心研究領域。

♀ 什麼是機器學習

機器學習是一種人工智慧，可以讓電腦使用現有資料來進行訓練和學習，以便建立預測模型，當成功建立模型後，就可以使用此模型來預測未來的行為、結果和趨勢，如下圖所示：

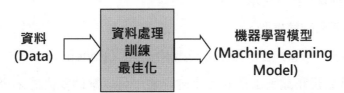

上述機器學習的核心概念是資料處理、訓練和最佳化，透過機器學習的幫助，我們可以處理常見的分類和迴歸問題（屬於監督式學習，詳見第 11-2-3 節的說明），如下所示：

▷ 分類問題：將輸入資料區分成不同類別，例如：垃圾郵件過濾可以區分哪些是垃圾郵件；哪些不是。

▷ 迴歸問題：從輸入資料找出規律，然後使用統計的迴歸分析來建立對應的方程式，藉此做出準確的預測，例如：預測假日的飲料銷售量等。

機器學習是一種弱人工智慧（Narrow AI），可以從資料得到複雜的函數或方程式來學習建立演算法的規則，然後透過預測模型來幫助我們進行未來的預測。請注意！機器學習是透過資料來訓練機器可以自行辨識出運作模式，並不是將這些規則使用程式碼寫死在程式檔案。

📍 從資料中自我訓練學習

機器學習主要目的是預測資料，其厲害之處在於可以自主學習，和找出資料之間的關係和規則，如下圖所示：

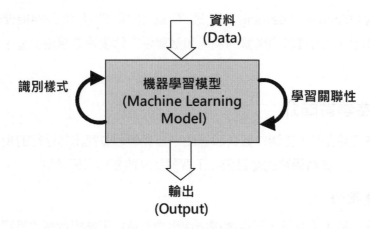

上述圖例當資料送入機器學習模型後，就會自行找出資料之間的關聯性（Relationships）和識別出樣式，其輸出結果是已經學會的模型。機器學習主要是透過下列方式來進行訓練，如下所示：

▷ 需要大量資料訓練模型。

▷ 從資料中自行學習來找出關聯性和識別出樣式（Pattern）。

▷ 根據自行學習和識別出樣式獲得的經驗，可以幫助我們將未來的新資料做分類，並且推測其行為、結果和趨勢。

11-2-2　機器學習可以解決的問題

機器學習在實務上可以幫助我們解決五種問題：分類、異常值判斷、預測性分析、分群和協助決策。

📍 分類

分類演算法是用來解決只有二種或多種結果的問題。二元分類（Two-class Classification）演算法是區分成 A 或 B 類、是或否、開或關、抽煙或不抽煙等二種結果。一些常見範例，如下所示：

▷ 客戶是否會續約？

▷ 圖片是貓，還是狗？

▷ 回饋 10 元或打 75 折，哪一種促銷方法更能提昇業積？

多元分類（Multi-class Classification）是二元分類的擴充，可以用來解決有多種結果的問題，例如：哪種口味、哪間公司或哪一位參選人等。一些常見範例，如下所示：

▷ 哪種動物的圖片？哪種植物的圖片？

▷ 雷達訊號來自哪一種飛機？

▷ 錄音裡的說話者是誰？

📍 異常值判斷

異常值判斷演算法是用來偵測異常情況（Anomaly Detection），簡單的說，就是辨認出不正常的資料，或找出奇怪的地方。基本上，異常值判斷和二元分類看起來好像十分相似，不過，二元分類一定有兩種結果，異常值判斷就不一定，可以只有一種結果。一些常見範例，如下所示：

▷ 偵測信用卡盜刷？

▷ 網路訊息是否正常？

▷ 這些消費和之前消費行為是否落差很大？

▷ 管路壓力大小是否有異常？

📍 預測性分析

預測性分析演算法解決的問題是數值而非分類，也就是預測量有多少？需要多少錢？未來是漲價；還是跌價等，此類演算法稱為迴歸（Regression）。一些常見範例，如下所示：

▷ 下星期四的氣溫是幾度？

▷ 在台北市第二季的銷售量有多少？

▷ 下周 Facebook 臉書會新增幾位追蹤者？

▷ 下周日可以賣出多少個產品？

📍 分群

分群演算法是在解決資料是如何組成的問題，屬於第 11-2-3 節的非監督式學習，其基本作法是測量資料之間的距離或相似度，即距離度量（Distance Metric），例如：智商的差距、相同基因組的數量、兩點之間的最短距離，然後據此來分成均等的群組。一些常見範例，如下所示：

▷ 哪些消費者對水果有相似的喜好？

▷ 哪些觀眾喜歡同一類型的電影？

▷ 哪些型號的手機有相似的故障？

▷ 部落格訪客可以分成哪些不同類別的群組？

❓ 協助決策

協助決策演算法是在決定下一步是什麼？其基本原理是源於大腦對懲罰和獎勵的反應機制，可以決定獎勵最高的下一步，和避開懲罰的選擇。一些常見範例，如下所示：

▷ 網頁廣告置於哪一個位置，才能讓訪客最容易點選？

▷ 看到黃燈時，應該保持目前速度、煞車還時加速通過？

▷ 溫度是調高、調低，還是不動？

▷ 下圍棋時決定下一步棋的落子位置？

11-2-3　機器學習的種類

機器學習根據訓練方式的不同，區分成需要答案的監督式學習、不需答案的非監督式學習和半監督式學習等。

❓ 監督式學習

監督式學習（Supervised Learning）是一種機器學習方法，可以從訓練資料（Training Data）建立學習模型（Learning Model），並且依據此模型來推測新資料是什麼？基本上，監督式學習的訓練過程中，需要告訴機器答案，稱為「有標籤資料」（Labeled Data），因為仍然需要老師提供答案，所以稱為監督式學習。

例如：垃圾郵件過濾的機器學習，在輸入 1000 封電子郵件且告知每一封是垃圾郵件（Y）；或不是（N）後，即可從這些訓練資料建立出學習模型，然後模型即可判斷出一封新郵件是否是垃圾郵件。

❓ 非監督式學習

非監督式學習（Unsupervised Learning）和監督式學習的最大差異是訓練資料不需有答案，即標籤，所以，機器是在沒有老師告知答案的情況下進行學習。簡單來說，如果訓練資料有標籤，需要老師提供答案，就是監督式學習；訓練資料沒標籤，不需要老師，機器能夠自行摸索出資料的規則和關聯性，稱為非監督式學習。

❓ 半監督式學習

半監督式學習（Semisupervised Learning）是介於監督式學習與非監督式學習之間的一種機器學習方法，此方法使用的訓練資料大部分是沒有標籤的資料，只有少量資料有標籤。

例如：當上傳家庭全部成員的照片至 Google 相簿後，Google 相簿就會學習分辨出相片 1、2、5、11 擁有成員 A，相片 4、5、11 有成員 B，相片 3、6、9 有成員 C 等，等到輸入成員 A 的姓名後（有標籤資料），Google 相簿馬上在有此成員的照片上標示姓名，這就是一種半監督式學習。

11-3　什麼是深度學習

深度學習（Deep Learning）是機器學習的分支，其使用的演算法是模仿人類大腦功能的類神經網路（Artificial Neural Networks，ANNs），或稱為人工神經網路。

深度學習（Deep Learning）的定義很簡單：「一種實現機器學習的技術。」所以，深度學習就是一種機器學習。記得長輩常常說過的一句話：「我吃過的鹽比你吃過的米還多」，這句話的意思是指老人家的經驗比你豐富，因為經驗豐富，看的東西多，他的直覺比你準確，並不表示長輩真的比你聰明，或更加有學問。

深度學習是在訓練機器的直覺，請注意！這是直覺訓練，並非知識學習，例如：訓練深度學習辨識一張狗照片，我們是訓練機器知道這張照片是狗，並不是訓練機器學習到狗有 4 隻腳、會叫或是一種哺乳類動物等關於狗的相關知識。

以人臉辨識的深度學習為例，為了進行深度學習，我們需要使用大量現成的人臉資料，想想看當送入機器訓練的資料比你一輩子看過的人臉還多很多時，深度學習訓練出來的機器當然經驗豐富，在人臉辨識的準確度上，就會比你還強。

♀ 深度學習是一種神經網路

深度學習就是模仿人類大腦神經元（Neuron）傳輸的一種神經網路架構（Neural Network Architectures），如下圖所示：

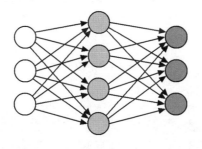

輸入層　　隱藏層　　輸出層

上述圖例是多層神經網路，每一個圓形的頂點是一個神經元，整個神經網路包含「輸入層」（Input Layer）、中間的「隱藏層」（Hidden Layers）和最後的「輸出層」（Output Layer）共 3 層，資料是從輸入層輸入神經網路，在經過隱藏層後，最後從輸出層輸出結果。

深度學習使用的神經網路稱為深度神經網路（Deep Neural Networks，DNNs），其中間的隱藏層有很多層，意味著整個神經網路十分的深（Deep），可能高達 150 層隱藏層。基本上,神經網路只需擁有 2 層隱藏層,加上輸入層和輸出層共四層之上,就可以稱為深度神經網路,即所謂的深度學習,如下圖所示:

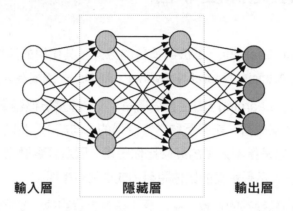

輸入層　　　　　　隱藏層　　　　　　輸出層

━━● 說明 ●━━━━━━━━━━━━━━━━━━━━━━━━━━━━━━━━━━

　　深度學習的深度神經網路就是一種神經網路,早在 1950 年就已經出現,只是受限於早期電腦的硬體效能和技術不純熟,傳統多層神經網路並沒有成功,為了擺脫之前失敗的經驗,所以重新包裝成一個好聽的新名稱:「深度學習」。

───

　　深度學習在實作上只有三個步驟:建構神經網路、設定目標和輸入資料開始學習,例如:在 TensorFlow 範例網站展示的深度學習範例,其 URL 網址如下所示:

▷ http://playground.tensorflow.org/

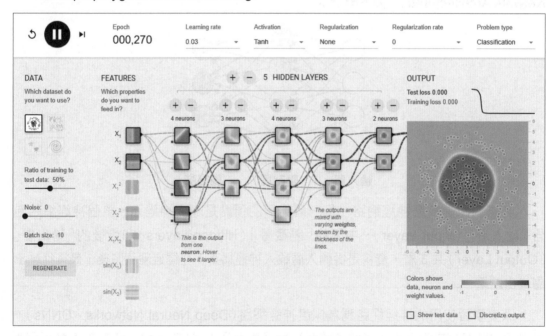

　　上述圖例是神經網路，在中間共有 5 層隱藏層的非線性處理單元，每一層（Layer）擁有多個小方框的神經元（Neuron）來進行特徵抽取（Feature Extraction）和轉換（Transformation），上一層的輸出結果就是下一層的輸入資料，直到最終得到一組輸出結果。

卷積神經網路 CNN

　　卷積神經網路（Convolutional Neural Network，CNN）簡稱 CNNs 或 ConvNets，其基礎是 1998 年 Yann LeCun 提出名為 LeNet-5 的卷積神經網路架構，基本上，卷積神經網路是模仿人腦視覺處理區域的神經迴路，針對影像處理的神經網路，例如：影像分類、人臉 / 手寫辨識等。

　　卷積神經網路的基本結構是卷積層（Convolution Layers）和池化層（Pooling Layers），使用多種不同的神經層來依序連接成神經網路，如下圖所示：

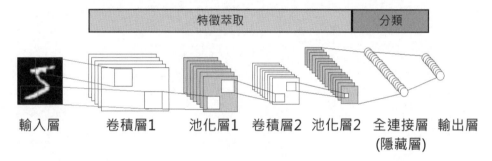

深度學習能作什麼

　　深度學習可以處理所有感知問題（Perceptual Problems），例如：聽覺和視覺問題，很明顯的！這些技能對於人類來說，只不過是一些直覺和與生俱來的能力，但是這些看似簡單的技能，早已困擾傳統機器學習多年且無法解決。

　　事實上，深度學習已經成功解決傳統機器學習的一些困難領域，如下所示：

▷ 模仿人類的影像分類、物體識別、語音識別、手寫辨識和自動駕駛等。

▷ 大幅改進機器翻譯和文字轉語音的正確率。

▷ 大幅改進數位助理、搜尋引擎和網頁廣告投放的效果。

▷ 自然語言對話的問答系統，例如：聊天機器人。

▷ 持續增加中…

學習評量

1. 請簡單說明什麼人工智慧？
2. 請舉例說明什麼是圖靈測試？
3. 請問人工智慧的應用領域有哪些？
4. 請簡單說明什麼是機器學習？機器學習可以解決的問題有哪些？
5. 請問機器學習的種類有哪些？
6. 請簡單說明什麼是深度學習？

CHAPTER **12**

PY

人工智慧應用（一）：
人臉偵測與人臉識別

🎯 本章內容

12-1 MediaPipe 框架與 CVZone 電腦視覺套件

MediaPipe 是 Google 公司開發的機器學習框架，這是跨平台的機器學習解決方案，可以讓 AI 研究者和開發者建立世界等級，針對手機、PC、雲端、Web 和 IoT 裝置的機器學習應用程式和解決方案。

MediaPipe 跨平台支援 Android、iOS、Web 和邊緣運算裝置，C++、JavaScript 和 Python 程式語言，隨著平台釋出的相關應用範例，可以讓我們馬上執行人工智慧應用，包含：人臉偵測（Face Detection）、多手勢追蹤（Multi-hand Tracking）和人體姿態評估（Human Pose Estimation）等。

在 Python 開發環境安裝 MediaPipe 套件的命令列指令，如下所示：

```
pip install mediapipe==0.8.9.1 Enter
```

— 說明 —

請注意！當執行 MediaPipe 的 Python 程式時，如果出現下列錯誤訊息，如下所示：

```
from mediapipe.python._framework_bindings import resource_util
ImportError: DLL load failed: The specified module could not be found.
```

第一種解決方式是安裝 msvc-runtime，其命令列指令如下所示：

```
pip install msvc-runtime Enter
```

如果仍然產生錯誤訊息，請在 Windows 作業系統安裝 Microsoft Visual C++ 可轉散發套件，其下載網址：https://docs.microsoft.com/zh-tw/cpp/windows/latest-supported-vc-redist?view=msvc-170，下載檔名是 vc_redist.x64.exe。

CVZone 是基於 OpenCV 和 MediaPipe 的 Python 電腦視學套件，可以讓我們使用更少的程式碼，和以更容易的方式來輕鬆進行人臉偵測、3D 臉部網格、多手勢追蹤和人體姿態評估等電腦視學應用。

在 Python 開發環境安裝 CVZone 套件的命令列指令，如下所示：

```
pip install cvzone==1.5.3 Enter
```

━━● 說明 ●━━

　　因為 MediaPipe 改版比 CVZone 快，CVZone 套件的部分模組並不支援新版 MediaPipe，所以筆者已經更新模組，同時新增一些取出內部資料的功能，在本書提供的 WinPython 套件已經更新這些模組。

　　如果讀者自行在 Python 開發環境安裝 CVZone 套件，可以有兩種方式來更新這些模組，如下所示：

　▷ 方法一：複製書附範例檔「cvzone」目錄下的 4 個 Python 檔案（請注意！不包含 __init__.py），即 FaceDetectionModule.py、FaceMeshModule.py、HandTrackingModule.py 和 PoseModule.py，然後取代 Python 開發環境的 CVZone 安裝目錄「python-3.9.8.amd64\Lib\site-packages\cvzone」下的同名 4 個檔案（以 3.9.8 版為例）。

　▷ 方法二：將書附範例檔「cvzone」目錄整個複製到與 Python 程式檔案位在相同目錄，因為在「cvzone」子目錄有 __init__.py 檔（此目錄是套件），Python 程式可以使用此目錄的套件取代 CVZone 套件，不過！此方法將無法使用 CVZone 套件的其他模組。

━━

12-2 使用 CVZone 人臉偵測

　　CVZone 人臉偵測是基於 MediaPipe 人臉偵測（Face Detection），這是使用 Blazeface 模型的一種超快速人臉偵測，可以在影像中偵測出多張人臉，和標示臉部的 6 個關鍵點（Key Points）：左眼、右眼、鼻尖、嘴巴、左耳和右耳。

12-2-1　CVZone 人臉偵測的基本使用

　　在 Python 程式建立 CVZone 的 FaceDetector 物件後，就可以呼叫 **findFaces()** 方法來偵測人臉。

◉ 影像的人臉偵測：ch12-2-1.py

　　在 Python 程式可以偵測 faces.jpg 影像的所有人臉，首先從 CVZone 的 FaceDetectionModule 模組匯入 FaceDetector 類別，和 OpenCV，如下所示：

```
from cvzone.FaceDetectionModule import FaceDetector
import cv2

img = cv2.imread("images/faces.jpg")
detector = FaceDetector(minDetectionCon=0.5)
```

上述程式碼讀取圖檔後，建立 FaceDetector 物件 detector，參數 minDetectionCon 是最低信心指數（0~1），預設值 0.5 是信心指數（即可能性）需超過 50% 可能性才視為是人臉，然後呼叫 **findFaces()** 方法偵測人臉，如下所示：

```
img, faces = detector.findFaces(img)
if faces:
    print("偵測到人臉數:", len(faces))
```

上述 **findFaces()** 方法的參數是影像內容，回傳值有 2 個，第 1 個是已經標示人臉方框和可能性的影像，第 2 個是偵測到的人臉資訊串列。然後使用 if 條件判斷是否偵測到人臉，有，就呼叫 **len()** 函數顯示偵測到的人臉數。在下方顯示已標示人臉方框和可能性的影像，如下所示：

```
cv2.imshow("Faces", img)
cv2.waitKey(0)
cv2.destroyAllWindows()
```

Python 程式的執行結果可以看到共偵測到 3 張臉，如下所示：

```
>>> %Run ch12-2-1.py
  INFO: Created TensorFlow Lite XNNPACK delegate for CPU.
  偵測到人臉數: 3
```

然後，可以看到方框標示的人臉和上方可能性的百分比，如下圖所示：

如果不需要在影像上標示人臉方框和可能性百分比，請指定 draw 參數值 False（Python 程式：ch12-2-1a.py），如下所示：

```
img, faces = detector.findFaces(img, draw=False)
```

📍 取得人臉的相關資訊：**ch12-2-1b.py**

在 **findFaces()** 方法的回傳值有偵測到人臉的相關資訊，因為偵測出的是多張臉，所以這是一個串列，第 1 張人臉是 **faces[0]**；第 2 張是 **faces[1]**，以此類推，如下所示：

```python
img = cv2.imread("images/faces.jpg")
detector = FaceDetector()
img, faces = detector.findFaces(img)
if faces:
    print("偵測到人臉數:", len(faces))
    face = faces[0]
    print("id:", face["id"])
    print("bbox:", face["bbox"])
    print("score:", face["score"])
    print("center:", face["center"])
```

上述 **findFaces()** 方法偵測人臉和顯示人臉數後，使用 faces[0] 取得第 1 張臉，這是一個字典，"id" 是編號（從 0 開始），"bbox" 是方框座標的元組 (x, y, w, h)，分別是左上角座標 (x, y)、寬度和高度，"score" 是信心指數的可能性，最後的 "center" 是方框的中心點座標，其執行結果如下所示：

```
>>> %Run ch12-2-1b.py

INFO: Created TensorFlow Lite XNNPACK delegate for CPU.
偵測到人臉數: 3
id: 0
bbox: (92, 102, 144, 144)
score: [0.9604063630104065]
center: (164, 174)
```

上述可能性值是 0~1 之間的串列（只有 1 個元素），我們需要使用 **face["score"][0]** 取出值後，轉換成整數的百分比（Python 程式：ch12-2-1c.py），如下所示：

```python
int(face["score"][0] * 100)
```

12-2-2　顯示臉部關鍵點和剪裁出人臉

在 CVZone 原始版本並無法取得臉部 6 個關鍵點的座標，即左眼、右眼、鼻尖、嘴巴、左耳和右耳，筆者已經改寫模組新增此功能。在影像中如果需要剪裁出臉部影像，就是使用 NumPy 切割運算子。

顯示臉部 6 個關鍵點：ch12-2-2.py

Python 程式在取得臉部 6 個關鍵點座標後，呼叫 **cv2.circle()** 方法繪出這些關鍵點，如下所示：

```
img = cv2.imread("images/face.jpg")
detector = FaceDetector()
img, faces = detector.findFaces(img)
if faces:
    keypoints = detector.getFaceKeypoints(img, face_idx=0)
    print(keypoints)
```

上述 **getFaceKeypoints()** 的第 1 個參數是影像，第 2 個參數 idx 是人臉 id 編號（從 0 開始），可以回傳此張臉 6 個關鍵點資訊的串列，每一個關鍵點是一個字典，"name" 鍵是關鍵點名稱；"keypoint" 鍵是座標，然後在下方使用 for 迴圈顯示這 6 個關鍵點，如下所示：

```
for keypoint in keypoints:
    cv2.circle(img, keypoint["keypoint"], 5, (255, 0, 255), cv2.FILLED)
```

Python 程式的執行結果，如下圖所示：

剪裁出臉部的部分影像：ch12-2-2a.py

Python 程式只需使用切割運算子就可以剪裁出臉部的部分影像，我們還可以加上填充距離來剪裁出較大的臉部影像，如下所示：

```
img, faces = detector.findFaces(img)
if faces:
```

```
for face in faces:
    x, y, w, h = face["bbox"]
    face = img[y:y+h, x:x+w]
    cv2.imshow("Non Padded", face)
    padding = 20
    padded_face = img[y-padding:y+h+padding,x-padding:x+w+padding]
    cv2.imshow("Padded", padded_face)
    cv2.waitKey(0)
```

上述 for 迴圈取得每一張臉的方框座標後，第 1 次是剪裁出方框的臉部；第 2 次上下左右都填充 20，可以看到剪裁出較大的臉部影像，如下圖所示：

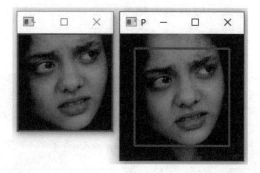

12-2-3　CVZone 即時人臉偵測

Python 程式：ch12-2-3.py 整合第 10-3-2 節的 Webcam，可以建立 CVZone 即時人臉偵測，在使用 OpenCV 讀取影格後，使用 CVZone 進行人臉偵測，如下所示：

```
from cvzone.FaceDetectionModule import FaceDetector
import cv2

cap = cv2.VideoCapture(0)
detector = FaceDetector()
```

上述程式碼建立 VideoCapture 物件 cap 和 FaceDetector 物件 detector。在下方 while 迴圈檢查攝影機是否開啟，如果是，就讀取影格呼叫 **findFaces()** 方法偵測人臉，回傳已標示臉部影像 img 和人臉資訊，如下所示：

```
while cap.isOpened():
    success, img = cap.read()
    img, faces = detector.findFaces(img)
    if faces:
        center = faces[0]["center"]
        cv2.circle(img, center, 5, (255, 0, 255), cv2.FILLED)
```

　　上述 if 條件判斷 faces 是否有值，如果有，就表示有偵測到人臉，在取得中心點座標後，顯示 (255, 0, 255) 色彩的中心點填滿圓形。在下方呼叫 **cv2.imshow()** 方法顯示人臉偵測結果的影格，如下所示：

```
        cv2.imshow("Faces", img)
    if cv2.waitKey(1) & 0xFF == ord('q'):
        break

cap.release()
cv2.destroyAllWindows()
```

　　Python 程式的執行結果可以看到人臉方框和上方百分比的可能性，並且標示出第 1 張人臉方框的中心點（只有第 1 張），如下圖所示：

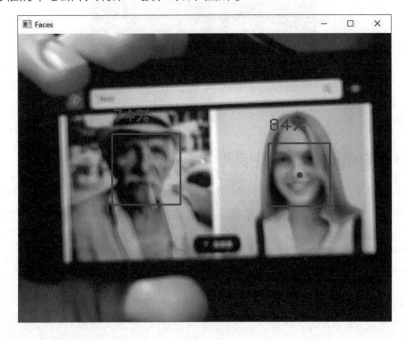

12-3 使用 CVZone 臉部網格

　　CVZone 臉部網格是基於 MediaPipe 臉部網格（MediaPipe Face Mesh），這是使用 Blazeface 模型預測出 468 個關鍵點，和使用網格方式來繪出 3D 臉部模型。

12-3-1　CVZone 臉部網格的基本使用

　　CVZone 是使用 FaceMeshDetector 物件進行人臉偵測和繪出 3D 臉部網格，這是呼叫 **findFaceMesh()** 方法來偵測和繪出 3D 臉部網格。

⚲ 人臉偵測和繪出 3D 臉部網格：**ch12-3-1.py**

Python 程式可以偵測影像中的人臉和繪出 3D 臉部網格，首先從 CVZone 的 FaceMeshModule 模組匯入 FaceMeshDetector 類別，和 OpenCV，如下所示：

```
from cvzone.FaceMeshModule import FaceMeshDetector
import cv2

img = cv2.imread("images/face4.jpg")
detector = FaceMeshDetector(maxFaces=2, minDetectionCon=0.5,
                            minTrackCon=0.5)
```

上述程式碼讀取圖檔後，建立 FaceMeshDetector 物件 detector，3 個參數的說明，如下所示：

▷ maxFaces 參數：最大偵測的人臉數，預設值 2。

▷ minDetectionConce 參數：最低信心指數（0~1），預設值 0.5 是當超過 0.5（50%）可能性時，就表示偵測到人臉。

▷ minTrackCon 參數：最低追蹤出臉部 3D 關鍵點的信心指數，超過預設值 0.5（50%）可能性，就表示可以繪出臉部的 3D 網格。

然後呼叫 **findFaceMesh()** 方法偵測人臉，回傳值的第 1 個是已標示 3D 網格的影像，第 2 個是 468 個關鍵點座標，如下所示：

```
img, faces = detector.findFaceMesh(img)
if faces:
   print(len(faces[0]))
```

上述 if 條件判斷是否有偵測到人臉，如果有，呼叫 **len()** 函數顯示第 1 張人臉的關鍵點座標數。在下方顯示 3D 臉部網格，如下所示：

```
cv2.imshow("Faces", img)
cv2.waitKey(0)
cv2.destroyAllWindows()
```

Python 程式的執行結果可以看到繪出的 3D 臉部網格和 468 個關鍵點，如下圖所示：

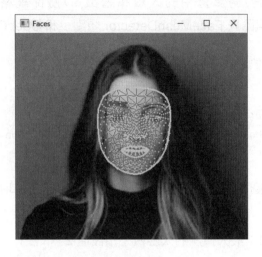

取得臉部網格的點座標：ch12-3-1a.py

CVZone 呼叫 **findFaceMesh()** 方法的回傳值是人臉的 468 個關鍵點座標，這是一個串列，第 1 張人臉是 faces[0]；第 2 張是 faces[1]，以此類推，如下所示：

```python
img = cv2.imread("images/face5.jpg")
detector = FaceMeshDetector(maxFaces=2)
img, faces = detector.findFaceMesh(img, draw=False)
if faces:
    print(len(faces[0]))
    for point in faces[0]:
        cv2.circle(img, point, 1, (255, 0, 255), cv2.FILLED)
```

上述 **findFaceMesh()** 方法使用參數 draw=False，所以並不會繪出 3D 網格，faces[0] 是第 1 張臉，然後使用 for 迴圈呼叫 **cv2.circle()** 方法繪出 468 個關鍵點座標的小點，其執行結果如下圖所示：

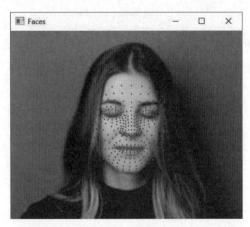

12-3-2　取出臉部特徵資訊

CVZone 原始版本只能取出 468 個關鍵點座標，筆者已經新增功能，可以指定臉部特徵參數來取得此特徵的座標串列，例如：眼睛和嘴巴等，而且可以計算出這些臉部特徵的尺寸。

♀ 取出臉部特徵資訊：ch12-3-2.py

在 CVZone 已經新增 **getFacePart()** 方法取得 "FACE_OVAL"（臉形）、"LIPS"（嘴唇）、"LEFT_EYE"（左眼）、"RIGHT_EYE"（右眼）、"LEFT_EYEBROW"（左眉）和 "RIGHT_EYEBROW"（右眉）的臉部特徵座標，如下所示：

```
img = cv2.imread("images/face.jpg")
detector = FaceMeshDetector(maxFaces=8)
img, faces = detector.findFaceMesh(img, draw=False)
```

上述程式碼建立 FaceMeshDetector 物件和呼叫 **findFaceMesh()** 方法取得 3D 臉部網格的座標，但是並沒有標示影像（draw=False）。在下方 if 條件判斷是否有偵測到 3D 臉部網格，如下所示：

```
if faces:
    face_oval = detector.getFacePart(img, 0, "FACE_OVAL")
    points = np.array(face_oval, np.int32)
    cv2.polylines(img, [points], True, (0, 0, 255), 1)
    face_leye = detector.getFacePart(img, 0, "LEFT_EYE")
    points = np.array(face_leye, np.int32)
    cv2.polylines(img, [points], True, (0, 255, 255), 1)
```

上述 2 個 **getFacePart()** 方法回傳第 2 個參數 0（索引），即第 1 張臉的 "FACE_OVAL" 和 "LEFT_EYE" 的座標串列，然後繪出座標串列的多邊形，其執行結果可以看到人臉的臉形和左眼，如下圖所示：

計算臉部特徵的尺寸：**ch12-3-2a.py**

在 Python 程式取得指定臉部特徵的座標串列後，就可以呼叫 **getFacePartSize()** 方法計算出臉部特徵的尺寸，即寬和高，如下所示：

```
face_leye = detector.getFacePart(img, 0, "LEFT_EYE")
height_leye, width_leye = detector.getFacePartSize(face_leye)
print("LEFT_EYE:", width_leye, height_leye)
```

上述程式碼呼叫 **getFacePart()** 方法取得左眼座標後，以回傳值為參數，呼叫 **getFacePartSize()** 方法計算臉部特徵的高和寬，其執行結果，如下所示：

```
>>> %Run ch12-3-2a.py

  INFO: Created TensorFlow Lite XNNPACK delegate for CPU.
  LEFT_EYE: 26 10
  FACE OVAL: 127 145
```

12-3-3　CVZone 即時顯示臉部網格

Python 程式：ch12-3-3.py 整合第 10-3-2 節的 Webcam，可以建立 CVZone 即時顯示 3D 臉部網格，在使用 OpenCV 讀取影格後，使用 CVZone 進行人臉偵測和繪出臉部的 3D 網格，如下所示：

```
from cvzone.FaceMeshModule import FaceMeshDetector
import cv2


cap = cv2.VideoCapture(0)
detector = FaceMeshDetector(maxFaces=2)
```

上述程式碼建立 VideoCapture 物件 cap 和 FaceMeshDetector 物件 detector，maxFaces 參數是最大偵測的人臉數。

在下方 while 迴圈檢查攝影機是否開啟，如果是，就讀取影格進行偵測，這是呼叫 **findFaceMesh()** 方法偵測人臉和繪出臉部 3D 網格，回傳已標示臉部 3D 網格的影像 img 和人臉資訊 faces，如下所示：

```
while cap.isOpened():
    success, img = cap.read()
    img, faces = detector.findFaceMesh(img)
    if faces:
        print(faces[0])
    cv2.imshow("Faces", img)
    if cv2.waitKey(1) & 0xFF == ord('q'):
```

```
        break

cap.release()
cv2.destroyAllWindows()
```

上述 if 條件判斷 faces 是否有偵測到，如果有，就使用 **print()** 函數顯示第 1 張臉部 3D 網格的關鍵點座標，然後呼叫 **cv2.imshow()** 方法顯示偵測結果的影格。Python 程式的執行結果，如下圖所示：

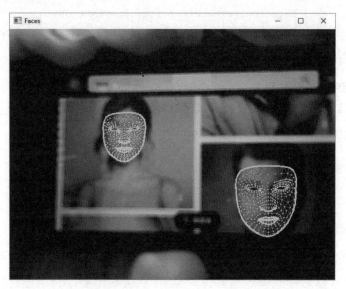

12-4 CVZone辨識臉部表情：張嘴/閉嘴與開眼/閉眼

CVZone 臉部網格可以取得嘴唇和眼睛等臉部特徵座標，和計算出臉部特徵尺寸，換句話說，我們就可以依據和整個臉形的比例來判斷臉部表情，例如：張嘴 / 閉嘴或開眼 / 閉眼，請注意！因為影像尺寸差異，判斷條件的比例值也會有些差異，需自行調整此值。

🔾 辨識臉部表情是張嘴 / 閉嘴：ch12-4.py

Python 程式可以呼叫 **getFacePart()** 方法取得 "FACE_OVAL"（臉形）和 "LIPS"（嘴唇）臉部特徵，即可判斷臉部表情是張嘴或閉嘴，如下所示：

```
img = cv2.imread("images/face.jpg")
detector = FaceMeshDetector(maxFaces=8)
img, faces = detector.findFaceMesh(img, draw=False)
```

上述程式碼建立 FaceMeshDetector 物件和呼叫 **findFaceMesh()** 方法取得 3D 臉部網格的座標，但沒有標示影像（draw=False）。在下方 if 條件判斷是否有偵測到 3D 臉部網格，如下所示：

```
if faces:
    face_lips = detector.getFacePart(img, 0, "LIPS")
    height_lips, width_lips = detector.getFacePartSize(face_lips)
    print(width_lips, height_lips)
    face_oval = detector.getFacePart(img, 0, "FACE_OVAL")
    height_oval, width_oval = detector.getFacePartSize(face_oval)
    print(width_oval, height_oval)
```

上述 2 個 **getFacePart()** 方法回傳第 2 個參數 0，即第 1 張臉的 "FACE_OVAL" 和 "LIPS" 臉部特徵的座標串列，和呼叫 **getFacePartSize()** 方法計算出尺寸。在下方 if/else 條件判斷臉部表情是張嘴或閉嘴，如下所示：

```
    if (height_lips/height_oval)*100 > 15:
        msg = 'Mouse OPEN'
    else:
        msg = 'Mouse CLOSE'
```

上述條件是嘴唇除以整張臉形的比例乘以 100，如果大於 15 就是張嘴；否則是閉嘴（因為影像尺寸會影響此值，請自行調整），然後繪出臉部特徵座標的多邊形，分別是嘴唇和臉形，如下所示：

```
    points = np.array(face_lips, np.int32)
    cv2.polylines(img, [points], True, (0, 255, 255), 1)
    points = np.array(face_oval, np.int32)
    cv2.polylines(img, [points], True, (0, 0, 255), 1)
    cv2.putText(img, msg, (10, 30),
                cv2.FONT_HERSHEY_PLAIN, 2, (0, 255, 0), 2)
cv2.imshow("Faces", img)
cv2.waitKey(0)
cv2.destroyAllWindows()
```

上述 **cv2.putText()** 方法顯示嘴巴是張嘴或閉嘴，其執行結果（下圖左是 face.jpg；下圖右是 face4.jpg），如下圖所示：

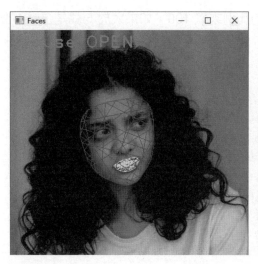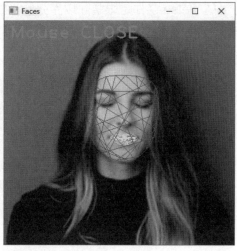

📍 辨識臉部表情是開眼 / 閉眼：**ch12-4a.py**

Python 程 式 可 以 呼 叫 **getFacePart()** 方 法 取 得 "FACE_OVAL"（ 臉 形 ）和 "
"LEFT_EYE""（左眼）臉部特徵，即可判斷臉部表情的左眼是張開或閉著，如下所示：

```
img = cv2.imread("images/face.jpg")
detector = FaceMeshDetector(maxFaces=2)
img, faces = detector.findFaceMesh(img, draw=False)
```

上述程式碼建立 FaceMeshDetector 物件和呼叫 **findFaceMesh()** 方法取得 3D 臉部
網格的座標，但沒有標示影像（**draw=False**）。在下方 if 條件判斷是否有偵測到 3D 臉
部網格，如下所示：

```
if faces:
    face_leye = detector.getFacePart(img, 0, "LEFT_EYE")
    height_leye, width_leye = detector.getFacePartSize(face_leye)
    print(width_leye, height_leye)
    face_oval = detector.getFacePart(img, 0, "FACE_OVAL")
    height_oval, width_oval = detector.getFacePartSize(face_oval)
    print(width_oval, height_oval)
```

上述 2 個 **getFacePart()** 方法回傳第 2 個參數 0，即第 1 張臉的 "FACE_OVAL"
和 "LEFT_EYE" 臉部特徵的座標串列，和呼叫 **getFacePartSize()** 方法計算出尺寸。
在下方 if/else 條件判斷臉部表情是開眼或閉眼，如下所示：

```
if (height_leye/height_oval)*100 > 5:
    msg = 'Eye OPEN'
else:
    msg = 'Eye CLOSE'
```

上述 **if/else** 條件是眼睛除以整張臉形的比例乘以 100，如果大於 5 就是張眼；否則是閉眼 (因為影像尺寸會影響此值，請自行調整)，然後繪出臉部特徵座標的多邊形，分別是左眼和臉形，如下所示：

```
    points = np.array(face_leye, np.int32)
    cv2.polylines(img, [points], True, (0, 0, 255), 1)
    points = np.array(face_oval, np.int32)
    cv2.polylines(img, [points], True, (0, 255, 255), 1)
    cv2.putText(img, msg, (10, 30),
                cv2.FONT_HERSHEY_PLAIN, 2, (0, 255, 0), 2)
cv2.imshow("Faces", img)
cv2.waitKey(0)
cv2.destroyAllWindows()
```

上述 **cv2.putText()** 方法可以顯示眼睛是張開或閉著，其執行結果 (下圖左是 face.jpg；下圖右是 face4.jpg)，如下圖所示：

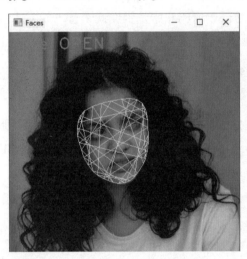 

 12-5 # face-recognition 人臉識別

　　Python 的 face_recognition 套件是基於 Dlib 函式庫的一套目前已知最簡單的人臉識別套件。Dlib 是一個包含機器學習、電腦視覺、圖像處理等功能強大的 C++ 函式庫，已經廣泛使用在工業界、學術界、機器人、嵌入式系統、手機和大型運算架構。

　　基本上，人臉偵測和人臉識別的差異，如下所示：

▷ 人臉偵測 (Face Detection)：偵測影像或影格中是否有人臉。

▷ 人臉識別 (Face Recognition)：不只偵測出人臉，還需判斷這張臉是誰？

12-5-1　face-recognition 安裝

在 Windows 作 業 系 統 的 Python 開 發 環 境 安 裝 face-recognition套 件，首先需要安裝 Dlib，因為 Dlib 沒有官方預編譯套件，為了方便安裝，我們是使用已編譯好的 .whl 檔進行安裝，其 URL 網址如下所示：

▷ https://github.com/fchart/test

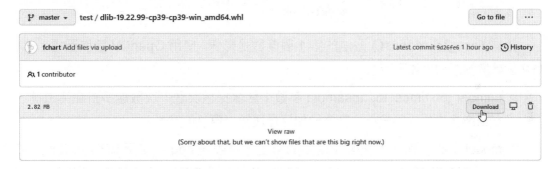

上述 3 個檔案分別是 Python 3.7 版（cp37）、3.8 版（cp38）和 3.9 版（cp39），以 Python 3.9 版來說，請點選最後一個超連結，再按游標所在【Download】鈕下載檔案，如下圖所示：

下載檔名是【 dlib-19.22.99-cp39-cp39-win_amd64.whl 】，請將檔案複製至 D:\ 根 目錄後，使用下列命令列指令安裝 Dlib，如下所示：

```
pip install D:/dlib-19.22.99-cp39-cp39-win_amd64.whl Enter
```

當成功安裝 Dlib 後，就可以安裝 face-recognition 人臉識別套件，其命令列指令如 下所示：

```
pip install face-recognition==1.3.0 Enter
```

12-5-2　face-recognition 基本使用

人臉識別（Face Recognition）需要認出這張臉是誰，所以需要預先建立好人臉編碼，如此才能判斷其他人臉是否是同一張人臉。在 Python 程式使用 face-recognition 需要先匯入此套件，如下所示：

```
import face_recognition
```

📍 人臉偵測：ch12-5-2.py

人臉識別的第一步是人臉偵測，face-recognition 套件本身也支援人臉偵測，預設使用 Dlib 人臉偵測，在匯入套件後，呼叫 **face_locations()** 方法進行人臉偵測，如下所示：

```
import face_recognition
import cv2

img = cv2.imread("images/faces2.jpg")
faces = face_recognition.face_locations(img,
                        number_of_times_to_upsample=1,
                        model="hog")
```

上述 **face_locations()** 方法的第 1 個參數是影像（使用 OpenCV 讀取圖檔），其他 2 個參數的說明，如下所示：

▷ number_of_times_to_upsample 參數：影像採樣次數，次數愈多辨識率愈高，如果影像中的人臉較小，就需增加採樣次數，預設值是 1。

▷ model 參數：指定人臉偵測使用的模型，預設值 hog 是使用 CPU 版模型，值 cnn 是使用 GPU 版，因為安裝的 Dlib 沒有支援 GPU，雖然仍然可用，但速度反而比 CPU 更慢。

方法的回傳值是影像中偵測出人臉的方框座標，這是一個元組 (上 , 右 , 下 , 左)，即左上和右上角座標的串列。然後在下方使用 **len()** 函數取得偵測出的人臉數，如下所示：

```
print("臉數=", len(faces))
for face in faces:
    top, right, bottom, left = face
    cv2.rectangle(img, (left, top), (right, bottom),
                         (0, 0, 255), 3)
```

上述 for 迴圈取出每一張人臉的左上和右上角座標，即可繪出長方形的方框。在下方顯示偵測出的人臉影像，如下所示：

```
cv2.imshow("Faces", img)
cv2.waitKey(0)
cv2.destroyAllWindows()
```

Python 程式的執行結果可以顯示偵測到 2 張臉，如下圖所示：

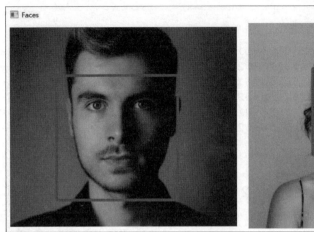

臉部資料編碼：**ch12-5-2a.py**

為了能夠識別出人臉，我們需要將人臉的臉部資料進行 128 維度的編碼，然後使用此編碼資料來比對與其他人臉的相似度，如下所示：

```
img = cv2.imread("images/faces2.jpg")
faces = face_recognition.face_locations(img)
print("臉數=", len(faces))
img_encodings = face_recognition.face_encodings(img,
              known_face_locations=faces, num_jitters=10)
```

上述程式碼偵測出人臉的方框座標後，使用偵測出的人臉來進行編碼，這是呼叫 **face_encodings()** 方法進行臉部資料編碼，第 1 個參數是欲編碼的人臉影像，其他 2 個參數的說明，如下所示：

▷ know_face_locations 參數：人臉方框座標的串列，即 **face_locations()** 方法的回傳值，如果沒有指定此參數值，就會自動執行第 1 個參數影像的人臉偵測來取得人臉方框座標的串列。

▷ num_jitters 參數：編碼時重新採樣的次數，次數愈多可以提高辨識率，但需更長的計算時間，預設值是 1。

方法的回傳值是每一張臉部資料編碼的串列。在下方顯示成功產生編碼的人臉數，和第 1 張人臉的編碼，即索引值 0，如下所示：

```
print("128維度的編碼=", len(img_encodings))
print(img_encodings[0])
```

Python 程式的執行結果可以看到臉部資料編碼的內容，如下所示：

```
>>> %Run ch12-5-2a.py

臉數= 2
128維度的編碼= 2
[-2.96564754e-02  1.10021852e-01  9.14874896e-02 -1.20425045e-01
 -1.47280857e-01  1.04343351e-02 -1.32587299e-01 -1.78796370e-02
  2.07746774e-01 -1.91455856e-01  7.82406554e-02 -1.34450039e-02
 -1.57731488e-01  4.99139205e-02 -6.53298646e-02  2.05416560e-01
 -1.87848300e-01 -2.02384993e-01 -1.13510182e-02 -4.32226919e-02
  1.80882942e-02  3.92391235e-02  1.42670516e-03  6.41412064e-02
```

人臉識別：**ch12-5-2b.py**

在 Python 程式進行人臉識別至少需要 2 張人臉影像，當將 2 張人臉都進行臉部資料編碼後，就可以比較這 2 張是否是同一張臉，例如：2 張名叫 mary 的圖檔，如下所示：

```
img = cv2.imread("images/mary.jpg")
known_encoding = face_recognition.face_encodings(img)[0]
new_img = cv2.imread("images/mary2.jpg")
new_encoding = face_recognition.face_encodings(new_img)[0]
```

上述程式碼編碼這 2 張圖檔，因為沒有 known_face_locations 參數值，所以會自動先執行人臉偵測後，再依結果進行編碼。

當成功完成臉部資料編碼後，即可使用 **compare_faces()** 方法進行人臉識別，如下所示：

```
result = face_recognition.compare_faces([known_encoding],
                          new_encoding, tolerance=0.6)
print(result)
```

上述 **compare_faces()** 方法的第 1 個參數是已知臉部資料編碼的串列，第 2 個參數是未知人臉的編碼，tolerance 參數是相似度值，值愈小愈相似，預設值是 0.6。

方法的回傳值是一個和第 1 個參數相同尺寸的串列，元素值是布林值，指出是否和已知臉部資料編碼相似（即小於等於 0.6），其執行結果是 True，如下所示：

```
>>> %Run ch12-5-2b.py

[True]
```

📍 計算兩張人臉之間差異的距離：**ch12-5-2c.py**

在 face-recognition 套件的 **compare_faces()** 方法可以計算歐式距離（Euclidean Distance），此距離值是用來判斷人臉之間的相似度，距離愈小；表示愈相似，即 tolerance 參數值。如果需要，我們可以自行分別計算出歐式距離來判斷人臉的相似度。

例如：建立 mary 和 jane 共 2 張圖檔的臉部資料編碼，這是 2 張已知人臉的編碼，如下所示：

```
iimg = cv2.imread("images/mary.jpg")
known1_encoding = face_recognition.face_encodings(img)[0]
img = cv2.imread("images/jane.jpg")
known2_encoding = face_recognition.face_encodings(img)[0]
```

然後，再建立另一張 mary 圖檔 mary2.jpg 的人臉編碼，如下所示：

```
new_img = cv2.imread("images/mary2.jpg")
new_encoding = face_recognition.face_encodings(new_img)[0]

know_encodings = [known1_encoding, known2_encoding]
distance = face_recognition.face_distance(know_encodings,
                                          new_encoding)
print(distance)
```

上述程式碼建立已知臉部資料編碼串列 know_encodings 後，呼叫 **face_distance()** 方法計算歐式距離，2 個參數和 **compare_faces()** 方法的前 2 個參數相同，回傳值是歐式距離的串列。

Python 程式的執行結果顯示第 1 個距離是 0.25766463；第 2 個是 0.81334325，以 **compare_faces()** 方法 tolerance 參數 0.6 來說，第 1 張是 mary（小於等於 0.6）；第 2 張不是 mary（大於 0.6），如下所示：

```
>>> %Run ch12-5-2c.py
[0.25766463 0.81334325]
```

📍 識別和繪出臉部特徵：**ch12-5-2d.py**

在 face-recognition 套件的 **face_landmarks()** 方法可以識別出臉部的 9 種特徵，Python 程式首先載入圖檔和呼叫 **face_locations()** 方法進行人臉偵測，如下所示：

```
img = cv2.imread("images/faces2.jpg")
faces = face_recognition.face_locations(img)
landmarks = face_recognition.face_landmarks(img, face_locations=faces)
```

上述 **face_landmarks()** 方法的第 1 個參數是影像，第 2 個參數是偵測出人臉方框座標的串列（即 **face_locations()** 方法的回傳值），回傳值是每一張人臉的臉部特徵字典串列。

在下方是臉部特徵串列 features，這是模型可識別出的 9 種臉部特徵，即臉部特徵字典的鍵，如下所示

```
features = ["chin",              # 下巴
            "left_eyebrow",      # 左眉
            "right_eyebrow",     # 右眉
            "nose_bridge",       # 鼻樑
            "nose_tip",          # 鼻尖
            "left_eye",          # 左眼
            "right_eye",         # 右眼
            "top_lip",           # 上嘴唇
            "bottom_lip"]        # 下嘴唇
for landmark in landmarks:
    for feature in features:
        points = np.array(landmark[feature], np.int32)
        points = points.reshape((-1, 1, 2))
        cv2.polylines(img, [points], False, (255, 255, 0), 2)
```

上述二層 for 迴圈的第一層走訪每一張人臉的臉部特徵字典，第二層走訪字典中的每一個特徵鍵 **landmark[feature]**，其值就是此特徵的座標串列，然後呼叫 **cv2.polylines()** 多邊形方法繪出這些臉部特徵，其執行結果如下圖所示：

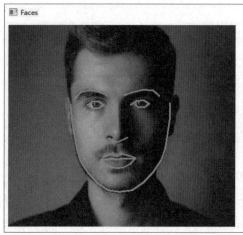

 學習評量

1. 請問什麼是 MediaPipe？CVZone 套件的用途？

2. 請簡單說明人臉偵測和人臉識別的差異？

3. 請一一列出 face-recognition 套件的功能？如何在 Windows 電腦的 Python 開發環境安裝此套件？

4. 請建立 Python 程式開啟 Webcam，可以計算目前影格中有多少人，並且顯示在影格左上角（提示：即偵測出的人臉數）。

5. 請建立 Python 程式判斷臉部表情的右眼是張開或閉著。

6. 請找出你自己的 3 張大頭貼照片，然後建立 Python 程式產生這 3 張照片的臉部資料編碼，然後計算出哪兩張照片的差異最小。

Note

CHAPTER **13**

人工智慧應用（二）：多手勢追蹤與人體姿態評估

🎯 本章內容

📁 13-1 CVZone 多手勢追蹤

CVZone 多手勢追蹤是基於 MediaPipe 手勢（MediaPipe Hands）的多手勢追蹤，這是使用手掌偵測模型（Palm Detection Model）進行多手勢追蹤，在第一步偵測出手掌和拳頭後，使用手部地標模型（Hand Landmark Model）偵測出手部 21 個關鍵點（下圖的數字就是關鍵點索引值），如下圖所示：

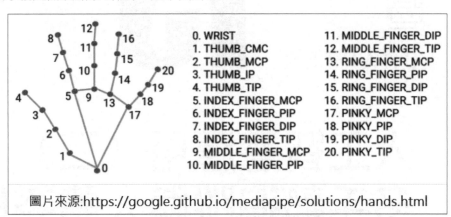

圖片來源:https://google.github.io/mediapipe/solutions/hands.html

13-1-1 CVZone 多手勢追蹤的基本使用

CVZone 的 HandDetector 物件可以偵測多手勢，和取得手勢相關資訊：中心點座標、左手或右手、手勢方框和 21 個關鍵點座標。

📍 影像的單手偵測：ch13-1-1.py

CVZone 的 HandDetector 物件可以追蹤多隻手勢，並且判斷是左手或右手，Python 程式首先需要從 CVZone 的 HandTrackingModule 模組匯入 HandDetector 類別，和 OpenCV，如下所示：

```
from cvzone.HandTrackingModule import HandDetector
import cv2

img = cv2.imread("images/hand.jpg")
detector = HandDetector(detectionCon=0.5, maxHands=1)
```

上述程式碼讀取圖檔後，建立 HandDetector 物件 detector，第 1 個參數是信心指數（即可能性），超過 0.5（50%）表示偵測到手勢，第 2 個參數是最多可偵測幾個手勢，然後呼叫 **findHands()** 方法執行參數影像的手勢偵測，如下所示：

```
hands, img = detector.findHands(img)
```

上述 **findHands()** 方法的參數是影像，回傳值是偵測到的手勢串列和已標示的影像。在下方 if 條件判斷 hands 是否是空的，如果不是，就表示有偵測到手勢，**hands[0]** 是第 1 隻手的手勢資訊字典，**"center"** 鍵是中心點座標；**"type"** 鍵是左手或右手，如下所示：

```
if hands:
    hand1 = hands[0]     # 第1隻手
    centerPoint1 = hand1["center"]
    print(centerPoint1)
    cv2.circle(img, centerPoint1, 10, (0, 255, 255), cv2.FILLED)
    handType1 = hand1["type"]
    print(handType1)
    cv2.putText(img, handType1, (10, 30),
                cv2.FONT_HERSHEY_PLAIN, 2, (0, 255, 0), 2)
```

上述程式碼取出中心點座標和左手或右手後，繪出中心點的填滿圓形和在左上角顯示是左手和右手。在下方顯示標示後的影像，如下所示：

```
cv2.imshow("Hand", img)
cv2.waitKey(0)
cv2.destroyAllWindows()
```

Python 程式的執行結果可以顯示中心點座標和左手或右手，如下所示：

```
>>> %Run ch13-1-1.py

INFO: Created TensorFlow Lite XNNPACK delegate for CPU.
(100, 197)
Right
```

然後顯示影像標示偵測出的單手手勢，中心點座標和在左上角顯示 Right 右手，如下圖所示：

影像的雙手偵測：ch13-1-1a.py

Python 程式可以偵測影像中的左右 2 隻手勢，在讀取圖檔 hands.jpg 後，建立 HandDetector 物件指定 maxHands 參數是 2，即最多偵測 2 隻手，然後呼叫 **findHands()** 方法偵測影像中的多隻手勢，if 條件判斷是否有偵測到手勢，如下所示：

```python
img = cv2.imread("images/hands.jpg")
detector = HandDetector(detectionCon=0.5, maxHands=2)
hands, img = detector.findHands(img)
if hands:
    hand1 = hands[0]    # 第1隻手
    centerPoint1 = hand1["center"]
    cv2.circle(img, centerPoint1, 10, (0, 255, 255), cv2.FILLED)
```

上述 **hands[0]** 是第 1 隻手，在取出中心點座標後，標示第 1 隻手的中心點。在下方 if 條件判斷 hands 串列的尺寸，如果是 2，就表示有第 2 隻手，如下所示：

```python
if len(hands) == 2:
    hand2 = hands[1]    # 第2隻手
    centerPoint2 = hand2["center"]
    print(centerPoint2)
    cv2.circle(img, centerPoint2, 10, (0, 255, 255), cv2.FILLED)
```

上述 **hands[1]** 是第 2 隻手，在取出中心點座標後，標示第 2 隻手的中心點，其執行結果可以顯示偵測到的 2 隻手勢，如下圖所示：

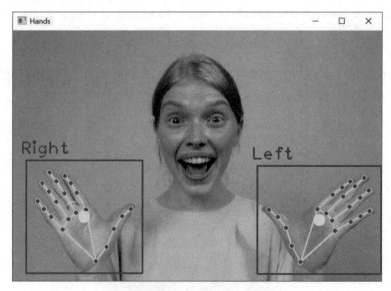

📍 取得單手方框和 21 個關鍵點座標：ch13-1-1b.py

在 **findHands()** 方法的回傳值除了中心點和左右手資訊外，還可以取得手勢方框和
21 個關鍵點座標。Python 程式在讀取 hands.jpg 圖檔後，呼叫 **findHands()** 方法，參
數 draw 是 False 表示不標示影像，如下所示：

```
hands = detector.findHands(img, draw=False)
```

上述方法的回傳值只有偵測到的手勢資訊 hands，並沒有 img，然後使用下方 if 條
件判斷是否有偵測到手勢，如下所示：

```
if hands:
    hand1 = hands[0]    # 第1隻手
    bbox1 = hand1["bbox"]
    x, y, w, h = bbox1
    cv2.rectangle(img, (x, y), (x+w, y+h),
                             (0, 0, 255), 2)
    lmList1 = hand1["lmList"]
    for point in lmList1:
        x, y = point
        cv2.circle(img, (x, y), 3, (0, 255, 255), cv2.FILLED)
```

上述 **hands[0]** 是第 1 隻手，在取出 "bbox" 鍵的手勢方框座標 (x, y, w, h) 後，呼
叫 **cv2.rectangle()** 方法繪出方框，"lmList" 鍵取出手勢 21 個關鍵點座標串列後，在
for 迴圈標示出關鍵點，其執行結果如下圖所示：

📍 取得雙手方框和 21 個關鍵點座標：ch13-1-1c.py

同樣的方法，我們可以擴充 ch13-1-1b.py，取得和繪出雙手的方框和 21 個關鍵點座標，如下所示：

```python
if hands:
    hand1 = hands[0]    # 第1隻手
    x, y, w, h = hand1["bbox"]
    cv2.rectangle(img, (x, y), (x+w, y+h),
                           (0, 0, 255), 2)
    for point in hand1["lmList"]:
        cv2.circle(img, point, 3, (0, 255, 255), cv2.FILLED)
    if len(hands) == 2:
        hand2 = hands[1]    # 第2隻手
        x, y, w, h = hand2["bbox"]
        cv2.rectangle(img, (x, y), (x+w, y+h),
                               (0, 0, 255), 2)
        for point in hand2["lmList"]:
            cv2.circle(img, point, 3, (0, 255, 255), cv2.FILLED)
```

上述 **hands[0]** 是第 1 隻手；**hands[1]** 是第 2 隻手，分別取出 "bbox" 鍵的手勢方框座標 (x, y, w, h)，和 "lmList" 鍵取出手勢 21 個關鍵點座標串列，即可在影像中標示出方框和關鍵點，如下圖所示：

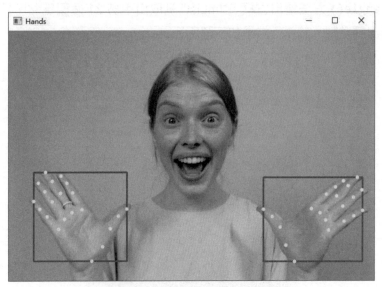

13-1-2 偵測伸出幾根手指、取得距離和角度

CVZone 的 HandDetector 物件可以偵測共伸出幾根手指，和測量 2 根手指關鍵點之間的距離，筆者在模組已經新增計算角度的功能。

◉ 偵測共伸出幾根手指:ch13-1-2.py

Python 程式取得 hand2.jpg 圖檔手勢資訊的 hands 字典串列後,呼叫 **fingersUp()** 方法判斷伸出幾根手指,參數是 hand 字典,之所以取出 **hand["bbox"]** 方框座標,這是為了計算 **cv2.putText()** 方法的文字顯示位置,如下所示:

```
hand = hands[0]
bbox = hand["bbox"]
fingers = detector.fingersUp(hand)
print(fingers)
totalFingers = fingers.count(1)
msg = "Fingers:" + str(totalFingers)
cv2.putText(img, msg, (bbox[0]+100,bbox[1]-30),
            cv2.FONT_HERSHEY_PLAIN, 2, (0, 255, 0), 2)
```

上述 **fingersUp()** 方法的回傳值是 5 個元素的串列,每一個元素代表一根手指,值 1 是伸出;0 是沒有,**fingers.count(1)** 方法計算值 1 出現的數量,即共伸出幾根手指,最後在方框右上角顯示手指數,其執行結果可以看到 fingers 串列的內容(從姆指至小指),如下所示:

```
>>> %Run ch13-1-2.py

INFO: Created TensorFlow Lite XNNPACK delegate for CPU.
[1, 1, 1, 1, 0]
```

然後在影像方框的右上角標示共伸出幾根手指,如下圖所示:

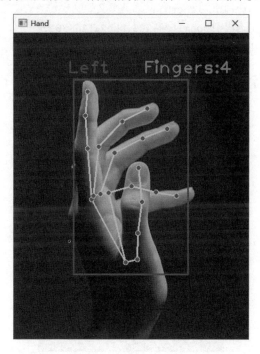

◉ 計算單手關鍵點之間的距離：**ch13-1-2a.py**

Python 程式在取得 hand3.jpg 圖檔手勢資訊的 hands 字典串列後，呼叫 **findDistance()** 方法計算 2 個關鍵點之間的距離，如下所示：

```
hand1 = hands[0]
lmList1 = hand1["lmList"]
bbox1 = hand1["bbox"]
length, info, img = detector.findDistance(lmList1[4],lmList1[8],img)
```

上述 **findDistance()** 方法的前 2 個參數是姆指指尖（4）和食指指尖（8）的關鍵點座標，索引值請參閱第 13-1 節的 21 個關鍵點圖例，在圖例手形上標示的數字就是索引值，第 3 個參數是影像 img，可以在此影像標示距離和直線，回傳值是距離，info 是包含開始和結束 2 個端點和中間點座標，最後是已標示影像。

── ● 說明 ●──────────────────────────────

如果 **findDistance()** 方法沒有第 3 個 img 參數，就不會標示影像，也不會回傳已標示影像，如下所示：

```
length, info = detector.findDistance(lmList1[4],lmList1[8])
```

────────────────────────────────────

然後在下方顯示 info 串列的 3 個座標，最後在方框的右上角標示距離，如下所示：

```
print(info)
msg = "Dist:" + str(int(length))
cv2.putText(img, msg, (bbox1[0]+100,bbox1[1]-30),
            cv2.FONT_HERSHEY_PLAIN, 2, (0, 255, 0), 2)
```

Python 程式的執行結果可以標示 2 根指尖之間的距離，如下圖所示：

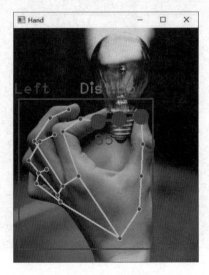

◉ 計算雙手關鍵點之間的距離：**ch13-1-2b.py**

Python 程式是修改 ch13-1-2a.py 來計算左右 2 隻手上的 2 個食指指尖之間的距離，在讀取 hands3.jpg 圖檔手勢資訊的 hands 字典串列後，在第 1 隻手取得 **hand1["lmList"]** 關鍵點，下方 if 條件判斷是否有第 2 隻手，如下所示：

```python
hand1 = hands[0]
lmList1 = hand1["lmList"]
if len(hands) == 2:
    hand2 = hands[1]
    lmList2 = hand2["lmList"]
    bbox2 = hand2["bbox"]
    length, info, img = detector.findDistance(lmList1[8],
                                    lmList2[8], img)
    print(info)
    msg = "Dist:" + str(int(length))
    cv2.putText(img, msg,(bbox2[0]+100,bbox2[1]-30),
            cv2.FONT_HERSHEY_PLAIN, 2, (0, 255, 0), 2)
```

上述程式碼取得第 2 隻手的關鍵點座標後，呼叫 **findDistance()** 方法，前 2 個參數分別是 2 隻手的食指指尖（8），即可顯示食指指尖之間的距離，如下圖所示：

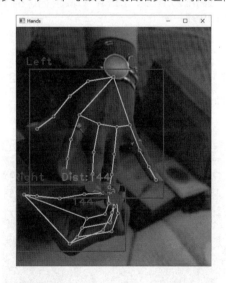

◉ 計算手指關鍵點之間的角度：**ch13-1-2c.py**

Python 程式在取得 21 個關鍵點座標後，只需指定 3 個關鍵點，就可以呼叫 **findAngle()** 方法計算出這 3 個關鍵點的角度，如下所示：

```python
hand1 = hands[0]
lmList1 = hand1["lmList"]
angle, img = detector.findAngle(lmList1[9], lmList1[10],
                                lmList1[11], img)
```

上述 **findAngle()** 方法的前 3 個參數是關鍵點座標，以此例是中指的 3 個關鍵點（9, 10, 11），第 4 個參數是影像 img，可以在此影像標示角度和直線，回傳值是角度和已標示影像。

—• 說明 •—

如果沒有第 4 個 img 參數，就不會標示影像，也不會回傳已標示影像，如下所示：

```
angle = detector.findAngle(lmList1[9], lmList1[10], lmList1[11])
```

然後顯示 angle 變數的角度，如下所示：

```
print(angle)
print(detector.angleCheck(angle, 150, addOn=20))
print(detector.angleCheck(angle, 100, addOn=20))
```

上述 **angleCheck()** 方法可以判斷第 1 個參數是否位在第 2 個參數正負第 3 個參數值的範圍之內，以此例就是位在 130~170 度和 80~120 度之間，其執行結果如下所示：

```
>>> %Run ch13-1-2c.py
INFO: Created TensorFlow Lite XNNPACK delegate for CPU.
142.66067164163093
True
False
```

上述角度是 142 左右，在第 1 個範圍之內，並不在第 2 個範圍之內，同時在影像標示 3 個關鍵點的直線和角度，如下圖所示：

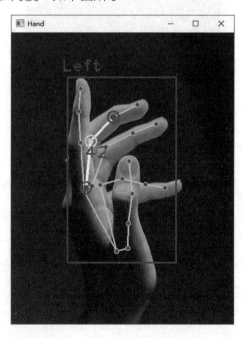

13-1-3　CVZone 即時多手勢追蹤

Python 程式：ch13-1-3.py 整合第 10-3-2 節的 Webcam，可以建立 CVZone 即時多手勢追蹤，在使用 OpenCV 讀取影格後，使用 CVZone 進行多手勢追蹤，如下所示：

```python
from cvzone.HandTrackingModule import HandDetector
import cv2

cap = cv2.VideoCapture(0)
detector = HandDetector(detectionCon=0.5, maxHands=2)
```

上述程式碼建立 VideoCapture 物件 cap 和 HandDetector 物件 detector，第 1 個參數是信心指數，第 2 個參數是最多偵測 2 個手勢。

在下方 while 迴圈檢查攝影機是否開啟，如果是，就讀取影格進行偵測，可以呼叫 **findHands()** 方法偵測多手勢，回傳手勢資訊 hands 字典串列，和已標示影像 img，如下所示：

```python
while cap.isOpened():
    success, img = cap.read()
    hands, img = detector.findHands(img)
    if hands:
        hand1 = hands[0]
        centerPoint1 = hand1["center"]
        cv2.circle(img, centerPoint1, 10, (0, 255, 255),
                    cv2.FILLED)
        if len(hands) == 2:
            hand2 = hands[1]
            centerPoint2 = hand2["center"]
            cv2.circle(img, centerPoint2, 10, (0, 255, 255),
                        cv2.FILLED)
```

上述第 1 個 if 條件判斷是否有偵測到，如果有，取出第 1 個手勢 **hands[0]** 的中心點座標和繪出中心點，第 2 個 if 條件判斷是否有第 2 隻手，如果有，取出第 2 個手勢 **hands[1]** 的中心點座標和繪出中心點。在下方呼叫 **cv2.imshow()** 方法顯示偵測結果的影格，如下所示：

```python
    cv2.imshow("Image", img)
    if cv2.waitKey(1) & 0xFF == ord('q'):
        break

cap.release()
cv2.destroyAllWindows()
```

Python 程式的執行結果,如下圖所示:

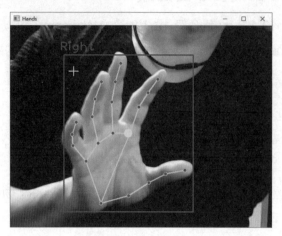

Python 程式:ch13-1-3a.py 可以即時顯示共伸出幾根手指;Python 程式:ch13-1-3b.py 是即時顯示 2 個手指指尖之間的距離。

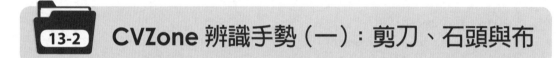

13-2　CVZone 辨識手勢(一):剪刀、石頭與布

在 Python 程式可以使用 HandDetector 物件的 **fingersUp( )** 方法,偵測出手掌伸出了哪幾根手指,如下所示:

fingers = detector.fingersUp(hand)

上述方法的回傳值是 5 根手指(從姆指開始至小指)的串列,例如:[0, 1, 1, 0, 0],值 1 是伸出;0 沒有,以此例是伸出食指和中指,所以,我們可以使用此串列來辨識手勢是:剪刀、石頭或布。

Python 程式:ch13-2.py 在讀取影像後,使用 CVZone 進行手勢追蹤,可以偵測出手掌伸出哪幾根手指來辨識出手勢是剪刀、石頭或布,其執行結果如下圖所示:

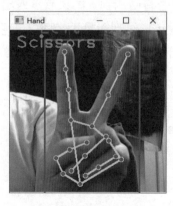

上述圖例可以看到辨識出左手，而且伸出 2 根指頭的食指和中指，所以判斷出手勢是剪刀 Scissors。

Python 程 式 碼 呼 叫 **cv2.imread()** 方 法 讀 取 Scissors.png 圖 檔 後， 呼 叫 **findHands()** 方法偵測手勢，可以回傳手勢資訊 hands 字典串列，和已標示影像 img，如下所示：

```
hand = hands[0]
fingers = detector.fingersUp(hand)
print(fingers)
totalFingers = fingers.count(1)
```

上述程式碼呼叫 **fingersUp()** 方法和 **fingers.count(1)** 計算手掌伸出的手指數。在下方 2 個 if 條件分別依據手指數來判斷是布或石頭的手勢，如下所示：

```
if totalFingers == 5:
    msg = "Paper"
if totalFingers == 0:
    msg = "Rock"
if totalFingers == 2:
    if fingers[1] == 1 and fingers[2] == 1:
        msg = "Scissors"
cv2.putText(img, msg, (10, 30),
            cv2.FONT_HERSHEY_PLAIN, 2, (0, 255, 0), 2)
```

上述最後 1 個 if 條件先判斷手指數是否是 2，如果是，再使用 if 條件判斷是否是伸出食指和中指，如果是，就是剪刀手勢，然後在影像上標示出手勢。

Python 程式：ch13-2a.py 結合 CVZone+Webcam 攝影機的即時影像辨識，可以即時辨識出手勢是剪刀、石頭或布，如下圖所示：

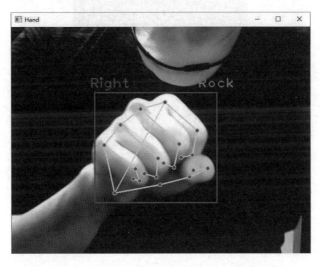

13-3 CVZone 辨識手勢（二）：OK 手勢

CVZone 多手勢追蹤可以判斷伸出幾隻手指、計算指關節角度和指尖距離，我們可以使用這些資訊來判斷各種手勢，例如：OK 手勢可以使用下列特徵來進行判斷，如下圖所示：

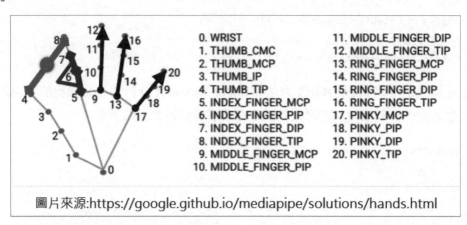

▷ 伸出中指、無名指和小指。

▷ 食指和姆指指尖的距離很近。

▷ 食指關節（5, 6, 7）的角度在 80~120 度。

Python 程式：ch13-3.py 在讀取影像後，使用 CVZone 進行手勢追蹤，可以辨識手勢是否是 OK 手勢，其執行結果如下圖所示：

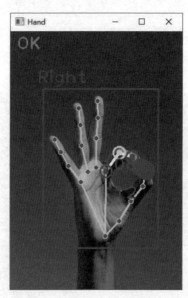

Python 程式碼在呼叫 **cv2.imread()** 方法讀取 OK.jpg 圖檔後，呼叫 **findHands()** 方法偵測手勢和 **fingersUp()** 方法取得伸出手指的 fingers 串列後，然後使用 if 條件判斷是否有伸出中指、無名指和小指，如下所示：

```
if fingers[2] == 1 and fingers[3] == 1 and fingers[4] == 1:
    length, info, img = detector.findDistance(lmList1[8],lmList1[4],img)
    print("Length:", length)
    if length <= 30:
```

上述程式碼呼叫 **findDistance()** 方法計算食指和姆指指尖之間的距離後，使用 if 條件判斷是否小於 30，如果是（表示很近），就呼叫 **findAngle()** 方法計算食指關節（5, 6, 7）的角度，如下所示：

```
angle,img=detector.findAngle(lmList1[5],lmList1[6],lmList1[7],img)
print("Angle:", angle)
if detector.angleCheck(angle, 100, addOn=20):
    msg = "OK"
```

上述 if 條件呼叫 **angleCheck()** 方法判斷角度是否位在 80~120 度範圍之中，如果是，就符合 OK 手勢的三個特徵，所以是 OK 手勢。

Python 程式：ch13-3a.py 結合 CVZone+Webcam 攝影機的即時影像辨識，可以即時辨識手勢是否是 OK 手勢，如下圖所示：

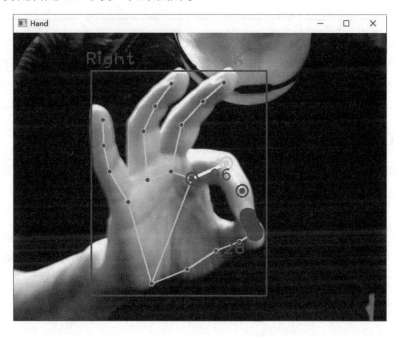

13-4　CVZone 人體姿態評估

CVZone 人體姿態評估是使用 MediaPipe 姿勢（MediaPipe Pose）的人體姿態評估，這是使用 BlazePose 偵測模型來進行人體姿態估計（Human Pose Estimation），在第一步偵測出人體後，使用人體地標模型（Pose Landmark Model，BlazePose GHUM 3D）偵測出人體的 33 個關鍵點，如下圖所示：

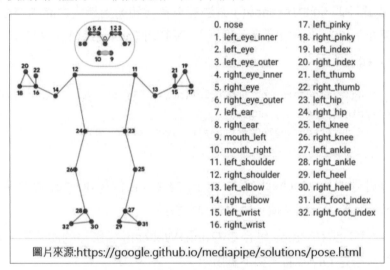

圖片來源:https://google.github.io/mediapipe/solutions/pose.html

● 說明 ●

CVZone 套件的 PoseModule.py 並不支援新版 MediaPipe，而且使用方式和多手勢追蹤模組差異很大，為了統一使用方式，在更新模組時筆者已經改寫模組，整合 **findPose()** 和 **findPosition()** 方法成單一 **findPose()** 方法，並且提供和多手勢追蹤相同的參數列和回傳值。

13-4-1　CVZone 人體姿態評估的基本使用

CVZone 是使用 PoseDetector 物件進行人體姿態評估，我們可以呼叫 **findPose()** 方法偵測出人體姿勢和找出 33 個關鍵點。

♀ 影像的人體姿態評估：**ch13-4-1.py**

Python 程式首先從 CVZone 的 PoseModule 模組匯入 PoseDetector 類別，和 OpenCV，如下所示：

```
from cvzone.PoseModule import PoseDetector
import cv2

img = cv2.imread("images/woman.jpg")
detector = PoseDetector(detectionCon=0.5, trackCon=0.5)
```

　　上述程式碼讀取圖檔後，建立 PoseDetector 物件 detector，第 1 個參數是信心指數（可能性），超過 0.5（50%）表示偵測到人體，第 2 個參數是最低追蹤出姿勢關鍵點的信心指數（可能性），超過 0.5（50%）表示偵測出人體姿態。在下方呼叫 **findPose()** 方法執行姿勢偵測，如下所示：

```
pose, img = detector.findPose(img, bboxWithHands=False)
```

　　上述 **findPose()** 方法的第 1 個參數是影像，bboxWithHands 參數設定姿勢方框是否包含雙手，回傳值是姿勢資訊字典和已標示影像。在下方 if 條件判斷 pose 是否是空的，如果不是，就表示偵測到姿勢，"bbox" 鍵是姿勢方框左上角座標、寬度和高度；"center" 鍵是中心點座標，如下所示：

```
if pose:
    x1, y1, w, h = pose["bbox"]
    cv2.rectangle(img, (x1, y1),
                       (x1 + w, y1 + h),
                       (255, 0, 255), 2)
    center = pose["center"]
    cv2.circle(img, center, 15, (0, 255, 255), cv2.FILLED)
```

　　上述程式碼取出方框和中心點座標後，繪出長方形方框和中心點的填滿圓形。在下方顯示標示後的影像，如下所示：

```
cv2.imshow("Pose", img)
cv2.waitKey(0)
cv2.destroyAllWindows()
```

　　Python 程式的執行結果可以顯示影像中偵測出的姿勢，標示方框和中心點座標，如下圖所示：

取得 33 個關鍵點座標：ch13-4-1a.py

CVZone 的 **findPose()** 方法可以回傳 33 個關鍵點座標，Python 程式在讀取圖檔 woman2.jpg 後，呼叫 **findPose()** 方法偵測姿勢，但沒有標示影像，我們可以在回傳值使用 "lmList" 鍵取出 33 個關鍵點座標，如下所示：

```python
pose = detector.findPose(img, draw=False)
if pose:
    lmList = pose["lmList"]
    for point in lmList:
        cv2.circle(img, point, 3, (0, 255, 255), cv2.FILLED)
```

上述 for 迴圈標示這 33 個關鍵點，其執行結果如下圖所示：

13-4-2 計算關鍵點之間的距離和角度

CVZone 的 PoseDetector 物件一樣可以計算 3 個關鍵點的角度（已修改角度範圍是 0~180 度），和新增測量 2 個關鍵點之間距離的功能。

計算 3 個關鍵點之間的角度：ch13-4-2.py

Python 程式取得 fitness.jpg 圖檔姿勢資訊的 pose 字典後，可以取得 33 個關鍵點座標，即可呼叫 **findAngle()** 方法計算指定 3 個關鍵點的角度。首先使用 "lmList" 鍵取出 33 個關鍵點座標，如下所示：

```python
lmList = pose["lmList"]
angle, img = detector.findAngle(lmList[24], lmList[26], lmList[28], img)
```

上述 **findAngle()** 方法的前 3 個參數是 3 個關鍵點座標，以此例的 3 個關鍵點是（24, 26, 28），索引值請參閱第 13-4 節的 33 個關鍵點圖例，在圖例人形上標示的數字就是索引值，最後 1 個參數是影像 img，可以在此影像標示角度和直線。回傳值是角度和已標示影像。

──● 說明 ●────────────────────────────────

如果 **findAngle()** 方法沒有最後 1 個 img 參數，就不會標示影像，也不會回傳已標示影像（Python 程式：ch13-4-2a.py），如下所示：

```
angle = detector.findAngle(lmList[24], lmList[26], lmList[28])
```

──

然後顯示 angle 變數的角度，如下所示：

```
print(angle, info)
print(detector.angleCheck(angle, 140, addOn=20))
print(detector.angleCheck(angle, 90, addOn=20))
```

上述 **angleCheck()** 方法可以判斷第 1 個參數是否位在第 2 個參數正負第 3 個參數值的範圍之內，以此例是 120~160 度和 70~110 度範圍之中，其執行結果如下所示：

```
>>> %Run ch13-4-2.py
INFO: Created TensorFlow Lite XNNPACK delegate for CPU.
150.78511929192285
True
False
```

上述角度是 150 左右，在第 1 個範圍之中，並不在第 2 個範圍之內，並且在影像上標示 3 個關鍵點的直線和角度，如下圖所示：

📍 計算 2 個關鍵點之間的距離：ch13-4-2b.py

Python 程式取得 fitness.jpg 圖檔姿勢資訊的 pose 字典後，使用 "lmList" 鍵取出 33 個關鍵點座標，即可呼叫 **findDistance()** 方法計算 2 個關鍵點之間的距離，如下所示：

```
lmList = pose["lmList"]
length, distInfo, img = detector.findDistance(lmList[11], lmList[25], img)
print(length, distInfo)
```

上述 **findDistance()** 方法的前 2 個參數是關鍵點座標（11, 25），索引值請參閱第 13-4 節的 33 個關鍵點圖例，第 3 個參數是影像 img，可以在此影像標示距離和直線，回傳值是距離，distInfo 是包含開始和結束 2 個端點和中間點座標，最後是標示影像。

—● 說明 ●——————————————————————————————

如果 **findDistance()** 方法沒有第 3 個 img 參數，就不會標示影像，也不會回傳已標示影像（Python 程式：ch13-4-2c.py），如下所示：

```
length, distInfo = detector.findDistance(lmList[11], lmList[25])
```

——

Python 程式的執行結果可以看到標示 2 個關鍵點之間的距離，如下圖所示：

13-4-3　CVZone 即時人體姿態評估

Python 程式：ch13-4-3.py 整合第 10-3-2 節的 Webcam，可以建立 CVZone 即時人體姿態評估，在使用 OpenCV 讀取影格後，使用 CVZone 進行人體姿態評估，如下所示：

```
from cvzone.PoseModule import PoseDetector
import cv2

cap = cv2.VideoCapture(0)
detector = PoseDetector()
```

上述程式碼建立 VideoCapture 物件 cap 和 PoseDetector 物件 detector。在下方 while 迴圈檢查攝影機是否開啟，如果是，就讀取影格進行偵測，可以呼叫 **findPose()** 方法偵測人體，回傳偵測到的人體姿勢資訊 pose 和已標示影像 img，如下所示：

```
while cap.isOpened():
    success, img = cap.read()
    pose, img = detector.findPose(img)
    if pose:
        x1, y1, w, h = pose["bbox"]
        cv2.rectangle(img, (x1, y1),
                           (x1 + w, y1 + h),
                           (255, 0, 255), 2)
        center = pose["center"]
        cv2.circle(img, center, 5, (255, 0, 255), cv2.FILLED)
```

上述 if 條件判斷是否偵測到，如果有，就取出座標繪出方框和中心點。在下方呼叫 cv2.imshow() 方法顯示辨識結果的影格，如下所示：

```
    cv2.imshow("Pose", img)
    if cv2.waitKey(1) & 0xFF == ord("q"):
        break

cap.release()
cv2.destroyAllWindows()
```

Python 程式的執行結果，如下圖所示：

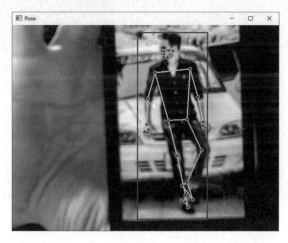

13-5 CVZone 辨識人體姿勢（一）：仰臥起坐

CVZone 人體姿態評估可以辨識人體姿勢，主要是使用關鍵點角度來進行判斷，例如：伏地挺身的姿勢有 2 個狀態：仰臥和起坐，完整一次循環才是做一次仰臥起坐，很明顯！我們可以使用腰部角度來判斷目前的狀態，即關鍵點（11, 23, 25），如下圖所示：

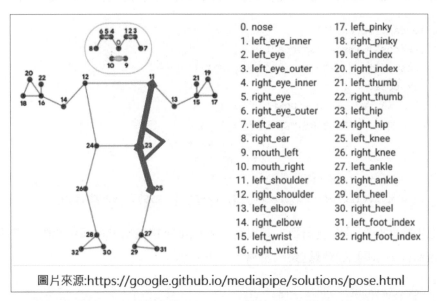

上述關鍵點也可以使用（12, 24, 26），因為影像角度問題，在本節是使用（11, 23, 25）。Python 程式：ch13-5.py 在讀取【仰臥】影像 site_up.jpg（Youtube 視訊截圖）後，使用 CVZone 辨識仰臥起坐的姿勢，可以計算出腰部角度是 116，透過更多視訊截圖的測試，我們可以找出腰部角度範圍來判斷姿勢是【仰臥】，其執行結果如下圖所示：

　　如果讀取【起座】影像 site_up2.jpg，可以計算出腰部角度是 65，透過更多測試，我們可以找出腰部角度範圍來判斷姿勢是【起座】，其執行結果如下圖所示：

　　Python 程式呼叫 **cv2.imread()** 方法讀取圖檔後，呼叫 **findPose()** 方法偵測姿勢，在取得關鍵點座標後，呼叫 **findAngle()** 方法計算腰部（11, 23, 25）的角度，如下所示：

```
lmList = pose["lmList"]
angle, img = detector.findAngle(lmList[11], lmList[23], lmList[25], img)
print(angle)
```

13-6　CVZone 辨識人體姿勢（二）：伏地挺身

　　當使用 CVZone 辨識伏地挺身的人體姿勢時，需要使用 2 個關鍵點角度，第 1 個是腰部角度，即關鍵點（11, 23, 25），第 2 個是手臂關節的角度，即關鍵點（11, 13, 15），如下圖所示：

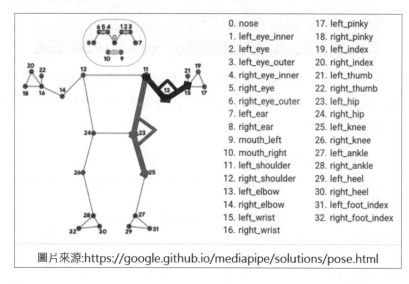

圖片來源:https://google.github.io/mediapipe/solutions/pose.html

Python 程式：ch13-6.py 在讀取【挺身】影像 push_up.jpg（Youtube 視訊截圖）後，使用 CVZone 辨識伏地挺身的姿勢，可以計算出腰部角度是 163；手臂關節角度是 155，透過更多測試，我們可以找出 2 個角度的範圍來判斷姿勢是【挺身】，其執行結果如下圖所示：

如果讀取【伏地】影像 push_up2.jpg，可以計算出腰部角度是 169；手臂關節角度是 93，透過更多測試，我們可以找出 2 個角度的範圍來判斷姿勢是【伏地】，其執行結果如下圖所示：

Python 程式呼叫 **cv2.imread()** 方法讀取圖檔後，呼叫 **findPose()** 方法偵測姿勢，在取得關鍵點座標後，呼叫 **findAngle()** 方法計算出腰部（11, 23, 25）的角度，和手臂關節（11, 13, 15）的角度，如下所示：

```
lmList = pose["lmList"]
angle1, img = detector.findAngle(lmList[11], lmList[23], lmList[25], img)
print(angle1)
angle2, img = detector.findAngle(lmList[11], lmList[13], lmList[15], img)
print(angle2)
```

 學習評量

1. CVZone 多手勢追蹤可以偵測出手部 ____ 個關鍵點。CVZone 人體姿態評估可以偵測出人體姿勢的 _____ 個關鍵點。

2. 請問 CVZone 多手勢追蹤是如何知道伸出哪幾根手指,需要如何計算伸出的總手指數?

3. 請參考第 13-2 節的 Python 程式範例,使用 CVZone 辨識出剪刀手勢後,再判斷剪刀的 2 根手指是合起或張開。

4. 在第 13-2 節的 Python 程式偵測「布」手勢是因為伸出 5 根手指,問題是並沒有判斷手指之間是否有展開,請進一步判斷各手指之間需要超過多少距離,才是真正的「布」手勢。

5. 深蹲姿勢有 2 個狀態:站起和蹲下,請建立 Python 程式判斷人體姿態是「站起」或「蹲下」(提示:判斷腳部膝蓋的角度)。

6. 請整合 Python 程式 ch13-5.py 和 Webcam,可以即時標示影格目前的姿勢是「仰臥」或「起坐」。

Note ✎

AI整合實戰（一）：手勢操控、健身教練與刷臉簽到

🎯 本章內容

14-1 AI 整合實戰：手勢操控

Python 程式只需整合 CVZone 多手勢追蹤，和第 9 章的海龜繪圖和 pywin32 套件，就可以透過手勢偵測來控制海龜進行繪圖，和控制 Office 軟體操作，例如：操控 PowerPoint 播放簡報。

14-1-1 手勢偵測操控海龜繪圖

Python 程式：ch14-1-1.py 在使用 OpenCV 讀取影像後，就可以使用 CVZone 進行手勢追蹤，可以偵測手掌的手勢來操控海龜繪圖是前進或右轉，即可繪出所需的圖形，其執行結果如下圖所示：

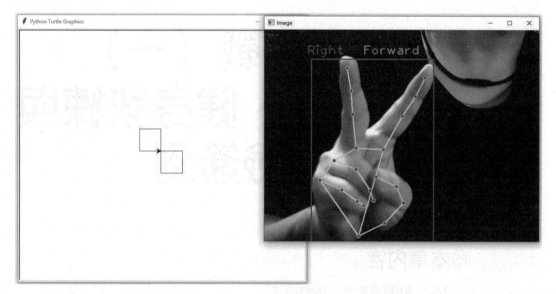

上述圖例可以看到當辨識到剪刀就是前進 Forward，石頭是停止 Stop 狀態，控制海龜繪圖請先至停止狀態後，再使用手勢進行繪圖操作，其說明如下所示：

▷ 右轉 90 度：回到石頭停止 Stop 狀態後，伸出姆指手勢。

▷ 前進 50 步：回到石頭停止 Stop 狀態後，伸出食指和中指的剪刀手勢。

▷ 結束繪圖：回到石頭停止 Stop 狀態後，伸出 5 根手指的布手勢就結束繪圖。

Python 程式碼是在第 1 行從 CVZone 的 HandTrackingModule 模組匯入 HandDetector 類別，第 2 行匯入 OpenCV，在第 3 行匯入 turtle 模組，如下所示：

```
01   from cvzone.HandTrackingModule import HandDetector
02   import cv2
03   import turtle
04
05   cap = cv2.VideoCapture(0)
06   detector = HandDetector(detectionCon=0.5, maxHands=1)
07   screen = turtle.Screen()
08   screen.setup(startx=20, starty=50)
09   msg = "Stop"
```

上述第 5 行建立 VideoCapture 物件，參數 0 是 Webcam，第 6 行建立 HandDetector 物件 detector，第 1 個參數是信心指數（可能性），第 2 個參數是最多幾個手勢，以此例只偵測 1 個手勢，在第 7 行顯示海龜繪圖的螢幕視窗，第 8 行使用 **screen.setup()** 指定視窗顯示的位置，startx 和 starty 參數就是左上角座標，在第 9 行的 msg 變數是狀態字串。

在下方第 10~39 行的 while 無窮迴圈在第 11 行呼叫 **read()** 方法讀取影格，第 12 行呼叫 **findHands()** 方法偵測手勢，可以回傳手勢數 hands，和已標示影像 img，在第 13~35 行的 if/else 條件判斷是否有偵測到手勢，沒有偵測到，在第 35 行指定狀態字串是 "Stop"，如下所示：

```
10   while True:
11       success, img = cap.read()
12       hands, img = detector.findHands(img)
13       if hands:
14           hand = hands[0]
15           bbox = hand["bbox"]
16           fingers = detector.fingersUp(hand)
17           totalFingers = fingers.count(1)
18           if totalFingers == 0:
19               msg = "Stop"
20           if totalFingers == 1:
21               if fingers[0] == 1:
22                   if msg != "TurnRight":
23                       msg = "TurnRight"
24                       turtle.right(90)
```

如果偵測到手勢，在上述第 16~17 行呼叫 **fingersUp()** 和 **fingers.count()** 方法計算出共伸出幾根手指，第 18~19 行是判斷石頭手勢，狀態值是 "Stop"，第 20~24 行的 2 層 if 條件判斷伸出 1 隻手指且是姆指，在第 22~24 行的 if 條件是為了避免重複操作，當狀態字串不是 "TurnRight" 時，才在第 23 行更新狀態字串是 "TurnRight"，和第 24 行右轉 90 度。

在下方第 25~29 行的巢狀 if 條件判斷是否是剪刀手勢，如果是，同樣在第 27~29 行的 if 條件判斷是否是 "Forward" 狀態，如果不是，才在第 28~29 行更新狀態和前進 50 步，如下所示：

```
25            if totalFingers == 2:
26                if fingers[1] == 1 and fingers[2] == 1:
27                    if msg != "Forward":
28                        msg = "Forward"
29                        turtle.forward(50)
30            if totalFingers == 5:
31                break
```

上述第 30~31 行的 if 條件判斷是否是布手勢，即伸出 5 根手指，如果是，在第 31 行跳出迴圈結束繪圖。在下方第 32~33 行呼叫 **cv2.putText()** 方法顯示狀態的訊息文字，如下所示：

```
32            cv2.putText(img, msg, (bbox[0]+100,bbox[1]-30),
33                    cv2.FONT_HERSHEY_PLAIN, 2, (0, 255, 0), 2)
34        else:
35            msg = "Stop"
36        print(msg)
37        cv2.imshow("Image", img)
38        if cv2.waitKey(1) & 0xFF == ord("q"):
39            break
40
41    turtle.bye()
42    cap.release()
43    cv2.destroyAllWindows()
```

上述第 37 行呼叫 **cv2.imshow()** 方法顯示標示影格，第 38~39 行的 if 條件判斷是否按下 Q 鍵，如果是，就跳出迴圈結束手勢控制繪圖。

14-1-2　手勢偵測操控 PowerPoint

Python 程式：ch14-1-2.py 在使用 OpenCV 讀取影像後，可以使用 CVZone 進行手勢追蹤，透過偵測手勢來操控 PowerPoint 播放簡報，使用手勢來切換前一頁或下一頁，其執行結果如下圖所示：

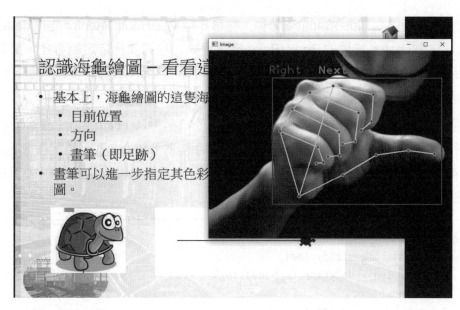

　　上述圖例當成功開啟 PowerPoint 簡報檔後，首先伸出食指和中指的剪刀手勢來開始播放簡報，簡報播放控制需先至停止 Stop 狀態後，再進行所需的播放操作，其說明如下所示：

▷ 下一頁簡報：回到石頭停止 Stop 狀態後，伸出姆指手勢。

▷ 前一頁簡報：回到石頭停止 Stop 狀態後，伸出食指手勢。

▷ 結束簡報播放：回到石頭停止 Stop 狀態後，伸出 5 根手指的布手勢就結束簡報播放。

　　Python 程 式 碼 是 在 第 1 行 從 CVZone 的 HandTrackingModule 模 組 匯 入 HandDetector 類 別， 第 2 行 匯 入 OpenCV， 在 第 3 行 從 win32com.client 匯 入 Dispatch 類別，如下所示：

```
01  from cvzone.HandTrackingModule import HandDetector
02  import cv2, os
03  from win32com.client import Dispatch
04
05  cap = cv2.VideoCapture(0)
06  detector = HandDetector(detectionCon=0.5, maxHands=1)
07  app = Dispatch("PowerPoint.Application")
08  app.Visible = 1
09  pptx = app.Presentations.Open(os.getcwd()+"/Turtle.pptx")
10  msg = "Stop"
11  isRun = False
```

上述第 5 行建立 VideoCapture 物件，在第 6 行建立 HandDetector 物件 detector，第 7 行建立 Dispatch 物件的 PowerPoint 應用程式，在第 8 行指定為可見，第 9 行開啟 Turtle.pptx 簡報，在第 10 行是狀態字串，第 11 行的 isRun 布林變數判斷目前是否正在執行簡報播放，True 是；False 為否。

在下方第 12~47 行的 while 無窮迴圈是在第 13 行呼叫 **read()** 方法讀取影格，第 14 行呼叫 **findHands()** 方法偵測手勢，可以回傳手勢數 hands，和已標示影像 img，在第 14~44 行的 if/else 條件判斷是否有偵測到手勢，如果沒有偵測到，在第 44 行指定狀態是 "Stop"，如下所示：

```
12    while True:
13        success, img = cap.read()
14        hands, img = detector.findHands(img)
15        if hands:
16            hand = hands[0]
17            bbox = hand["bbox"]
18            fingers = detector.fingersUp(hand)
19            totalFingers = fingers.count(1)
20            if totalFingers == 0:
21                msg = "Stop"
22            if totalFingers == 1:
23                if fingers[0] == 1:
24                    if msg != "Next" and isRun:
25                        msg = "Next"
26                        pptx.SlideShowWindow.View.Next()
27                if fingers[1] == 1:
28                    if msg != "Previous" and isRun:
29                        msg = "Previous"
30                        pptx.SlideShowWindow.View.Previous()
```

如果偵測到手勢，在上述第 18~19 行呼叫 **fingersUp()** 和 **fingers.count()** 方法計算伸出的手指數，在第 20~21 行是判斷石頭手勢，狀態是 "Stop"，第 22~30 行的第 1 層 if 條件判斷手勢是伸出 1 隻手指頭，在第 2 層有 2 個 if 條件，其說明如下所示：

▷ 第 23~26 行的第 2 層 if 條件：判斷是否是姆指，如果是，在第 24~26 行的 if 條件判斷狀態是否是 "Next" 且簡報正在播放中，如果是，就在第 25 行更新狀態 "Next"，第 26 行切換至下一頁簡報。

▷ 第 27~30 行的第 2 層 if 條件：判斷是否是食指手勢，如果不是重複操作，就在第 29~30 行更新狀態 "Previous" 且切換至前一頁簡報。

　　在下方第 31~35 行的巢狀 if 條件判斷是否是剪刀手勢，如果是，在第 33 行更新狀態是 "Run"，第 34 行執行簡報播放，第 35 行更新 isRun 狀態是目前正在執行簡報播放，如下所示：

```
31          if totalFingers == 2:
32              if fingers[1] == 1 and fingers[2] == 1:
33                  msg = "Run"
34                  pptx.SlideShowSettings.Run()
35                  isRun = True
36          if totalFingers == 5:
37              if isRun:
38                  pptx.SlideShowWindow.View.Exit()
39              pptx.Close()
40              break
```

　　上述第 36~40 行的 if 條件判斷是否是布手勢伸出 5 根手指，如果是，在第 37~38 行判斷是否正在執行簡報播放，如果是，在第 38 行結束播放，第 39 行關閉簡報，在第 40 行跳出迴圈。在下方第 41~42 行使用 **cv2.putText()** 方法顯示狀態的訊息文字，如下所示：

```
41          cv2.putText(img, msg, (bbox[0]+100,bbox[1]-30),
42                      cv2.FONT_HERSHEY_PLAIN, 2, (0, 255, 0), 2)
43      else:
44          msg = "Stop"
45      cv2.imshow("Image", img)
46      if cv2.waitKey(1) & 0xFF == ord("q"):
47          break
48
49  os.system('taskkill /F /IM POWERPNT.EXE')  #app.Quit() not work
50  cap.release()
51  cv2.destroyAllWindows()
```

　　上述第 45 行呼叫 **cv2.imshow()** 方法顯示標示影格，第 46~47 行的 if 條件判斷是否按下 Q 鍵，如果是，就跳出迴圈離開和結束簡報，在第 49 行結束 PowerPoint（因為 **app.Quit()** 方法沒有作用，所以改用 **os.system()** 方法結束 PowerPoint 任務的行程）。

14-2　AI 整合實戰：健身教練

Python 程式只需整合 CVZone 人體姿態評估，就可以建立 AI 健身教練，判斷姿勢的正確性和顯示共做了多少次，例如：仰臥起坐、伏地挺身和深蹲訓練等。

14-2-1　仰臥起坐 AI 健身教練

在第 13-5 節已經說明如何判斷仰臥起坐的 2 個姿勢，問題是如何判斷依序完成這 2 個姿勢來做完一次完整的仰臥起坐。我們可以觀察到仰臥起坐就是依序上 / 下兩個方向，可以使用變數 dir 切換值 0（仰臥）和值 1（起坐），判斷是否是正確的順序來完成 2 個姿勢。

Python 程式是使用 2 個 if 巢狀條件判斷是否依序完成仰臥起坐的 2 個姿勢。第 1 個巢狀 if 條件判斷目前狀態是否是起坐姿勢，如下所示：

```
if angle <= 50:    # 目前狀態:起坐
    if dir == 0:   # 之前狀態:仰臥
        count = count + 0.5
        dir = 1    # 更新狀態:起坐
```

當上述變數 angle 值小於等於 50 時，表示目前狀態是起坐，然後判斷 dir 變數值的之前狀態是否是仰臥，如果是，順序正確，即可將計次變數 count 的值加 0.5（完成一半姿勢），和更新狀態成起坐。同理，第 2 個巢狀 if 條件判斷目前是否是仰臥姿勢，如下所示：

```
if angle >= 90:    # 目前狀態:仰臥
    if dir == 1:   # 之前狀態:起坐
        count = count + 0.5
        dir = 0    # 更新狀態:仰臥
```

上述變數 angle 值大於等於 90 時，表示目前狀態是仰臥，然後判斷 dir 變數值的之前狀態是否是起坐，如果是，順序正確，即可將計次變數 count 的值加 0.5（完成另一半姿勢），和更新狀態成仰臥。

Python 程式：ch14-2-1.py 在使用 OpenCV 讀取視訊的影格後，使用 CVZone 進行人體姿態評估，可以計算共做了幾次仰臥起坐，其執行結果如下圖所示：

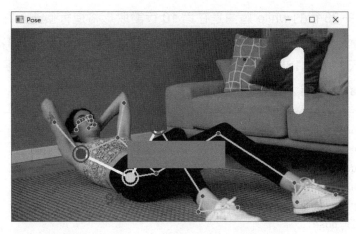

上述圖例的右上方數字是次數，下方綠色進度條顯示仰臥起坐姿勢的腰部角度狀態，當仰臥時腰部角度變大，綠色進度條同步變長；在起坐時腰部角度變小，綠色進度條變短，如下圖所示：

Python 程式碼是在第 1 行從 CVZone 的 PoseModule 模組匯入 PoseDetector 類別，第 2 行匯入 OpenCV，第 3 行匯入 NumPy 套件來計算綠色進度條的長度，如下所示：

```
01  from cvzone.PoseModule import PoseDetector
02  import cv2
03  import numpy as np
04
05  cap = cv2.VideoCapture("media/Site_up.mp4")
06  detector = PoseDetector()
07  dir = 0  # 0: 仰臥 1: 起坐
08  count = 0
```

上述第 5 行建立 VideoCapture 物件，參數是視訊檔，如果是 0 就是 Webcam，第 6 行建立 PoseDetector 物件 detector，第 7 行是方向變數 dir，記錄前一個姿勢，值 0 是仰臥；1 是起坐，因為視訊的初始狀態是仰臥，所以初始值是 0，變數 count 是次數。

在下方第 9~38 行的 while 迴圈是在第 10 行讀取影格進行偵測，在第 11~36 行的 if/else 條件判斷是否讀取成功，失敗就在第 36 行跳出迴圈，成功在第 12 行使用 **shape** 屬性取得影格尺寸，第 13 行呼叫 **findPose()** 方法偵測人體姿勢，可以回傳偵測到的人體姿勢資訊 pose 和已標示影像 img，如下所示：

```
09  while True:
10      success, img = cap.read()
11      if success:
12          h, w, c = img.shape
13          pose, img = detector.findPose(img, draw=True)
14          if pose:
15              lmList = pose["lmList"]
16              angle, img = detector.findAngle(lmList[12], lmList[24],
17                                              lmList[26], img)
```

上述第 14~33 行的 if 條件判斷是否有偵測到人體姿勢，如果有，在第 15 行取出關鍵點座標串列，第 16~17 行呼叫 **findAngle()** 方法計算出腰部（12, 24, 26）的角度。在下方第 19~21 行顯示目前角度轉換成的綠色進度條，如下所示：

```
18              # 顯示進度條
19              bar = np.interp(angle, (20, 100), (w//2-100, w//2+100))
20              cv2.rectangle(img, (w//2-100, h-150), (int(bar), h-100),
21                            (0, 255, 0), cv2.FILLED)
```

上述第 19 行呼叫 **np.interp()** 方法計算一維線性插值，可以將值從一個範圍投射至另一個範圍，簡單的說，就是將計算出的角度，依據角度範圍轉換成綠色進度條的長度範圍，如下所示：

```
bar = np.interp(angle, (20, 100), (w//2-100, w//2+100))
```

上述方法的第 1 個參數是 angle 角度，依據第 2 個參數的 20~100 範圍（請從視訊找出角度最小和最大範圍值），投射至影格寬度中間值（w//2）前後 100，共 200 像素之間的值，這就是綠色進度條的長度。

在第 20~21 行呼叫 **cv2.rectangle()** 方法繪出長方形的綠色進度條，左上角和右上角座標如下所示：

▷ 左上角座標：x 座標是 1/2 寬度減 100；y 座標是高度減 150。

▷ 右下角座標：x 座標是第 19 行計算出的進度條的長度；y 座標是高度減 100（因為 y 座標的差是 50，所以綠色進度條的高度是 50）。

在下方第 22~29 行的 2 個 if 巢狀條件判斷姿勢來計算仰臥起坐的次數，如下所示：

```
22              if angle <= 50:    # 目前狀態:起坐
23                  if dir == 0:   # 之前狀態:仰臥
24                      count = count + 0.5
25                      dir = 1    # 更新狀態:起坐
26              if angle >= 90:    # 目前狀態:仰臥
27                  if dir == 1:   # 之前狀態:起坐
28                      count = count + 0.5
29                      dir = 0    # 更新狀態:仰臥
30              msg = str(int(count))
31              cv2.putText(img, msg, (w-150, 150),
32                      cv2.FONT_HERSHEY_SIMPLEX,
33                      5, (255, 255, 255), 20)
34          cv2.imshow("Pose", img)
35      else:
36          break
37      if cv2.waitKey(1) & 0xFF == ord("q"):
38          break
39
40  cap.release()
41  cv2.destroyAllWindows()
```

上述第 30~33 行呼叫 **cv2.putText()** 方法顯示次數，即 count 變數值，第 34 行呼叫 **cv2.imshow()** 方法顯示標示影格，第 37~38 行的 if 條件判斷是否按下 Q 鍵，如果是，就跳出迴圈結束 AI 健身教練。

14-2-2　伏地挺身 AI 健身教練

在第 13-6 節已經說明如何判斷伏地挺身的二個姿勢，Python 程式：ch14-2-2.py 使用 OpenCV 讀取視訊的影格後，可以使用 CVZone 進行人體姿態評估，計算共做了幾次伏地挺身，其執行結果如下圖所示：

上述圖例的右上方數字是次數，下方綠色進度條顯示手部角度的狀態，當伏地時手部角度變小，綠色進度條同步變短；在挺身時手部角度變大，綠色進度條變長，如下圖所示：

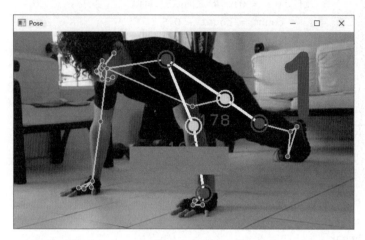

Python 程式碼是在第 1 行從 CVZone 的 PoseModule 模組匯入 PoseDetector 類別，第 2 行匯入 OpenCV，第 3 行匯入 NumPy 套件來計算綠色進度條的長度，如下所示：

```
01  from cvzone.PoseModule import PoseDetector
02  import cv2
03  import numpy as np
04
05  cap = cv2.VideoCapture("media/Push_Ups_Counter.mp4")
06  detector = PoseDetector()
07  dir = 0  # 0: 挺身 1: 伏地
08  count = 0
```

上述第 5 行建立 VideoCapture 物件，參數是視訊檔，如果是 0 就是 Webcam，第 6 行建立 PoseDetector 物件 detector，第 7 行是方向變數 dir，記錄前一個姿勢，值 0 是挺身；1 是伏地，因為視訊的初始狀態是挺身，所以初始值是 0，變數 count 是次數。

在下方第 9~43 行的 while 迴圈是在第 10 行讀取影格進行偵測，在第 11~41 行的 if/else 條件判斷是否讀取成功，失敗就在第 41 行跳出迴圈，成功是在第 12 行使用 **shape** 屬性取得影格尺寸，第 13 行呼叫 **findPose()** 方法偵測人體姿勢，可以回傳偵測到的人體姿勢資訊 pose 和已標示影像 img，如下所示：

```
09  while True:
10      success, img = cap.read()
11      if success:
12          h, w, c = img.shape
13          pose, img = detector.findPose(img, draw=True)
14          if pose:
15              lmList = pose["lmList"]
16              angle1, img = detector.findAngle(lmList[11], lmList[23],
17                                                  lmList[25], img)
18              angle2, img = detector.findAngle(lmList[11], lmList[13],
19                                                  lmList[15], img)
```

　　上述第 14~38 行的 if 條件判斷是否有偵測到，如果有，在第 15 行取出關鍵點座標串列，第 16~19 行呼叫 2 次 **findAngle()** 方法計算出腰部（11, 23, 25）和手部（11, 13, 15）的角度。在下方第 21~23 行顯示目前角度轉換成的綠色進度條，角度範圍是60~175 度，如下所示：

```
20              # 顯示進度條
21              bar = np.interp(angle2, (60, 175), (w//2-100, w//2+100))
22              cv2.rectangle(img, (w//2-100, h-150), (int(bar), h-100),
23                                  (0, 255, 0), cv2.FILLED)
24              print(int(angle1), int(angle2))
25              # 目前狀態:伏地
26              if angle2 <= 110 and angle1 >= 165 and angle1 <= 180:
27                  if dir == 0:    # 之前狀態:挺身
28                      count = count + 0.5
29                      dir = 1     # 更新狀態:伏地
30              # 目前狀態:挺身
31              if angle2 >= 160 and angle1 >= 150 and angle1 <= 180:
32                  if dir == 1:    # 之前狀態:伏地
33                      count = count + 0.5
34                      dir = 0     # 更新狀態:挺身
```

　　上述第 26~34 行的 2 個 if 巢狀條件判斷姿勢來計算次數，其條件說明如下所示：

▷ 伏地姿勢：手部角度小於等於 110 度，腰部角度是 165~180 度。

▷ 挺身姿勢：手部角度大於等於 160 度，腰部角度是 150~180 度。

　　在下方第 35~38 行顯示伏地挺身的次數，即 count 變數值，如下所示：

```
35              msg = str(int(count))
36              cv2.putText(img, msg, (w-150, 150),
37                      cv2.FONT_HERSHEY_SIMPLEX,
38                      5, (255, 0, 255), 20)
39          cv2.imshow("Pose", img)
40      else:
41          break
42      if cv2.waitKey(1) & 0xFF == ord("q"):
43          break
44
45  cap.release()
46  cv2.destroyAllWindows()
```

上述第 39 行呼叫 **cv2.imshow()** 方法顯示標示影格,第 42~43 行的 if 條件判斷是否按下 Q 鍵,如果是,就跳出迴圈結束 AI 健身教練。

14-2-3 深蹲訓練 AI 健身教練

CVZone 人體姿態評估主要是使用關鍵點角度來辨識人體姿態,例如:深蹲訓練的姿勢有 2 個狀態:站起和蹲下,完整一次循環才是做了一次深蹲,很明顯!我們可以使用腳部的膝蓋角度來判斷目前的姿勢,即關鍵點(24, 26, 28),如下圖所示:

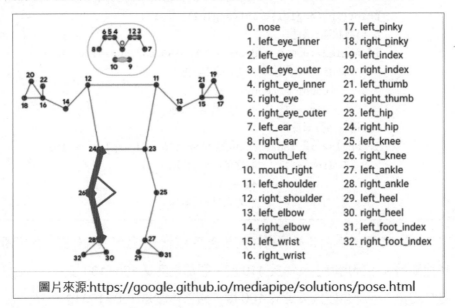

圖片來源:https://google.github.io/mediapipe/solutions/pose.html

Python 程 式:ch14-2-3.py 在 使 用 OpenCV 讀 取 視 訊 的 影 格 後,可 以 使 用 CVZone 進行人體姿態評估,計算共做了幾次深蹲,其執行結果如下圖所示:

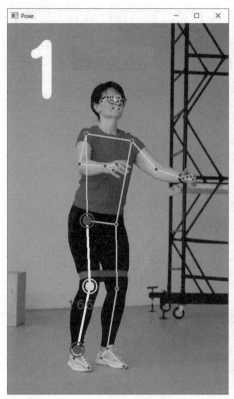 

上述圖例的左上方數字是次數，上方綠色進度條顯示深蹲動作的狀態，即腳部膝蓋的角度，當站起時腳部膝蓋角度變大，綠色進度條變長；在蹲下時腳部膝蓋角度變小，綠色進度條同步變短。

Python 程式碼是在第 1 行從 CVZone 的 PoseModule 模組匯入 PoseDetector 類別，第 2 行匯入 OpenCV，第 3 行匯入 NumPy 套件來計算綠色進度條的長度，如下所示：

```
01  from cvzone.PoseModule import PoseDetector
02  import cv2
03  import numpy as np
04
05  cap = cv2.VideoCapture("media/Squat.mp4")
06  detector = PoseDetector()
07  dir = 0  # 0: 站起  1: 蹲下
08  count = 0
```

上述第 5 行建立 VideoCapture 物件，參數是視訊檔，如果是 0 就是 Webcam，第 6 行建立 PoseDetector 物件 detector，第 7 行是方向變數 dir，記錄前一個姿勢，值 0 是站起；1 是蹲下，因為視訊的初始狀態是站起，所以初始值是 0，變數 count 是次數。

在下方第 9~39 行的 while 迴圈是在第 10 行讀取影格進行偵測，在第 11~37 行的 if/else 條件判斷是否讀取成功，失敗就在第 36 行跳出迴圈，成功是在第 12 行使用 **shape** 屬性取得影格尺寸，在第 13 行呼叫 **findPose()** 方法偵測人體姿勢，可以回傳偵測到的人體姿勢資訊 pose 和已標示影像 img，如下所示：

```
09   while True:
10       success, img = cap.read()
11       if success:
12           h, w, c = img.shape
13           pose, img = detector.findPose(img, draw=True)
14           if pose:
15               lmList = pose["lmList"]
16               angle, img = detector.findAngle(lmList[24], lmList[26],
17                                                    lmList[28], img)
```

上述第 14~33 行的 if 條件判斷是否有偵測到，如果有，在第 15 行取出關鍵點座標串列，第 16~17 行呼叫 **findAngle()** 方法計算出腳部膝蓋（24, 26, 28）的角度。在下方第 19~21 行顯示目前角度轉換成的綠色進度條，角度範圍是 95~175 度，如下所示：

```
18               # 顯示進度條
19               bar = np.interp(angle, (95, 175), (w//2-100, w//2+100))
20               cv2.rectangle(img, (w//2-100, 50), (int(bar), 100),
21                                     (0, 255, 0), cv2.FILLED)
22           if angle <= 110:  # 目前狀態:蹲下
23               if dir == 0:  # 之前狀態:站起
24                   count = count + 0.5
25                   dir = 1    # 更新狀態:蹲下
26           if angle >= 165:  # 目前狀態:站起
27               if dir == 1:  # 之前狀態:蹲下
28                   count = count + 0.5
29                   dir = 0   # 更新狀態:站起
```

上述第 22~29 行的 2 個 if 巢狀條件判斷姿勢來計算次數，其條件說明如下所示：

▷ 蹲下姿勢：腳部膝蓋角度小於等於 110 度。

▷ 站起姿勢：腳部膝蓋角度大於等於 165 度。

在下方第 30~33 行顯示深蹲次數，即 count 變數值，如下所示：

```
30              msg = str(int(count))
31              cv2.putText(img, msg, (30, 150),
32                          cv2.FONT_HERSHEY_SIMPLEX, 5,
33                          (255, 255, 255), 20)
34          cv2.imshow("Pose", img)
35      else:
36          break
37      if cv2.waitKey(1) & 0xFF == ord("q"):
38          break
39
40  cap.release()
41  cv2.destroyAllWindows()
```

上述第 34 行呼叫 **cv2.imshow()** 方法顯示標示影格，第 37~38 行的 if 條件判斷是否按下 Q 鍵，如果是，就跳出迴圈結束 AI 健身教練。

 14-3 AI 整合實戰：刷臉簽到

Python 程 式 可 以 使 用 第 12-5 節 face-recognition 套 件 的 人 臉 識 別（Face Recognition）功能，輕鬆建立出刷臉簽到應用，即判斷 Webcam 影格的人臉是哪一位先生。

因為人臉識別不只需要偵測出人臉，還需要判斷這張臉是誰？所以，我們需要建立 2 個 Python 程式來執行二項工作，如下所示：

▷ ch14-3.py：預先建立人臉圖檔的編碼，雖然一張圖檔允許有多張人臉，但請使用一張圖檔一張臉來進行臉部資料編碼。

▷ ch14-3a.py：使用 Webcam 取得人臉影像，即可和預建立的臉部資料編碼進行比較，即可判斷人臉是哪一位先生。

📍 **臉部資料編碼：ch14-3.py**

Python 程式是使用字典儲存 face-recognition 套件建立的臉部資料編碼，並且使用 pickle 模組成儲存字典串列成為 faces_encoding.dat 檔案，其執行結果如下所示：

```
>>> %Run ch14-3.py

人臉:[ images/mary.jpg ]編碼中...
人臉:[ images/mary.jpg ]編碼完成...
人臉:[ images/jane.jpg ]編碼中...
人臉:[ images/jane.jpg ]編碼完成...
人臉:[ images/grace.jpg ]編碼中...
人臉:[ images/grace.jpg ]編碼完成...
人臉編碼已經成功寫入faces encoding.dat...
```

上述執行結果顯示成功編碼 3 張影像的臉部資料，在 Python 程式的相同目錄，可以看到 faces_encoding.dat 二進位檔案，如下圖所示：

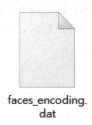

faces_encoding.
dat

Python 程式碼是在第 1 行匯入 face-recognition 套件，第 2 行是 OpenCV 套件，在第 3 行是 pickle 模組，第 5~21 行是已知人臉資料的字典串列 known_face_list，如下所示：

```
01   import face_recognition
02   import cv2
03   import pickle
04
05   known_face_list = [
06       {
07           "name": "Mary",
08           "filename": "mary.jpg",
09           "face_encoding": None
10       },
11       {
12           "name": "Jane",
13           "filename": "jane.jpg",
14           "face_encoding": None
15       },
16       {
17           "name": "Grace",
18           "filename": "grace.jpg",
19           "face_encoding": None
20       }
21   ]
```

上述已知人臉資料字典的 "name" 鍵是姓名；"filename" 鍵是圖檔名稱；"face_encoding" 鍵是臉部資料編碼，因為尚未產生編碼，所以值是 None。

在下方第 23~30 行使用 for 迴圈產生字典串列 known_face_list 的臉部資料編碼，第 24 行建立圖檔路徑，如下所示：

```
23  for data in known_face_list:
24      fname = "images/"+data["filename"]
25      print("人臉:[", fname, "]編碼中...")
26      img = cv2.imread(fname)
27      rgb_img = cv2.cvtColor(img, cv2.COLOR_BGR2RGB)
28      encodings = face_recognition.face_encodings(rgb_img)
29      data["face_encoding"] = encodings[0]
30      print("人臉:[", fname, "]編碼完成...")
```

上述第 26 行使用 OpenCV 的 **cv2.imread()** 方法讀取圖檔（請注意！圖檔路徑不允許中文），在第 27 行從 BGR 轉換成 RGB 色彩，第 28 行執行臉部資料編碼，在第 29 行更新字典 "face_encoding" 鍵的編碼。

在下方第 32~33 行的 with/as 程式區塊開啟二進位檔案 faces_encoding.dat 後，使用 **pickle.dump()** 方法將字典串列 known_face_list 寫入二進位檔案，如下所示：

```
32  with open("faces_encoding.dat", "wb") as f:
33      pickle.dump(known_face_list, f)
34  print("人臉編碼已經成功寫入faces_encoding.dat...")
```

● 刷臉簽到：**ch14-3a.py**

當成功執行 ch14-3.py 建立臉部資料編碼 faces_encoding.dat 二進位檔案後，就可以使用此檔案的臉部資料編碼來執行人臉識別，可以識別出 Webcam 的影格是 Jane 和 Grace，如下圖所示：

　　Python 程式碼是在第 1 行匯入 face-recognition 套件，第 2 行是 OpenCV 套件，在第 3 行匯入 NumPy 套件，第 4 行是 pickle 模組，在第 6~7 行使用 pickle 模組讀取 faces_encoding.dat 二進位檔案的字典串列 known_face_list，如下所示：

```
01  import face_recognition
02  import cv2
03  import numpy as np
04  import pickle
05
06  with open("faces_encoding.dat", "rb") as f:
07      known_face_list = pickle.load(f)
08  known_face_encodings = []
09  for data in known_face_list:
10      known_face_encodings.append(data["face_encoding"])
```

　　上述第 8 行建立 known_face_encodings 空串列，這是已知臉部資料編碼的串列，在第 9~10 行的 for 迴圈走訪字典串列 known_face_list，可以取出 **data["face_encoding"]** 編碼資料，建立已知臉部資料編碼的串列 known_face_encodings。

　　在下方第 12 行建立 VideoCapture 物件，參數 0 是 Webcam，第 13~37 行的 while 無窮迴圈是在第 14 行呼叫 **read()** 方法讀取影格，第 15 行從 BGR 轉換成 RGB 色彩，在第 16 行使用 **face_locations()** 方法進行人臉偵測後，第 17~18 行呼叫 **face_encodings()** 方法計算人臉的臉部資料編碼，如下所示：

```
12  cap = cv2.VideoCapture(0)
13  while True:
14      success, img = cap.read()
15      rgb_img = cv2.cvtColor(img, cv2.COLOR_BGR2RGB)
16      locations = face_recognition.face_locations(rgb_img)
17      encodings = face_recognition.face_encodings(rgb_img,
18                                          locations)
19      for idx, encoding in enumerate(encodings):
20          top, right, bottom, left = locations[idx]
21          distances = face_recognition.face_distance(
22                          known_face_encodings, encoding)
23          best_match_index = np.argmin(distances)
24          if distances[best_match_index] < 0.4:
25              name = known_face_list[best_match_index]["name"]
26          else:
27              name = "Unknown"
```

　　上述第 19~27 行的 for 迴圈走訪臉部資料編碼串列 encodings 和索引，在第 20 行取出此索引的臉部方框座標，第 21~22 行呼叫 **face_distance()** 方法計算歐式距離，在第 23 行使用 NumPy 的 **argmin()** 方法找出最小差異的索引值，第 24~27 行的 if/else 條件判斷此索引值的距離是否小於 0.4，如果是，表示成功識別出人臉，即可取出 "name" 鍵的人臉姓名，如果大於 0.4，就是 "Unknown"。

　　在下方第 28~29 行呼叫 **cv2.rectangle()** 方法繪出臉部紅色方框，第 30~34 行顯示下方識別出的姓名，首先在第 30~31 行呼叫 **cv2.rectangle()** 方法繪出紅色長方形的紅底，第 32~34 行顯示白色姓名文字，如下所示：

```
28          cv2.rectangle(img, (left, top), (right, bottom),
29                                  (0, 0, 255), 2)
30          cv2.rectangle(img, (left, bottom-35), (right, bottom),
31                                  (0, 0, 255), cv2.FILLED)
32          cv2.putText(img, name, (left+6, bottom-6),
33                      cv2.FONT_HERSHEY_SIMPLEX, 1,
34                      (255, 255, 255), 1)
35      cv2.imshow("Face", img)
36      if cv2.waitKey(1) & 0xFF == ord("q"):
37          break
38
39  cap.release()
40  cv2.destroyAllWindows()
```

　　上述第 35 行呼叫 **cv2.imshow()** 方法顯示標示人臉方框和姓名的影格，第 36~37 行的 if 條件判斷是否按下 Q 鍵，如果是，就跳出迴圈結束刷臉簽到。

學習評量 🖊

1. 請建立一個全新的 Python 程式 AI 健身教練，這是單槓訓練的引體向上，可以在影格顯示目前已經做了幾次引體向上（請自行在 Youtube 搜尋可用的視訊）。

2. 請整合第 14-3 節和第 9-5-3 節的 Excel 軟體自動化，可以自動將簽到資料記錄至 Excel 試算表的儲存格。

CHAPTER

15

人工智慧應用（二）：影像分類、物體識別與OCR文字識別

本章內容

15-1 OpenCV DNN 模組和 TensorFlow Lite

在這一章我們準備使用 OpenCV DNN 模組和 TensorFlow Lite 載入預訓練模型來進行影像分類、物體識別和文字偵測等人工智慧應用。

預訓練模型（Pre-trained Models）就是使用 Caffe、TensorFlow、Torch/Pytorch 和 Darknet 等框架已經成功完成訓練的深度學習模型，除了模型結構，還包含訓練結果的權重檔。

15-1-1 OpenCV DNN 模組

OpenCV 本身即支援深度學習推論，Python 程式無需任何額外安裝，就可以馬上使用 OpenCV DNN 模組載入深度學習的預訓練模型來進行推論和預測。

🔍 認識 OpenCV DNN 模組

OpenCV 是在 3.3 版加入 DNN 模組，全名 Deep Neural Networks Module 深度神經網路模組，目前只支援影像和視訊的深度學習推論，可以使用 Caffe、TensorFlow、Torch/Pytorch 和 Darknet 等多種深度學習框架所訓練的深度學習模型。

目前 OpenCV DNN 模組已經支援常見的預訓練模型：AlexNet、GoogLeNet V1、ResNet-34/50/…、SqueezeNet V1.1、VGG-based FCN、ENet、VGG-based SSD 和 MobileNet-based SSD 等。換句話說，我們只需下載這些預訓練模型檔，就可以馬上建立 Python 程式來實作人工智慧的相關應用。

請注意！OpenCV DNN 模組目前的預設安裝只支援 CPU，因為已經針對 Intel CPU 進行高度優化，如果 Windows 電腦是使用 Intel CPU，其執行效能基本上會比原開發框架還好，可以提供更佳的推論速度。

🔍 OpenCV DNN 模組的預訓練模型

在 OpenCV 官方 GitHub 網站提供一些現成的預訓練模型和使用範例，其 URL 網址如下所示：

▷ https://github.com/opencv/opencv_zoo

	fengyuentau Add hardware: Khadas VIM3 & update benchmarks (#39) ...	2fe27c0 on 10 Jan	28 commits
benchmark	Add hardware: Khadas VIM3 & update benchmarks (#39)		3 months ago
models	SFace: allow bbox to be none for aligned images as input (#38)		3 months ago
tools/quantize	Add tools for quantization and quantized models (#36)		3 months ago
.gitattributes	first commit:		7 months ago
.gitignore	Benchmark framework implementation and 3 models added:		6 months ago
LICENSE	first commit:		7 months ago
README.md	Add hardware: Khadas VIM3 & update benchmarks (#39)		3 months ago

　　上述【 models 】目錄是官方的預訓練模型和使用範例，我們也可以在 GitHub 或網路上，找到更多支援 OpenCV DNN 模組的預訓練模型。

15-1-2　TensorFlow 和 TensorFlow Lite

　　TensorFlow 是 Google 公司的機器學習 / 深度學習框架，這是 Google Brain Team 所開發，在 2005 年底開放專案後，2017 年推出第一個正式版本，之所以稱為 TensorFlow，這是因為其輸入 / 輸出的運算資料是向量、矩陣等多維度的數值資料，稱為張量（ Tensor ），我們建立的機器學習模型需要使用流程圖來描述訓練過程的所有數值運算操作，稱為計算圖（ Computational Graphs ），Tensor 張量就是經過這些流程 Flow 的數值運算來產生輸出結果，稱為：Tensor+Flow=TensorFlow。

◉ 認識與安裝 TensorFlow Lite

　　TensorFlow Lite 是輕量版 TensorFlow，只提供部署的推論功能，可以在行動裝置和 IoT 裝置上部署和使用機器學習模型，這是開放原始碼的深度學習架構，能夠直接在裝置端載入模型來執行推論。

　　在 Python 開發環境安裝 TensorFlow Lite 需要使用 .whl 檔，請啟動瀏覽器開啟 TensorFlow Lite 網站，下載指定 Python 版本的 .whl 檔來安裝 TensorFlow Lite，其網址如下所示：

▷ https://github.com/google-coral/pycoral/releases/

tflite_runtime-2.5.0.post1-cp39-cp39-macosx_11_0_x86_64.whl	1.37 MB
tflite_runtime-2.5.0.post1-cp39-cp39-macosx_12_0_arm64.whl	1.14 MB
tflite_runtime-2.5.0.post1-cp39-cp39-win_amd64.whl	847 KB
Source code (zip)	

請捲動視窗找到 Python 3.9 版,即 cp39,最後 CPU 是 win_amd64 的 .whl 檔:【 tflite_runtime-2.5.0.post1-cp39-cp39-win_amd64.whl 】, 請 使用滑鼠【右】鍵複製 .whl 檔的 URL 網址,如下所示:

▷ https://github.com/google-coral/pycoral/releases/download/v2.0.0/tflite_
runtime-2.5.0.post1-cp39-cp39-win_amd64.whl

接著在 Python 開發環境安裝 TensorFlow Lite (也可以如同第 12-4-1 節的 Dlib, 下載 .whl 檔來進行安裝),其指令如下所示:

```
pip install <Wheel檔的URL網址> Enter
```

上述 <Wheel 檔的 URL 網址 > 請填入之前取得的 URL 網址。

📍 TensorFlow Lite 的預訓練模型

TensorFlow Lite提供多種預訓練模型,我們可以直接下載模型來建 立 Python 人工智慧應用,在 TensorFlow Hub 提供支援 TensorFlow.js 和 TensorFlow Lite 的預訓練模型,其 URL 網址如下所示:

▷ https://tfhub.dev/

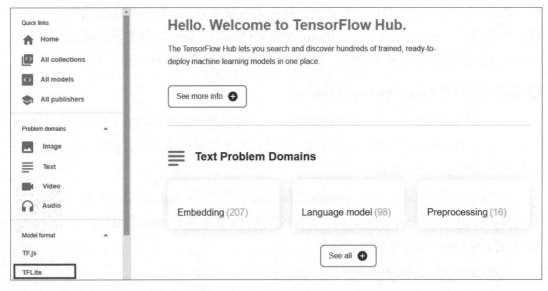

點選右下角【TFLite】進入 TensorFlow Lite 預訓練模型的頁面,就可以搜尋和下載 所需的 TensorFlow Lite 預訓練模型。

15-1-3　下載本書使用的預訓練模型

為了方便讀者測試執行本章 Python 程式的人工智慧應用，筆者已經將本書使用的預訓練模型都上傳至 GitHub，其 URL 網址如下所示：

▷ https://github.com/fchart/test/tree/master/model

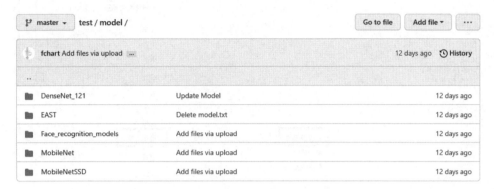

上述目錄名稱是預訓練模型分類，除 Face_recognition_models 目錄外，其他目錄是本章使用的預訓練模型，例如：點選【MobileNetSSD】目錄，可以看到支援 OpenCV DNN 模組和 TensorFlow Lite 的 MobileNet SSD 的預訓練模型檔，如下圖所示：

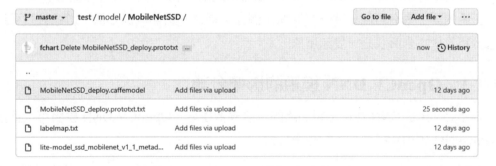

請點選檔名後，如果看到【Download】鈕，請按此鈕來下載檔案，如下圖所示：

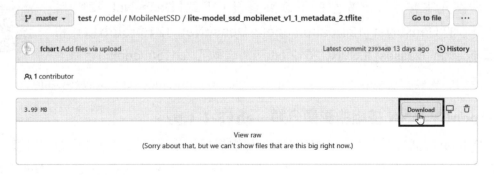

如果是【Raw】鈕，因為是文字內容，請按【Raw】鈕後，再執行 Chrome 瀏覽器功能表的「更多工具 ➔ 另存網頁為⋯」命令儲存成文字檔案，如下圖所示：

15-2　影像分類

影像分類（Image Classification）就是讓電腦能夠分析影像內容是屬於哪一類影像，正確的說，最有可能是哪一類影像，例如：提供一張無尾熊影像，影像分類可以讓電腦分析影像，告訴我是一隻無尾熊。

15-2-1　OpenCV DNN 模組的影像分類

DenseNet 是 CNN 卷積神經網絡的深度學習模型，OpenCV DNN 模組可以直接使用 DenseNet 預訓練模型來執行影像分類。

下載 DenseNet-Caffe 預訓練模型

請進入本書預訓練模型的下載網頁後，下載【DenseNet_121】目錄 下 的 DenseNet_121.caffemodel、DenseNet_121.prototxt.txt 和 classification_classes_ILSVRC2012.txt 三個檔案至「ch15/models」目錄。

原預訓練模型檔案的下載網址：https://github.com/shicai/DenseNet-Caffe。

OpenCV DNN 模組的影像分類：ch15-2-1.py

Python 程式在載入 DenseNet-Caffe 預訓練模型後，就可以分類影像，模型可以分類 1000 種不同的物體，影像尺寸是 (224, 224)。首先匯入 OpenCV 和 NumPy 套件，然後依序是模型檔、網路配置檔和分類檔的路徑，如下所示：

```
import cv2
import numpy as np

model_path = "models/DenseNet_121.caffemodel"
config_path = "models/DenseNet_121.prototxt.txt"
class_path = "models/classification_classes_ILSVRC2012.txt"
class_names = []
with open(class_path, "r") as f:
    for line in f.readlines():
        class_names.append(line.split(",")[0].strip())
```

上述 with/as 程式區塊開啟分類檔，讀取分類資料建立 class_names 串列，在分類檔的每一行是一種分類清單，我們只取出「，」號前的分類名稱，例如：tench，如下所示：

```
tench, Tinca tinca
```

然後在下方呼叫 **cv2.dnn.readNet()** 方法來載入預訓練模型，如下所示：

```
model = cv2.dnn.readNet(model=model_path, config=config_path,
                        framework="Caffe")
```

上述 model 參數是模型檔路徑；config 參數是網路配置檔路徑，framework 參數指定是哪一種框架的預訓練模型，以此例是 Caffe，參數值可以是 Caffe、TensorFlow、Torch 和 Darknet 等。在下方呼叫 **cv2.imread()** 方法讀取 dog.jpg 圖檔的影像，如下所示：

```
img = cv2.imread("images/dog.jpg")
blob = cv2.dnn.blobFromImage(image=img, scalefactor=0.01,
                             size=(224, 224), mean=(104, 117, 123))
```

上述 **cv2.dnn.blobFromImage()** 方法是 OpenCV DNN 模組的影像預處理，可以將欲推論的影像預處理成當初訓練時的輸入影像格式，方法的回傳值是 Blob 物件，其參數說明如下所示：

▷ image 參數：NumPy 陣列的影像資料。

▷ size 參數：調整影像尺寸，DenseNet 是 (224, 224)。

▷ scalefactor 參數：標準化的縮放比例值，預設值是 1。

▷ mean 參數：均值減法是將 RGB 三原色的 0~255 值減去色彩平均值，其目的是解決光照變換的問題，色彩平均值是視模型而定。

▷ swapRB 參數：是否交換 RB 影像從 OpenCV 的 BGR 轉換成 RGB，預設值是 True。

然後在下方呼叫 **setInput()** 方法指定輸入的 Blob 物件後，使用 **forward()** 方法執行前向傳播進行深度學習推論，其回傳值是辨識出物體的 NumPy 陣列 final_outputs，如下所示：

```
model.setInput(blob)
outputs = model.forward()
final_outputs = outputs[0].reshape(1000, 1)
```

上述程式碼呼叫 **reshape()** 方法轉換成 (1000, 1) 形狀，因為模型輸出值需要計算 Softmax 函數，所以在下方建立 **softmax()** 函數，可以使用 Softmax 公式轉換成可能性的信心指數值，如下所示：

```
def softmax(x):
    return np.exp(x)/np.sum(np.exp(x))
probs = softmax(final_outputs)
```

上述程式碼呼叫 **softmax()** 函數，參數是 final_outputs 陣列。在下方呼叫 **np.max()** 函數取出最大可能性的值，因為值是小於 1 的浮點數，所以乘以 100 轉換成百分比，**np.round()** 方法是四捨五入，第 2 個參數 2 是取小數點下 2 位，如下所示：

```
final_prob = np.round(np.max(probs)*100, 2)
label_id = np.argmax(probs)
out_name = class_names[label_id]
```

上述 **np.argmax()** 方法可以取出 probs 陣列最大元素值的索引值，即最有可能的物體，然後使用此索引值取出 class_names 串列的分類名稱。然後在下方顯示推論結果的分類名稱和可能性的百分比，如下所示：

```
cv2.putText(img, out_name, (25, 50),
            cv2.FONT_HERSHEY_SIMPLEX, 1, (0, 255, 0), 2)
out_msg = str(final_prob) + "%"
cv2.putText(img, out_msg, (25, 100),
            cv2.FONT_HERSHEY_SIMPLEX, 1, (0, 255, 0), 2)
cv2.imshow("Image", img)
cv2.waitKey(0)
cv2.destroyAllWindows()
```

上述程式碼呼叫 **cv2.imshow()** 方法顯示標示的影像。Python 程式的執行結果可以看到影像分類結果是一隻小獵犬（Beagle），可能性有 67.43%，如下圖所示：

15-2-2　TensorFlow Lite 的影像分類

　　MobileNet 是 Google 研究團隊提出的 CNN 模型，因為神經網路層的深度小很多，雖然準確度較差，但是適合使用在計算能力較差的行動裝置來執行 TensorFlow Lite 影像分類。

◉ 下載 MobileNet V1 版預訓練模型

　　請進入本書預訓練模型的下載網頁後，下載【MobileNet】目錄下的 mobilenet_v1_1.0_224_quantized_1_metadata_1.tflite 和 labels.txt 二個檔案至「ch15/models」目錄。

　　原 MobileNet V1 版預訓練模型的下載網址（請下載內含標籤檔的 Metadata 版本）：https://tfhub.dev/tensorflow/lite-model/mobilenet_v1_1.0_224_quantized/1/metadata/1。

◉ TensorFlow Lite 的影像分類：ch15-2-2.py

　　Python 程式在載入 MobileNet V1 預訓練模型後，就可以分類影像，模型可以分類 1000 種不同的物體，影像尺寸是 (224, 224)。首先匯入 TensorFlow Lite 的 tflite_runtime.interpreter 物件（別名 Interpreter）、OpenCV 和 NumPy 套件，然後依序是模型檔和分類檔的路徑，如下所示：

```
from tflite_runtime.interpreter import Interpreter
import cv2
import numpy as np

model_path = "models/mobilenet_v1_1.0_224_quantized_1_metadata_1.tflite"
label_path = "models/labels.txt"
```

```
label_names = []
with open(label_path, "r") as f:
    for line in f.readlines():
        label_names.append(line.strip())
```

上述 with/as 程式區塊開啟分類檔，讀取分類建立成 label_names 串列，在分類檔的每一行是一種分類。在下方建立 Interpreter 物件載入模型，參數是模型檔路徑，然後呼叫 **allocate_tensors()** 方法配置所需的張量，如下所示：

```
interpreter = Interpreter(model_path)
print("成功載入模型...")
interpreter.allocate_tensors()
_, height, width, _ = interpreter.get_input_details()[0]["shape"]
print("影像尺寸: (", width, ",", height, ")")
```

上述程式碼使用 "shape" 鍵取得輸入影像的形狀和尺寸。在下方呼叫 **cv2. imread()** 方法讀取 dog.jpg 圖檔的影像後，就可以進行影像預處理，依序改成 RGB 色彩和調整成輸入影像的尺寸，如下所示：

```
image = cv2.imread("images/dog.jpg")
image_rgb = cv2.cvtColor(image, cv2.COLOR_BGR2RGB)
image_resized = cv2.resize(image_rgb, (width, height))
input_data = np.expand_dims(image_resized, axis=0)
interpreter.set_tensor(
    interpreter.get_input_details()[0]["index"], input_data)
```

上述程式碼接著呼叫 **np.expand_dims()** 方法擴充影像陣列維度 0 的輸入資料後，呼叫 **set_tensor()** 方法指定輸入資料 input_data。然後在下方呼叫 **invoke()** 方法進行影像分類推論，如下所示：

```
interpreter.invoke()
output_details = interpreter.get_output_details()[0]
```

上述程式碼呼叫 **get_output_details()** 方法取得回傳分類結果的陣列第 1 個元素，即 [0]。在下方呼叫 **np.squeeze()** 方法刪除陣列維度值 1 的維度後，呼叫 **np.argmax()** 方法取出最大可能分類的索引值，如下所示：

```
output = np.squeeze(interpreter.get_tensor(output_details["index"]))
label_id = np.argmax(output)
scale, zero_point = output_details["quantization"]
prob = scale * (output[label_id] - zero_point)
```

上述程式碼取出 "quantization" 鍵的量化值後，使用量化值計算可能性值。在下方取出分類名稱後，顯示分類名稱和計算出的可能性值，如下所示：

```
classification_label = label_names[label_id]
print("分類名稱 =", classification_label)
print("影像可能性 =", np.round(prob*100, 2), "%")
```

Python 程式的執行結果可以看到影像分類結果是一隻小獵犬（Beagle），可能性有 68.75%，如下圖所示：

```
>>> %Run ch15-2-2.py

成功載入模型...
影像尺寸: ( 224 , 224 )
分類名稱 = beagle
影像可能性 = 68.75 %
```

15-3　物體識別

物體識別（Object Recognition）是一種可以在影像的數位內容中，同時辨識出多種物體的電腦視覺應用領域，例如：在影像中辨識出人、車輛、椅子、石頭、建築物和各種動物等。事實上，物體識別就是在回答下列 2 個基本問題，如下所示：

▷ 這是什麼東西？

▷ 這個東西在哪裡？

15-3-1　OpenCV DNN 模組的物體識別

MobileNet 是一種影像分類模型，MobileNet-SSD 是基於 MobileNet 的 SSD 模型（Single Shot Multi-box Detector），可以在單一影像識別出多個物體名稱，並且一一取出其位置的方框。

○ 下載 MobileNet-SSD 預訓練模型

請進入本書預訓練模型的下載網頁後，下載【MobileNetSSD】目錄下的 MobileNetSSD_deploy.caffemodel、models/MobileNetSSD_deploy.prototxt.txt 和 MobileNetSSD_labels.txt 三個檔案至「ch15/models」目錄。

原預訓練模型檔案的下載網址：https://github.com/PINTO0309/MobileNet-SSD-RealSense/tree/master/caffemodel/MobileNetSSD。

OpenCV DNN 模組的物體識別：ch15-3-1.py

Python 程式是載入 MobileNet-SSD 預訓練模型來執行物體識別，可以辨識 21 種不同物體，影像尺寸是 (300, 300)。首先匯入 OpenCV 和 NumPy 套件後，依序是模型檔、網路配置檔和分類檔路徑，如下所示：

```
import numpy as np
import cv2

model_path = "models/MobileNetSSD_deploy.caffemodel"
config_path = "models/MobileNetSSD_deploy.prototxt.txt"
class_path = "models/MobileNetSSD_labels.txt"
class_names = []
with open(class_path, "r") as f:
    class_names = f.read().split("\n")
```

上述 with/as 程式區塊開啟分類檔，讀取分類建立 class_names 串列，在分類檔的每一行是一種分類名稱。在下方呼叫 **cv2.dnn.readNet()** 方法載入預訓練模型，第 1 個參數是網路配置檔，第 2 個是模型檔路徑，因為沒有指定框架，預設自動判斷是 Caffe，如下所示：

```
net = cv2.dnn.readNet(config_path, model_path)
img = cv2.imread("images/people.jpg")
h, w = img.shape[:2]
blob = cv2.dnn.blobFromImage(img, 0.007843, (300, 300), 127.5)
```

上述程式碼呼叫 **cv2.imread()** 方法讀取 people.jpg 圖檔的影像後，取出形狀的影像尺寸，即可呼叫 **cv2.dnn.blobFromImage()** 方法執行影像預處理，可以回傳 Blob 物件。

在下方呼叫 **setInput()** 方法指定輸入的 Blob 物件後，使用 **forward()** 方法執行前向傳播進行推論，其回傳值是辨識出所有物體的 NumPy 陣列 detections（在同一張影像可以識別出多個物體），如下所示：

```
net.setInput(blob)
detections = net.forward()
print(detections.shape)
detections = np.squeeze(detections)
print(len(detections))   # 偵測到幾個
```

上述程式碼呼叫 **np.squeeze()** 方法刪除陣列維度值是 1 的維度後，呼叫 **len()** 函數取得偵測到幾個物體。在下方 for 迴圈走訪每一個識別出的物體，因為有些識別出的物體可能性低，在取得可能性 confidence 信心指數後，if 條件只取出大於 0.5 的物體，如下所示：

```
for i in range(0, detections.shape[0]):
    confidence = detections[i, 2]
    if confidence > 0.5:
        idx = int(detections[i, 1])
        box = detections[i, 3:7] * np.array([w, h, w, h])
        (startX, startY, endX, endY) = box.astype("int")
        cv2.rectangle(img, (startX, startY), (endX, endY),
                      (10, 255, 0), 2)
```

上述程式碼依序取得索引值、物體方框座標和將信心指數轉換成百分比的可能性後，呼叫 **cv2.rectangle()** 方法繪出方框。

在下方建立物體名稱和可能性的訊息字串後，計算出訊息字串的 Y 軸座標 y 後，呼叫 **cv2.putText()** 方法顯示訊息字串，如下所示：

```
        prob = np.round(confidence*100, 2)
        label = class_names[idx] + ": " + str(prob) + "%"
        y = startY - 15 if startY - 15 > 15 else startY + 15
        cv2.putText(img, label, (startX, y),
                    cv2.FONT_HERSHEY_SIMPLEX,
                    0.5, (10, 255, 0), 2)
        print(label)

cv2.imshow("Image", img)
cv2.waitKey(0)
cv2.destroyAllWindows()
```

上述程式碼呼叫 **cv2.imshow()** 方法顯示標示的影像。Python 程式的執行結果可以看到影像標示出識別物體的名稱和可能性，如下圖所示：

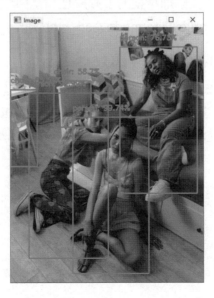

Python 程式：ch15-3-1a.py 是使用 OpenCV DNN 模組的即時物體識別，可以在視訊的影格中識別出多個物體，如下圖所示：

15-3-2　TensorFlow Lite 的物體識別

TensorFlow Lite 一樣可以使用 MobileNet-SSD 預訓練模型來建立物體識別，此模型可以辨識 90 種不同的物體。

🔍 下載 MobileNet-SSD 預訓練模型

請進入本書預訓練模型的下載網頁後，下載【MobileNetSSD】目錄下的 lite-model_ssd_mobilenet_v1_1_metadata_2.tflite 和 labelmap.txt 二個檔案至「ch15/models」目錄。

原 SSD MobileNet V1 預訓練模型的下載網址（請下載內含標籤檔的 Metadata 版本）：https://tfhub.dev/tensorflow/lite-model/ssd_mobilenet_v1/1/metadata/2。

🔍 TensorFlow Lite 的物體識別：ch15-3-2.py

Python 程式是載入 SSD MobileNet V1 預訓練模型來進行 90 種物體的物體識別，影像尺寸是 (300, 300)。首先匯入 TensorFlow Lite 的 tflite_runtime.interpreter 物件（別名 Interpreter）、OpenCV 和 NumPy 套件，然後依序是模型檔和分類檔的路徑，如下所示：

```python
from tflite_runtime.interpreter import Interpreter
import cv2
import numpy as np

model_path = "models/lite-model_ssd_mobilenet_v1_1_metadata_2.tflite"
```

```
label_path = "models/labelmap.txt"
label_names = []
with open(label_path, "r") as f:
    for line in f.readlines():
        label_names.append(line.strip())
```

上述 with/as 程式區塊開啟分類檔，讀取分類建立成 label_names 串列，在分類檔的每一行是一種分類。在下方建立 Interpreter 物件載入模型，參數是模型檔路徑，然後呼叫 **allocate_tensors()** 方法配置張量，如下所示：

```
interpreter = Interpreter(model_path=model_path)
print("成功載入模型...")
interpreter.allocate_tensors()
input_details = interpreter.get_input_details()
output_details = interpreter.get_output_details()
_, height, width, _ = input_details[0]["shape"]
print("圖片資訊: (", width, ",", height, ")")
```

上述程式碼取得輸入 / 輸出影像資料後，取出輸入影像形狀的尺寸。在下方呼叫 **cv2.imread()** 方法讀取 people.jpg 圖檔的影像後，就可以進行影像預處理，依序改成 RGB 色彩和調整成輸入影像的尺寸，如下所示：

```
img = cv2.imread("images/people.jpg")
imgHeight, imgWidth, _ = img.shape
img_rgb = cv2.cvtColor(img, cv2.COLOR_BGR2RGB)
img_resized = cv2.resize(img_rgb, (width, height))
input_data = np.expand_dims(img_resized, axis=0)
interpreter.set_tensor(input_details[0]["index"],input_data)
```

上述程式碼呼叫 **np.expand_dims()** 方法擴充影像陣列維度 0 的輸入資料後，呼叫 **set_tensor()** 方法指定輸入資料 input_data。然後在下方呼叫 **invoke()** 方法進行推論，如下所示：

```
interpreter.invoke()
boxes = interpreter.get_tensor(output_details[0]["index"])[0]
classes = interpreter.get_tensor(output_details[1]["index"])[0]
scores = interpreter.get_tensor(output_details[2]["index"])[0]
```

上述程式碼依序取得識別結果的方框座標、分類和可能性分數。在下方 for 迴圈繪出識別出物體的方框、分類和可能性，如下所示：

```
for i in range(len(scores)):
    if ((scores[i] > 0.5) and (scores[i] <= 1.0)):
        startY = int(max(1,(boxes[i][0] * imgHeight)))
        startX = int(max(1,(boxes[i][1] * imgWidth)))
        endY = int(min(imgHeight,(boxes[i][2] * imgHeight)))
        endX = int(min(imgWidth,(boxes[i][3] * imgWidth)))
        cv2.rectangle(img, (startX, startY), (endX, endY),
                    (10, 255, 0), 2)
```

上述 if 條件判斷可能性的信心指數是否大於 0.5，且小於等於 1，如果成立，就計算出物體方框座標，和呼叫 **cv2.rectangle()** 方法在影像繪出方框。

在下方取得分類名稱，計算出可能性百分比後，建立訊息字串，在計算出訊息字串的 Y 軸座標 y 後，呼叫 **cv2.putText()** 方法顯示訊息字串，如下所示：

```
        object_name = label_names[int(classes[i])]
        prob = np.round(scores[i]*100, 2)
        label = object_name + ": " + str(prob) + "%"
        y = startY - 15 if startY - 15 > 15 else startY + 15
        cv2.putText(img, label, (startX, y),
                    cv2.FONT_HERSHEY_SIMPLEX,
                    0.5, (10, 255, 0), 2)
cv2.imshow("Object Detector", img)
cv2.waitKey(0)
cv2.destroyAllWindows()
```

上述程式碼呼叫 **cv2.imshow()** 方法顯示標示的影像。Python 程式的執行結果可以看到使用方框標示出識別的物體、名稱和可能性百分比，如下圖所示：

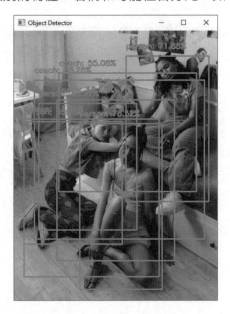

　　Python 程式：ch15-3-2a.py 是使用 TensorFlow Lite 的即時物體識別，可以在視訊的影格中識別出多個物體（因為識別速度有些慢，視訊會有很明顯的停頓），如下圖所示：

 # 15-4　文字偵測

　　EAST（An Efficient and Accurate Scene Text Detector）是一種高效且正確率高的文字偵測預訓練模型，在這一節我們準備使用 OpenCV DNN 模組來建立 EAST 文字偵測。

📍 下載 EAST 預訓練模型

　　請進入本書預訓練模型的下載網頁後，下載【EAST】目錄下的 frozen_east_text_detection.pb 檔案至「ch15/models」目錄。

　　原預訓練模型的下載網址：https://github.com/ZER-0-NE/EAST-Detector-for-text-detection-using-OpenCV。

📍 EAST 文字偵測：ch15-4.py

　　Python 程式是載入 EAST 預訓練模型來進行文字偵測，可以在影像中使用方框標示偵測出的文字內容。首先匯入 OpenCV、NumPy 套件和 imutils.object_detection 的 non_max_suppression，然後是模型檔的路徑，如下所示：

```
import cv2
import numpy as np
from imutils.object_detection import non_max_suppression
```

```
model_path = "models/frozen_east_text_detection.pb"
img = cv2.imread("images/car.jpg")
model = cv2.dnn.readNet(model_path)
```

上述程式碼呼叫 **cv2.imread()** 方法讀取 car.jpg 圖檔後,呼叫 **cv2.dnn.readNet()** 方法載入 EAST 模型。在下方建立輸出層 outputLayers 串列,依序是推論結果的可能性信心指數和方框座標兩層,如下所示:

```
outputLayers = []
outputLayers.append("feature_fusion/Conv_7/Sigmoid")
outputLayers.append("feature_fusion/concat_3")
height,width,colorch = img.shape
new_height = (height//32+1)*32
new_width = (width//32+1)*32
h_ratio = height/new_height
w_ratio = width/new_width
```

上述程式碼計算影像的新尺寸,因為 EAST 輸入影像尺寸需要是 32 的倍數,在使用整數除法計算出 32 倍數的新尺寸後,再計算出與原尺寸的比例,以便之後調整座標。在下方呼叫 **cv2.dnn.blobFromImage()** 方法執行影像預處理,可以回傳 Blob 物件,如下所示:

```
blob = cv2.dnn.blobFromImage(img ,1 ,(new_width, new_height),
                             (123.68,116.78,103.94), True)
model.setInput(blob)
(scores, geometry) = model.forward(outputLayers)
rectangles=[]
confidence_score=[]
```

上述程式碼呼叫 **setInput()** 方法指定輸入的 Blob 物件後,使用 **forward()** 方法執行前向傳播進行推論,其回傳值是所有偵測出文字的可能性分數 scores 和區域資訊 geometry,在 geometry 是使用列和欄方式儲存每一個偵測到文字區域的資訊。

在下方取出 geometry 的列 rows 和欄 cols 後,使用二層 for 迴圈來走訪列和欄,即可一一取出偵測到的每一個文字區域,如下所示:

```
rows = geometry.shape[2]
cols = geometry.shape[3]
for y in range(0, rows):
    for x in range(0, cols):
        if scores[0][0][y][x] < 0.5:
            continue
```

```
offset_x = x*4
offset_y = y*4
```

上述 if 條件判斷可能性分數 scores 如果小於 0.5，就馬上執行下一次迴圈，所以，只會取出大於等於 0.5 的文字區域，然後計算位移量。在下方使用位移量計算方框的左上角和右下角座標，如下所示：

```
bottom_x = int(offset_x + geometry[0][1][y][x])
bottom_y = int(offset_y + geometry[0][2][y][x])
top_x = int(offset_x - geometry[0][3][y][x])
top_y = int(offset_y - geometry[0][0][y][x])
rectangles.append((top_x, top_y, bottom_x, bottom_y))
confidence_score.append(float(scores[0][0][y][x]))
```

上述程式碼依序將方框座標和可能性信心指數的分數新增至 rectangles 和 confidence_score 串列。在下方呼叫 **non_max_suppression()** 的 NMS（Non Maximum Suppression）處理，可以清除辨識相同物體多個重疊方框的雜訊，從其中找出最佳的方框，如下所示：

```
final_boxes = non_max_suppression(np.array(rectangles),
                                  probs=confidence_score,
                                  overlapThresh=0.5)
for (x1,y1,x2,y2) in final_boxes:
    area = abs(x2-x1) * abs(y2-y1)
    if area > 4000:
        x1 = int(x1*w_ratio)
        y1 = int(y1*h_ratio)
        x2 = int(x2*w_ratio)
        y2 = int(y2*h_ratio)
        cv2.rectangle(img, (x1,y1), (x2,y2), (0,255,0), 2)
```

上述 for 迴圈走訪 NMS 後剩下的方框座標，在計算出方框面積後，if 條件判斷面積需大於 4000，如果是，就使用之前的比例來調整座標後，呼叫 **cv2.rectangle()** 方法繪出方框。在下方呼叫 **cv2.imshow()** 方法顯示標示的影像，如下所示：

```
cv2.imshow("EAST", img)
cv2.waitKey(0)
cv2.destroyAllWindows()
```

Python 程式的執行結果可以看到使用方框標示出的文字區域，以此例就是車牌的文字區域，如下圖所示：

 15-5　Tesseract-OCR 文字識別

OCR 是 Optical Character Recognition 光學字元識別的縮寫，可以自動識別出影像中的文字將它轉換成字串。Tesseract-OCR 引擎最早是 HP 實驗室在 1985 年開發，目前 Tesseract 已經是 Google 開源項目，提供一個命令列工具來執行 OCR 操作，讓我們從影像識別出之中的文字。

15-5-1　下載安裝 Tesseract-OCR 和語言包

Windows 版 Tesseract-OCR 安 裝 程 式 的 下 載 網 址：https://github. com/UB-Mannheim/tesseract/wiki，如下圖所示：

The latest installers can be downloaded here:

- tesseract-ocr-w32-setup-v5.0.1.20220107.exe (32 bit) and
- tesseract-ocr-w64-setup-v5.0.1.20220107.exe (64 bit) resp.

在本書是下載安裝 64 位元版本，成功下載後請執行程式來安裝 Tesseract，安裝過程首先請選【English】語言，然後使用預設值按【Next】鈕後，再按【I Agree】鈕同意授權後，按 3 次【Next】鈕，再按【Install】鈕開始安裝，最後按【Next】和【Finish】鈕完成安裝。

因為 Tesseract-OCR 預設只提供英文語言包，我們需要自行至語言包網址：https://github.com/tesseract-ocr/tessdata_best 下載繁體和簡體中文語言包，如下圖所示：

📄	chi_sim.traineddata	Initial import (on behalf of Ray)
📄	chi_sim_vert.traine ⸢chi_sim.traineddata⸥	Fix extra intra-word spacing for Chinese (GitHub issue #991)
📄	chi_tra.traineddata	Initial import (on behalf of Ray)
📄	chi_tra_vert.traineddata	Fix extra intra-word spacing for Chinese (GitHub issue #991)

在上述網頁分別選【chi_tra.traineddata】和【chi_sim.traineddata】後，按【download】鈕下載 2 個語言包檔案（如果是垂直書寫的中文字，請下載 chi_tra_vert.traineddata 和 chi_sim_vert.traineddata），如下所示：

繁體中文：chi_tra.traineddata

簡體中文：chi_sim.traineddata

請將上述 2 個檔案複製至 Tesseract-OCR 安裝的「C:\Program Files\Tesseract-OCR\tessdata」資料夾，就完成 Tesseract 語言包的安裝。

15-5-2　Tesseract-OCR 基本使用

Python 程式需要使用 pytesseract 套件來執行 Tesseract-OCR 命令列工具。在 Python 開發環境安裝 pytesseract 套件的命令列指令，如下所示：

```
pip install pytesseract==0.3.8 Enter
```

當成功安裝 pytesseract 後，在 Python 程式可以匯入此套件，如下所示：

```
import pytesseract
```

♀ 使用 **pytesseract** 將影像轉文字：**ch15-5-2.py**

Python 程式使用 OpenCV 的 **imread()** 方法開啟圖檔，和改成 RGB 色彩後，使用 **pytesseract.image_to_string()** 方法將影像中的文字轉換成字串。首先指定 tesseract.exe 的路徑，如下所示：

```
import cv2
import pytesseract

pytesseract.pytesseract.tesseract_cmd=
        "C:\\Program Files\\Tesseract-OCR\\tesseract.exe"
img = cv2.imread("images/number.jpg")
img = cv2.cvtColor(img, cv2.COLOR_BGR2RGB)
```

```
text = pytesseract.image_to_string(img, lang="eng")
print(text.strip())
img = cv2.imread("images/traditional.jpg")
img = cv2.cvtColor(img, cv2.COLOR_BGR2RGB)
text = pytesseract.image_to_string(img, lang="chi_tra")
print(text.strip())
img = cv2.imread("images/simple.jpg")
img = cv2.cvtColor(img, cv2.COLOR_BGR2RGB)
text = pytesseract.image_to_string(img, lang="chi_sim")
print(text.strip())
```

上述 **pytesseract.image_to_string()** 方法的第 1 個參數是影像，第 2 個 lang 參數是語言，eng 是英文；chi_tra 是繁體中文；chi_sim 是簡體中文，三張影像 number.jpg、traditional.jpg 和 simple.jpg 圖檔，從上而下如下圖所示：

K 4 P 1 K

更 改 圖 片 尺 寸 和 製 作 縮 圖

清明时节雨纷纷，路上行人欲断魂。

Python 程式的執行結果可以識別出影像中的英文字母和數字，以及繁體和簡體中文字串，不過，繁體中文的辨識效果並不太好，如下所示：

```
>>> %Run ch15-5-2.py

K4P1K
更 改
```

```
片 尺 寸 和 製 作 縮
清 明 时 节 雨 纷 纷 ， 路 上 行 人 欲 断 魂 。
```

📍 辨識垂直書寫的中文字：**ch15-5-2a.py**

在第 15-5-1 節有安裝垂直書寫中文字的語言包，所以 Python 程式也可以辨識垂直書寫的中文字，如下圖所示：

測試垂直文字

Python 程式碼在載入圖檔後，使用 **pytesseract.image_to_string()** 方法將影像中的文字轉換成字串，lang 參數是 "chi_tra_vert" 垂直書寫中文語言，如下所示：

```
pytesseract.pytesseract.tesseract_cmd=
        "C:\\Program Files\\Tesseract-OCR\\tesseract.exe"
img = cv2.imread("images/traditional2.jpg")
img = cv2.cvtColor(img, cv2.COLOR_BGR2RGB)
text = pytesseract.image_to_string(img, lang="chi_tra_vert")
print(text.strip())
```

Python 程式的執行結果可以識別出影像中垂直書寫的中文字，如下所示：

```
>>> %Run ch15-5-2a.py
```

測試垂直文字

❓ 在影像框出和顯示每一個字元內容：ch15-5-2b.py

在 pytesseract 模組提供 **pytesseract.image_to_boxes()** 方法，可以從影像中識別出每一個字元的方框，回傳值是辨識出的字元和框起這些字元的方框座標，即左上角和右下角 2 個端點的座標。首先使用 OpenCV 讀取 number.jpg 圖檔的影像，和轉換成 RGB 色彩，如下所示：

```
img = cv2.imread("images/number.jpg")
img = cv2.cvtColor(img, cv2.COLOR_BGR2RGB)
img_w = img.shape[1]
img_h = img.shape[0]
boxes = pytesseract.image_to_boxes(img)
print(boxes)
```

上述程式碼取得影像的寬和高後，呼叫 **pytesseract.image_to_boxes()** 方法取得每一字母的方框座標，每一行是以識別出的字元開始，之後是使用空白字元分隔的方框座標，其執行結果如下所示：

```
>>> %Run ch15-5-2b.py
 K 16  52  42  80 0
 4 49  52  70  80 0
 P 87  53  107 79 0
 1 125 52  140 80 0
 K 159 52  187 80 0
```

然後呼叫 **splitlines()** 方法將每一行字串轉換成串列後，即可走訪每一行字串來繪出方框和顯示識別出的字元，如下所示：

```
for box in boxes.splitlines():
    box = box.split(" ")
    character = box[0]
    x = int(box[1])
    y = int(box[2])
    x2 = int(box[3])
    y2 = int(box[4])
    cv2.rectangle(img, (x, img_h - y),
                  (x2, img_h - y2), (0, 255, 0), 1)
    cv2.putText(img, character, (x, img_h - y2 - 10),
                cv2.FONT_HERSHEY_COMPLEX, 1, (0, 0, 255), 1)
cv2.imshow("Image", img)
cv2.waitKey(0)
cv2.destroyAllWindows()
```

上述程式碼呼叫 **split()** 方法將字串使用空白字元切割成串列後，就可以取出字元和座標，然後呼叫 **cv2.rectangle()** 和 **cv2.putText()** 方法繪出方框和字元，如下圖所示：

1. 請問什麼是 OpenCV DNN 模組？何謂預訓練模型？

2. 請簡單說明什麼是 TensorFlow 和 TensorFlow Lite？

3. 請簡單說明影像分類、物體識別和文字偵測是什麼？何謂 EAST？

4. 請問 Tesseract-OCR 是什麼？Python 程式如何使用 Tesseract-OCR？

5. 請整合 Python 程式 ch15-2-1.py 和 Webcam，可以建立 OpenCV DNN 模組的即時影像分類，在視訊的影格中分類影像。

6. 請整合 Python 程式 ch15-2-2.py 和 Webcam，可以建立 TensorFlow Lite 的即時影像分類，在視訊的影格中分類影像。

7. 請整合 Python 程式 ch15-4.py 和 Webcam，可以建立 OpenCV DNN 模組的即時文字偵測，在視訊的影格中標示出偵測到的文字區域。

8. 請從網路找出更多包含文字內容的影像檔，首先參考第 15-4 節建立 Python 程式執行文字偵測，然後切割出文字區域的影像後，將切割影像使用 Tesseract-OCR 轉換成文字內容和顯示出來。

Note

CHAPTER 16

AI整合實戰（三）： Teachable Machine 訓練模型與車牌辨識

本章內容

16-1 AI 整合實戰：Teachable Machine 訓練機器學習模型

16-2 AI 整合實戰：車牌辨識

16-1 AI整合實戰：Teachable Machine訓練機器學習模型

Teachable Machine 是 Google 推出的網頁工具，你不需要專業知識和撰寫任何程式碼，就可以自行訓練所需的機器學習模型，支援影像分類、姿勢辨識和聲音分類。

在這一節我們準備使用 Teachable Machine 訓練一個機器學習模型，可以分類剪刀、石頭和布的影像。然後，建立 Python 程式使用 TensorFlow Lite 載入此機器學習模型進行推論來分類影像，和使用 Webcam 即時分類影像是剪刀、石頭或布。

16-1-1 使用 Teachable Machine 訓練機器學習模型

我們可以使用 Teachable Machine 網頁工具來訓練一個機器學習模型，能夠分類剪刀、石頭或布的影像。

📍 步驟一：新增專案和選擇機器學習模型的類型

在 Teachable Machine 訓練模型的第一步是新增專案和選擇機器學習模型的種類，其步驟如下所示：

Step 1 請啟動瀏覽器進入網址 https://teachablemachine.withgoogle. com/ 後，按【Get Started】鈕開始新增專案。

Step 2 選第 1 個【Image Project】影像分類專案，Audio Project 是聲音分類；
Pose Project 是辨識姿勢。

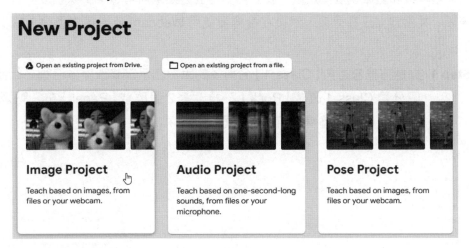

Step 3 再選【Standard image model】建立標準影像模型。

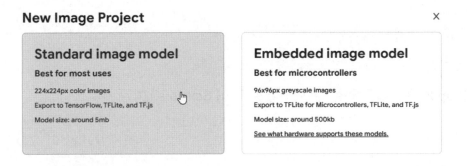

Step 4 可以看到 Teachable Machine 機器學習的模型訓練介面，如下圖所示：

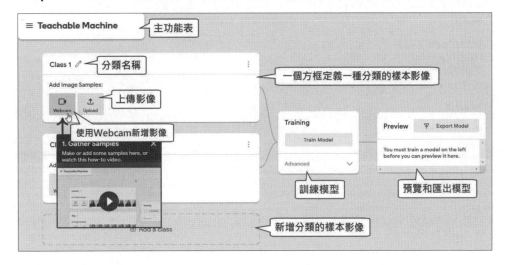

📍 步驟二：建立分類和新增各分類的樣本影像

在新增專案和選擇模型種類後，我們需要建立分類來新增樣本影像，以剪刀、石頭或布來說，共需建立三種分類，然後在各分類使用 Webcam 新增樣本影像，其步驟如下所示：

Step 1 點選方框左上角【Class 1】名稱後的筆形圖示來修改分類名稱，請將第 1 個分類 Class 1 改成【Rock】石頭；第 2 個改成【Paper】布，點選下方【Add a class】虛線框新增一個分類。

Step 2 在新增分類後，將此分類更名成【Scissors】剪刀。

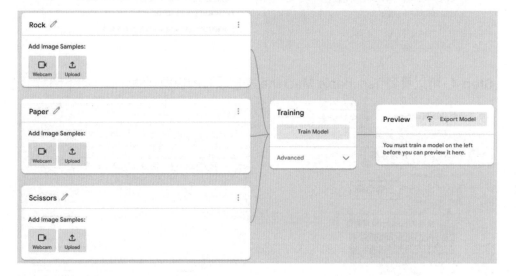

Step 3 在「Rock」框點選【Webcam】鈕，使用 Webcam 新增分類的樣本影像
（按【Upload】鈕可以上傳樣本影像），如果看到權限對話方塊，請按【允
許】鈕允許網頁使用 Webcam 網路攝影機。

Step 4 然後按住【Hold to Record】鈕，就可以使用 Webcam 持續在右邊框產生
影像是「石頭」的樣本影像（請試著旋轉、前進和後退來產生不同角度和尺
寸的樣本影像），如果有不需要的樣本影像，請在右邊框將游標移至影像
上，點選垃圾桶圖示來刪除影像。

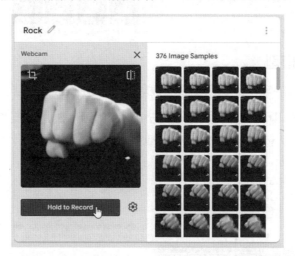

Step 5 在「Paper」框點選【Webcam】鈕，按住【Hold to Record】鈕，使用
Webcam 持續在右邊框產生影像是「布」的樣本影像。

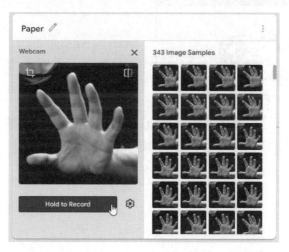

Step 6 在「Scissors」框點選【Webcam】鈕，按住【Hold to Record】鈕，使用 Webcam 持續在右邊框產生影像是「剪刀」的樣本影像。

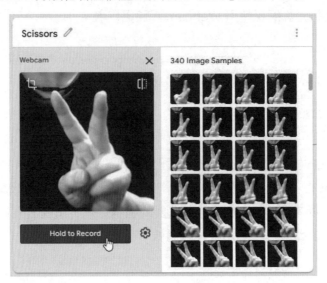

步驟三：訓練模型

在完成三種分類的樣本影像新增後，就可以開始訓練模型，其步驟如下所示：

Step 1 在中間「Training」框展開下方 Advanced，這是一些進階訓練選項，請按【Train Model】鈕開始訓練模型。

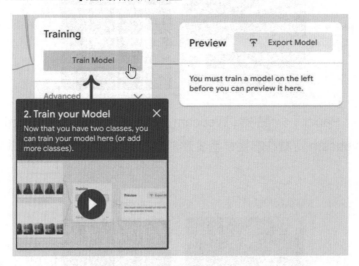

Step 2 可以看到正在準備訓練資料後，開始訓練模型，模型訓練時間視樣本數而定，請稍等一下，等待模型訓練完成。

步驟四：預覽、測試與優化模型

在完成模型訓練後，我們可以預覽、測試與優化模型，其步驟如下所示：

Step 1 在完成模型訓練後，可以在「Training」框看到 Model Trained 訊息文字，
然後在「Preview」框匯出模型，建議在匯出模型前，先測試模型效果來優
化模型的準確度。

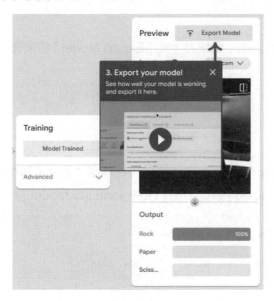

Step 2 我們可以在「Preview」框預覽模型的辨識結果，在中間顯示的是 Webcam
影像，下方是辨識結果的可能性百分比，即模型分類影像的結果，如下圖
所示：

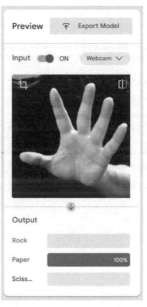

　　請在 Webcam 擺出不同角度和尺寸的剪刀、石頭或布來測試模型的準確度，如果發現某些情況的辨識錯誤率較高時，請增加此情況的樣本影像來重新訓練模型，即可優化模型直到達到滿意的準確度為止。

♀ 步驟五：匯出 TensorFlow Lite 模型

　　當成功優化出滿意的模型後，我們就可以匯出 TensorFlow Lite 模型，其步驟如下所示：

Step 1　請在「Preview」框按右上角【Export Model】鈕來匯出模型。

Step 2　Teachable Machine 支援匯出三種模型，請選【Tensorflow Lite】標籤後，選【Quantized】類型，按【Download my model】鈕下載模型檔。

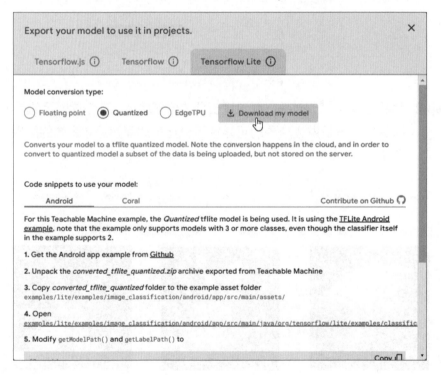

Step 3 然後可以看到開始轉換模型，需花些時間進行轉換，等到成功轉換模型後，就會下載名為【converted_tflite_quantized.zip】的 ZIP 格式模型檔，在解壓縮後，可以看到 2 個檔案，如下圖所示：

步驟六：儲存或下載專案

在完成模型匯出後，我們可以儲存專案至 Google 雲端硬碟或下載專案檔至 Windows 電腦，其步驟如下所示：

Step 1 請開啟主功能表執行【Save project to Drive】命令，儲存專案至 Google 雲端硬碟（【Download project as file】命令是下載專案檔）。

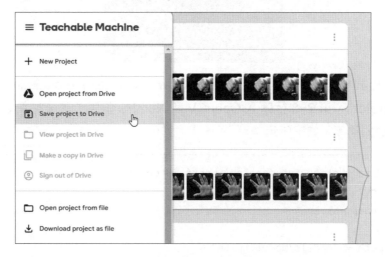

Step 2 點選【Log in to drive】登入雲端硬碟和允許授權後，在欄位輸入專案名稱，點選【Next】儲存專案，如下圖所示：

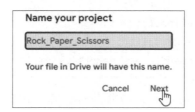

開啟專案請執行【Open project from Drive】命令，可以從雲端硬碟開啟儲存的 Teachable Machine 專案（【Open project from file】命令是從下載的專案檔案來開啟）。

16-1-2　使用 **TensorFlow Lite** 識別剪刀、石頭或布

我們只需整合第 15-2-2 節的 TensorFlow Lite 影像分類，就可以改用 Teachable Machine 機器學習模型來辨識影像是剪刀、石頭或布。首先請將第 16-1-1 節匯出的 TensorFlow Lite 模型解壓縮後，複製解壓縮的 2 個檔案 model.tflite 和 labels.txt 至「ch16/models」目錄。

Python 程式：ch16-1-2.py 在讀取影像後，使用 TensorFlow Lite 載入 Teachable Machine 機器學習模型來進行影像分類，可以辨識出影像是剪刀、石頭或布，其執行結果如下圖所示：

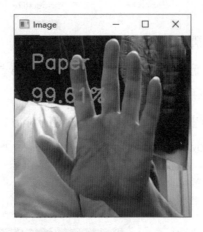

Python 程式碼是在第 1 行匯入 TensorFlow Lite 的 tflite_runtime.interpreter 物件（別名 Interpreter），第 2~3 行匯入 OpenCV 和 NumPy 套件，然後在第 5~6 行指定模型檔和分類檔的路徑，如下所示：

```
01: from tflite_runtime.interpreter import Interpreter
02: import cv2
03: import numpy as np
04:
05: model_path = "models/model.tflite"
06: label_path = "models/labels.txt"
07: label_names = []
08: with open(label_path, "r") as f:
09:     for line in f.readlines():
10:         class_name = line.split(" ")
11:         label_names.append(class_name[1].strip())
```

上述第 8~11 行的 with/as 程式區塊開啟分類檔，讀取分類建立成 label_names 串列，在分類檔的每一行是一種分類，分類名稱格式是「索引值 + 空白 + 名稱」，在第 10 行使用空白字元分隔成 2 部分後，第 11 行取出分類名稱。

在下方第 12 行建立 Interpreter 物件載入模型，參數是模型檔路徑，第 14 行呼叫 **allocate_tensors()** 方法配置所需張量，如下所示：

```
12: interpreter = Interpreter(model_path)
13: print("成功載入模型...")
14: interpreter.allocate_tensors()
15: _, height, width, _ = interpreter.get_input_details()[0]["shape"]
16: print("影像尺寸: (", width, ",", height, ")")
```

上述第 15 行使用 "shape" 鍵取得輸入影像的形狀和尺寸。在下方第 17 行呼叫 **cv2.imread()** 方法讀取 Paper.png 圖檔的影像後，就可以進行影像預處理，依序在第 18~19 行改成 RGB 色彩和調整成輸入影像的尺寸，如下所示：

```
17: image = cv2.imread("images/Paper.png")
18: image_rgb = cv2.cvtColor(image, cv2.COLOR_BGR2RGB)
19: image_resized = cv2.resize(image_rgb, (width, height))
20: input_data = np.expand_dims(image_resized, axis=0)
21: interpreter.set_tensor(
22:     interpreter.get_input_details()[0]["index"],input_data)
```

上述第 20 行呼叫 **np.expand_dims()** 方法擴充影像陣列維度 0 的輸入資料後，在第 21~22 行呼叫 **set_tensor()** 方法指定輸入資料 input_data。然後在下方第 23 行呼叫 **invoke()** 方法進行影像分類推論，如下所示：

```
23: interpreter.invoke()
24: output_details = interpreter.get_output_details()[0]
```

上述第 24 行呼叫 **get_output_details()** 方法取得回傳分類結果的陣列第 1 個元素，即 [0]。在下方第 25 行呼叫 **np.squeeze()** 方法刪除陣列維度值是 1 的維度後，第 26 行呼叫 **np.argmax()** 方法取出最大可能分類的索引值，如下所示：

```
25: output = np.squeeze(interpreter.get_tensor(output_details["index"]))
26: label_id = np.argmax(output)
27: scale, zero_point = output_details["quantization"]
28: prob = scale * (output[label_id] - zero_point)
```

上述第 27 行取出 "quantization" 鍵的量化值後，使用量化值在第 28 行計算出可能性。在下方第 29 行取出分類名稱；第 31 行轉換成百分比的可能性後，在第 30 行和第 32 行呼叫 **print()** 函數顯示分類名稱和計算出的可能性值，如下所示：

```
29: classification_label = label_names[label_id]
30: print("分類名稱 =", classification_label)
31: final_prob = np.round(prob*100, 2)
32: print("影像可能性 =", final_prob, "%")
33: cv2.putText(image, classification_label, (25, 50),
34:             cv2.FONT_HERSHEY_SIMPLEX, 1, (0, 255, 0), 2)
35: out_msg = str(final_prob) + "%"
36: cv2.putText(image, out_msg, (25, 100),
37:             cv2.FONT_HERSHEY_SIMPLEX, 1, (0, 255, 0), 2)
38: cv2.imshow("Image", image)
39: cv2.waitKey(0)
40: cv2.destroyAllWindows()
```

上述第 33~37 行使用 **cv2.putText()** 方法在影像上顯示分類名稱和可能性，第 38 行呼叫 **cv2.imshow()** 方法顯示標示的影像。

Python 程式：ch16-1-2a.py 使用 TensorFlow Lite 載入 Teachable Machine 模型來建立即時分類影像，可以在視訊的影格中識別出剪刀、石頭或布，如下圖所示：

 16-2 AI 整合實戰：車牌辨識

Python 程式只需整合第 15-4 節的 EAST 文字偵測和第 15-5 節的 Tesseract-OCR 文字識別，就可以輕鬆打造 AI 車牌辨識，或是直接使用 EasyOCR 套件來快速建立 AI 車牌辨識。

16-2-1　Tesseract-OCR 的 AI 車牌辨識

Python 程式使用 Tesseract-OCR 建立 AI 車牌辨識基本上分成兩部分：第一部分是 EAST 文字偵測；第二部分才是 Tesseract-OCR 文字識別。

◉ 下載 EAST 預訓練模型

請進入本書 GitHub 預訓練模型的下載網頁後，下載【EAST】目錄下的 frozen_east_text_detection.pb 檔案至「ch16/models」目錄。原預訓練模型的下載網址，如下所示：

▷ https://github.com/ZER-0-NE/EAST-Detector-for-text-detection-using-OpenCV

◉ Tesseract-OCR 的 AI 車牌辨識（一）：ch16-2-1.py

Python 程式是使用 EAST 預訓練模型進行車輛影像的文字偵測，可以偵測出車牌所在位置（請注意！在影像中的車牌位置有些斜），在剪裁出車牌區域的影像後，使用 Tesseract-OCR 文字識別來辨識出車牌的文字，其執行結果如下所示：

```
>>> %Run ch16-2-1.py
偵測和辨識出車牌文字!
BBT:6566
```

上述執行結果可以看到辨識出的車牌文字 BBT:6566，剪裁出的車牌影像，如下圖所示：

Python 程式碼是在第 1~2 行匯入 OpenCV 和 NumPy 套件，第 3 行匯入 imutils.object_detection 的 non_max_suppression，在第 4 行匯入 pytesseract 套件，第 6 行指定 tesseract.exe 的路徑，如下所示：

```
01: import cv2
02: import numpy as np
03: from imutils.object_detection import non_max_suppression
04: import pytesseract
05:
06: pytesseract.pytesseract.tesseract_cmd="C:\\Program Files\\Tesseract-OCR\\
tesseract.exe"
07: img = cv2.imread("images/car.jpg")
08: model = cv2.dnn.readNet("models/frozen_east_text_detection.pb")
```

上述第 7 行呼叫 **cv2.imread()** 方法讀取 car.jpg 圖檔後,在第 8 行呼叫 **cv2.dnn. readNet()** 方法載入 EAST 模型。在下方第 9~11 行建立輸出層 outputLayers 串列,依序是推論結果的可能性信心指數 (第 10 行) 和方框座標 (第 11 行) 共兩層,如下所示:

```
09: outputLayers = []
10: outputLayers.append("feature_fusion/Conv_7/Sigmoid")
11: outputLayers.append("feature_fusion/concat_3")
12: height,width,colorch = img.shape
13: new_height = (height//32+1)*32
14: new_width = (width//32+1)*32
15: h_ratio = height/new_height
16: w_ratio = width/new_width
```

上述第 12 行取得影像尺寸,因為 EAST 輸入影像尺寸需要是 32 的倍數,在第 13~14 行使用整數除法計算出 32 倍數的新尺寸後,第 15~16 行計算出與原尺寸的比例,以便之後使用尺寸比例來調整座標。

在下方第 17~18 行呼叫 **cv2.dnn.blobFromImage()** 方法執行影像預處理,可以回傳 Blob 物件,如下所示:

```
17: blob=cv2.dnn.blobFromImage(img, 1, (new_width,new_height),
18:                            (123.68,116.78,103.94), True)
19: model.setInput(blob)
20: (scores, geometry) = model.forward(outputLayers)
21: rectangles=[]
22: confidence_score=[]
```

上述第 19 行呼叫 **setInput()** 方法指定輸入的 Blob 物件後,在第 20 行使用 **forward()** 方法執行前向傳播進行推論,其回傳值是所有偵測出文字的可能性分數 scores 和區域資訊 geometry,在 geometry 是使用列和欄方式儲存每一個偵測到文字區域的資訊,在第 21~22 行建立儲存方框的長方形座標 rectangles 和信心指數分數 confidence_score 的串列。

在下方第 23~24 行取出 geometry 的列 rows 和欄 cols 後,使用第 25~36 行的二層 for 迴圈來走訪列和欄,即可一一取出偵測到的每一個文字區域,如下所示:

```
23: rows = geometry.shape[2]
24: cols = geometry.shape[3]
25: for y in range(0, rows):
26:     for x in range(0, cols):
```

```
27: .          if scores[0][0][y][x] < 0.5:
28:                continue
29:            offset_x = x*4
30:            offset_y = y*4
```

上述第 **27~28** 行的 **if** 條件判斷可能性分數 **scores** 如果小於 0.5，就馬上執行下一次迴圈，所以只會取出大於等於 0.5 的文字區域，然後在第 **29~30** 行計算出位移量。在下方第 **31~34** 行使用位移量計算出方框的左上角和右下角座標，如下所示：

```
31:            bottom_x = int(offset_x + geometry[0][1][y][x])
32:            bottom_y = int(offset_y + geometry[0][2][y][x])
33:            top_x = int(offset_x - geometry[0][3][y][x])
34:            top_y = int(offset_y - geometry[0][0][y][x])
35:            rectangles.append((top_x, top_y, bottom_x, bottom_y))
36:            confidence_score.append(float(scores[0][0][y][x]))
```

上述第 **35~36** 行依序將方框座標和可能性信心指數的分數新增至 rectangles 和 confidence_score 串列。

在 下 方 第 **38~39** 行 呼 叫 **non_max_suppression()** 的 NMS（Non Maximum Suppression）處理，可以清除辨識相同物體多個重疊方框的雜訊，從其中找出最佳的方框，如下所示：

```
38: final_boxes = non_max_suppression(np.array(rectangles),
39:                                 probs=confidence_score,
40:                                 overlapThresh=0.5)
41: for (x1,y1,x2,y2) in final_boxes:
42:     w = abs(x2-x1)
43:     h = abs(y2-y1)
44:     area = w * h
45:     if area > 4000:
46:         x1 = int(x1*w_ratio)
47:         y1 = int(y1*h_ratio)
48:         x2 = int(x2*w_ratio)
49:         y2 = int(y2*h_ratio)
50:         print("偵測和辨識出車牌文字!")
51:         result = img[y1-10:y1+h+13,x1-10:x1+w+1]
52:         cv2.imshow("Plate", result)
```

上述第 **41~55** 行的 for 迴圈走訪 NMS 處理後的方框座標，在第 **42~44** 行計算出方框面積後，第 **45~55** 行的 if 條件判斷面積是否大於 4000，如果是，就在第 **46~49** 行使用之前的比例來重新調整座標後，第 **51** 行剪裁出車牌部分的影像，因為車牌是斜的，所以四周都加上填充距離，以便剪裁出完整車牌的區域，在第 52 行呼叫 **cv2. imshow()** 方法顯示剪裁出的車牌影像。

在下方第 53~54 行呼叫 pytesseract 套件的 **image_to_string()** 方法來識別文字內容，如下所示：

```
53:         text = pytesseract.image_to_string(result, lang="eng")
54:         print(text.strip())
55:         cv2.waitKey(0)
56:
57: cv2.destroyAllWindows()
```

◊ Tesseract-OCR 的 AI 車牌辨識（二）：ch16-2-1a.py

Python 程式是使用 EAST 預訓練模型進行車輛影像的文字偵測，可以偵測出車牌所在位置（車牌影像是正的），在剪裁出車牌影像後，再使用 Tesseract-OCR 文字識別來辨識車牌文字，其執行結果如下所示：

>>> %Run ch16-2-1a.py

偵測和辨識出車牌文字！
ABC-8888

上述執行結果可以看到辨識出的車牌文字 ABC-8888，剪裁出的車牌影像，如下圖所示：

Python 程式碼和 ch16-2-1.py 幾乎完全相同，只有在第 45~55 行的 if 條件剪裁車牌影像的程式碼不同，如下所示：

```
...
45:     if area > 4000:
46:         x1 = int(x1*w_ratio)
47:         y1 = int(y1*h_ratio)
48:         x2 = int(x2*w_ratio)
49:         y2 = int(y2*h_ratio)
50:         print("偵測和辨識出車牌文字!")
51:         result = img[y1-5:y1+h+5,x1-1:x1+w+1]
52:         cv2.imshow("Plate", result)
53:         text = pytesseract.image_to_string(result, lang="eng")
54:         print(text.strip())
55:         cv2.waitKey(0)
...
```

上述第 51 行因為車牌的正的，所以四周剪裁尺寸的填充距離和 ch16-2-1.py 不同。

16-2-2　EasyOCR 的安裝與使用

EasyOCR 是一套基於深度學習模型的文字偵測和 OCR 文字識別的 Python 套件，這是名為 Jaided AI 的 OCR 公司，使用 PyTorch 框架所開發的套件。目前 EasyOCR 已經支援超過 70 國語言的文字識別，大部分正常影像的文字識別，EasyOCR 都有非常高的識別準確度。

說明

請注意！因為 PyTorch 框架和 EasyOCR 套件的尺寸較大，本書提供的 fChart 整合安裝套件只有安裝 OpenCV，在執行本節 Python 程式前，請先自行安裝 PyTorch 框架和 EasyOCR 套件。

在 Python 開發環境安裝 EasyOCR 套件

在 Windows 作業系統的 Python 開發環境安裝 EasyOCR 套件，首先需要安裝 OpenCV（請注意！因為 4.5.5 版和 EasyOCR 1.4.1 版並不相容），所以第 10-1-1 節是安裝 4.5.4.60 版，其命令列指令如下所示：

```
pip install opencv-python==4.5.4.60 Enter
```

在安裝好 OpenCV 後，就可以安裝 PyTorch 框架，PyTorch 框架需要安裝三個套件，其命令列指令如下所示：

```
pip install torch==1.10.2 Enter
pip install torchvision==0.11.3 Enter
pip install torchaudio==0.10.2 Enter
```

然後，我們就可以安裝 EasyOCR，其命令列指令如下所示：

```
pip install easyocr==1.4.1 Enter
```

當成功安裝 EasyOCR 後，在 Python 程式可以匯入此套件，如下所示：

```
import easyocr
```

EasyOCR 的基本使用：ch16-2-2.py

Python 程式使用和 ch15-5-2.py 相同的測試圖檔，只是改用 EasyOCR 來將影像中的文字轉換成字串，如下所示：

```
import easyocr
import cv2


reader = easyocr.Reader(["en"])
result = reader.readtext("images/number.jpg")
print(result)
```

上述程式碼首先建立 Reader 物件識別英文和數字，參數串列是語言串列，能夠同時支援多種語言的文字識別，"en" 是英文，然後呼叫 **reader.readtext()** 方法將影像中的文字轉換成字串，參數是圖檔路徑 (也可以使用影像的 URL 網址)。

在下方我們建立的 Reader 物件可以識別簡體中文和英文，所有參數語言有 2 種："ch_sim" 簡體中文和 "en" 英文，並且改用 OpenCV 來讀取影像的圖檔，如下所示：

```
reader = easyocr.Reader(["ch_sim", "en"])
img = cv2.imread("images/simple.jpg")
result = reader.readtext(img)
print(result)
reader = easyocr.Reader(["ch_tra", "en"])
with open("images/traditional.jpg", "rb") as f:
    img = f.read()
result = reader.readtext(img)
print(result)
```

在上述最後建立的 Reader 物件可以識別繁體中文和英文，參數串列的語言是 "en" 英文和 "ch_tra" 繁體中文，然後改用 **open()** 函數開啟和讀取影像的二進位檔案。在本節三張測試影像 number.jpg、traditional.jpg 和 simple.jpg 圖檔，從上而下如下圖所示：

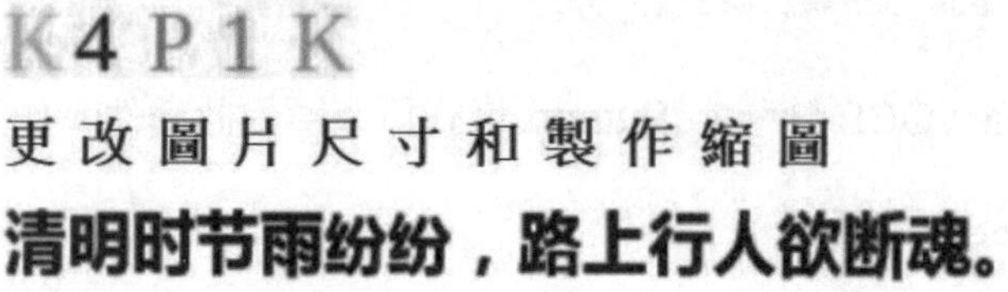

K 4 P 1 K

更 改 圖 片 尺 寸 和 製 作 縮 圖

清明时节雨纷纷，路上行人欲断魂。

Python 程式的執行結果可以識別出影像中的英文字母和數字，以及繁 / 簡中文字串 (第 1 次執行 EasyOCR 會自動下載所需的模型檔，因為模型檔有些大，需稍等一下)，如下所示：

```
>>> %Run ch16-2-2.py
CUDA not available - defaulting to CPU. Note: This module is much faster with a GPU.
[([[7, 47], [193, 47], [193, 89], [7, 89]], 'K4 P 1 K', 0.398470296910955)]
CUDA not available - defaulting to CPU. Note: This module is much faster with a GPU.
[([[5, 7], [239, 7], [239, 51], [5, 51]], '清明时节雨纷纷', 0.9478759638894352), ([[25
9, 7], [507, 7], [507, 51], [259, 51]], '路上行人欲断魂。', 0.9462621182651273)]
CUDA not available - defaulting to CPU. Note: This module is much faster with a GPU.
[([[33, 35], [449, 35], [449, 71], [33, 71]], '更改图片尺寸和製作縮圖', 0.540436178672
3678)]
```

上述識別結果是串列，第 1 個元素是文字區域方框四個點的座標；第 2 個是識別出的文字內容，第 3 個是信心指數的可能性分數。

⦿ EasyOCR 文字偵測：ch16-2-2a.py

基本上，EasyOCR 套件的 **reader.readtext()** 方法同時支援文字偵測和文字識別，如果單純需要文字偵測，請使用 **reader.detect()** 方法，可以回傳偵測到文字方框的座標，如下所示：

```python
import easyocr
import numpy as np
import cv2

img = cv2.imread("images/sample.jpg")
reader = easyocr.Reader(["ch_tra", "en"])
horizontal_list, free_list = reader.detect(img)
```

上述 **reader_detect()** 方法的參數是影像，回傳值是 2 個串列，其說明如下所示：

▷ horizontal_list 串列：長方形的文字方框座標，其座標格式是 [x_min, x_max, y_min, y_max]。

▷ free_list 串列：非長方形的文字方框座標，所以座標格式是四個角的座標 [[x1,y1],[x2,y2],[x3,y3],[x4,y4]]。

在下方 for 迴圈走訪偵測到的文字方框 **horizontal_list[0]**，可以取得 [x_min, x_max, y_min, y_max] 座標，然後呼叫 **cv2.rectangle()** 方法繪出文字方框的長方形，如下所示：

```python
for box in horizontal_list[0]:
    print(box)
    cv2.rectangle(img, (box[0], box[2]), (box[1], box[3]),
                  (0, 0, 255), 3)
cv2.imshow("Detection", img)
cv2.waitKey(0)
cv2.destroyAllWindows()
```

Python 程式的執行結果共偵測到三段文字，如下圖所示：

Python 程式：ch16-2-2a.py 改用 **reader.readtext()** 方法來執行文字偵測，如下所示：

```
results = reader.readtext("images/sample.jpg")
for result in results:
    box = result[0]
    cv2.rectangle(img, box[0], box[2], (0, 0, 255), 3)
```

上述 for 迴圈走訪文字識別結果，**result[0]** 是方框座標，不過這是四角的座標，**box[0]** 是左上角；**box[2]** 是右下角，其執行結果和 ch16-2-2.py 完全相同。

EasyOCR 文字識別：ch16-2-2c.py

EasyOCR 文字識別是使用 **reader.recognize()** 方法，如果已經知道文字所在區域的座標時，我們可以直接呼叫 **reader.recognize()** 方法來執行文字識別，如下所示：

```
import easyocr
import numpy as np
import cv2

boxes = [[32, 159, 8, 47],
         [6, 191, 43, 81],
         [30, 178, 86, 118]]
```

上述 boxes 變數是影像中已知文字方框座標串列，即 **reader.detect()** 方法的回傳值 **horizontal_list[0]**。在下方讀取圖檔和建立 Reader 物件，如下所示：

```
img = cv2.imread("images/sample.jpg")
reader = easyocr.Reader(["ch_tra", "en"])
results = reader.recognize(img, horizontal_list=boxes,
                           free_list=[])
```

上述 **reader.recognize()** 方法可以執行文字識別，第 1 個參數是影像，horizontal_list 參數是已知文字方框座標串列 [x_min, x_max, y_min, y_max]，free_list 參數是非長

方形方框的四點座標串列 [[x1,y1],[x2,y2],[x3,y3],[x4,y4]]。在下方 for 迴圈走訪每一個
文字方框的識別結果，如下所示：

```
for result in results:
    print(result[0])
    print(result[1])
    print(result[2])
```

上述識別結果的索引 0 是方框四點座標；索引 1 是識別出的文字內容；索引 2 是
信心指數可能性的分數，其執行結果如下所示：

```
>>> %Run ch16-2-2b.py
CUDA not available - defaulting to CPU. Note: This module is much faster with a GPU.
[[32, 8], [159, 8], [159, 47], [32, 47]]
OpenCV
0.9790066573923996
[[6, 43], [191, 43], [191, 81], [6, 81]]
Python程式設計
0.8910885101124186
[[30, 86], [178, 86], [178, 118], [30, 118]]
DAT-4567
0.6394378746862207
```

16-2-3 EasyOCR 的 AI 車牌辨識

因為 EasyOCR 套件同時支援文字偵測和文字識別，Python 程式：ch16-2-3.py 就
是使用 EasyOCR 進行車牌文字偵測和 OCR 文字識別來辨識車牌文字，其執行結果可
以看到辨識出的車牌文字 BBT-6566，如下圖所示：

Python 程式碼是在第 1 行匯入 EasyOCR，第 2~3 匯入 OpenCV 和 NumPy 套件，如下所示：

```
01: import easyocr
02: import numpy as np
03: import cv2
04:
05: img = cv2.imread("images/car.jpg")
06: reader = easyocr.Reader(["en"])
07: result = reader.readtext(img)
```

上述第 5 行讀取圖檔，第 6 行建立 Reader 物件，參數串列是英文，然後在第 7 行呼叫 **reader.readtext()** 方法執行文字偵測和文字識別。在下方第 9~18 行的 for 迴圈走訪識別結果 result，如下所示：

```
08: y = 0
09: for box in result:
10:     points = box[0]
11:     points = np.array(points, np.int32)
12:     print(points)
13:     print(box[1])
14:     cv2.polylines(img, pts=[points], isClosed=True,
15:                   color=(0, 0, 255), thickness=3)
16:     y = y + 30
17:     cv2.putText(img, box[1], (10, y),
18:                 cv2.FONT_HERSHEY_PLAIN, 2, (0, 255, 0), 2)
19:
20: cv2.imshow("Car", img)
21: cv2.waitKey(0)
22: cv2.destroyAllWindows()
```

上述 **box[0]** 是文字方框的四角座標；**box[1]** 是識別出的文字內容，在第 14 行使用四角座標繪出多邊形，第 17~18 行顯示識別出的文字內容，即車牌文字，第 20 行呼叫 **cv2.imshow()** 方法顯示標示的影像。

 學習評量

1. 請試著從手邊找出 3 種不同的物體，然後使用第 16-1-1 節的 Teachable Machine 訓練出可分類這些物體影像的模型。

2. 請參考第 16-1-2 節的 Python 程式，改用學習評量 1. 訓練的模型來分類影像。

3. 請從網路尋找一些含車牌的車輛影像檔，然後調整第 16-2-1 節的 Python 程式來正確的執行車牌辨識（除了使用面積判斷是車牌外，還可以使用長寬比例來判斷文字區域是車牌）。

4. 請繼續學習評量 3.，改用 EasyOCR 來執行車牌辨識。

Note

國家圖書館出版品預行編目資料

看圖學 Python 人工智慧程式設計/陳會安編著. --
初版. -- 新北市 ： 全華圖書股份有限公司, 2022.07
　面 ；　公分
ISBN 978-626-328-256-8(平裝附光碟片)

1.CST: Python(電腦程式語言) 2.CST： 人工智慧
312.32P97　　　　　　　111010730

看圖學 Python 人工智慧程式設計

(附範例光碟)

作者／陳會安

發行人／陳本源

執行編輯／王詩蕙

封面設計／盧怡瑄

出版者／全華圖書股份有限公司

郵政帳號／0100836-1 號

印刷者／宏懋打字印刷股份有限公司

圖書編號／06498007

初版二刷／2023 年 11 月

定價／新台幣 480 元

ISBN／978-626-328-256-8 (平裝附光碟片)

ISBN／978-626-328-269-8 (PDF)

全華圖書／www.chwa.com.tw

全華網路書店 Open Tech／www.opentech.com.tw

若您對本書有任何問題，歡迎來信指導 book@chwa.com.tw

臺北總公司(北區營業處)
地址：23671 新北市土城區忠義路 21 號
電話：(02) 2262-5666
傳真：(02) 6637-3695、6637-3696

南區營業處
地址：80769 高雄市三民區應安街 12 號
電話：(07) 381-1377
傳真：(07) 862-5562

中區營業處
地址：40256 臺中市南區樹義一巷 26 號
電話：(04) 2261-8485
傳真：(04) 3600-9806(高中職)
　　　(04) 3601-8600(大專)

歡迎加入 全華會員

● 會員獨享
會員享購書折扣、紅利積點、生日禮金、不定期優惠活動…等。

● 如何加入會員
掃 QRcode 或填妥讀者回函卡直接傳真 (02) 2262-0900 或寄回，將由專人協助登入會員資料，待收到 E-MAIL 通知後即可成為會員。

如何購買 全華書籍

1. 網路購書
全華網路書店「http://www.opentech.com.tw」，加入會員購書更便利，並享有紅利積點回饋等各式優惠。

2. 實體門市
歡迎至全華門市（新北市土城區忠義路 21 號）或各大書局選購。

3. 來電訂購
(1) 訂購專線：(02) 2262-5666 轉 321-324
(2) 傳真專線：(02) 6637-3696
(3) 郵局劃撥（帳號：0100836-1 戶名：全華圖書股份有限公司）
※ 購書未滿 990 元者，酌收運費 80 元。

OpenTech.com.tw 全華網路書店

全華網路書店 www.opentech.com.tw
E-mail: service@chwa.com.tw

※ 本會員制如有變更則以最新修訂制度為準，造成不便請見諒。

讀者回函卡

掃 QRcode 線上填寫 ▶▶▶

姓名：　　　　　　　　　生日：西元　　　年　　　月　　　日　性別：□男 □女

電話：（　　）　　　　　　　　　　　手機：

e-mail：（必填）

通訊處：□□□□□

學歷：□高中·職　□專科　□大學　□碩士　□博士

職業：□工程師　□教師　□學生　□軍·公　□其他

學校/公司：　　　　　　　　　　科系/部門：

· 需求書類：

□ A. 電子 □ B. 電機 □ C. 資訊 □ D. 機械 □ E. 汽車 □ F. 工管 □ G. 土木 □ H. 化工 □ I. 設計
□ J. 商管 □ K. 日文 □ L. 美容 □ M. 休閒 □ N. 餐飲 □ O. 其他

· 本次購買圖書為：　　　　　　　　　　　　　　　書號：

· 您對本書的評價：

封面設計：□非常滿意 □滿意 □尚可 □需改善，請說明
內容表達：□非常滿意 □滿意 □尚可 □需改善，請說明
版面編排：□非常滿意 □滿意 □尚可 □需改善，請說明
印刷品質：□非常滿意 □滿意 □尚可 □需改善，請說明
書籍定價：□非常滿意 □滿意 □尚可 □需改善，請說明
整體評價：請說明

· 您在何處購買本書？

□書局 □網路書店 □書展 □團購 □其他

· 您購買本書的原因？（可複選）

□個人需要 □公司採購 □親友推薦 □老師指定用書 □其他

· 您希望全華以何種方式提供出版訊息及特惠活動？

□電子報 □DM □廣告 （媒體名稱　　　　　　　　）

· 您是否上過全華網路書店？（www.opentech.com.tw）

□是 □否 您的建議

· 您希望全華出版哪方面書籍？

· 您希望全華加強哪些服務？

感謝您提供寶貴意見，全華將秉持服務的熱忱，出版更多好書，以饗讀者。

填寫日期：　　　/　　　/

註：數字零，請用 ⌀ 表示，數字 1 與英文 L 請另註明並書寫端正，謝謝。

2020.09 修訂

親愛的讀者：

感謝您對全華圖書的支持與愛護，雖然我們很慎重的處理每一本書，但恐仍有疏漏之處，若您發現本書有任何錯誤，請填寫於勘誤表內寄回，我們將於再版時修正，您的批評與指教是我們進步的原動力，謝謝！

全華圖書　敬上

勘　誤　表

書　號	頁　數	行　數	書　名	作　者
			錯誤或不當之詞句	建議修改之詞句

我有話要說：（其它之批評與建議，如封面、編排、內容、印刷品質等···）